WIR
SIND DAS
KAPITAL

Günter Faltin

WIR
SIND DAS
KAPITAL

Erkenne den Entrepreneur in Dir

Aufbruch in eine intelligentere
Ökonomie

MURMANN
MURMANN PUBLISHERS

Bibliografische Information der Deutschen Nationalbibliothek
Die Deutsche Nationalbibliothek verzeichnet diese Publikation in
der Deutschen Nationalbibliografie; detaillierte bibliografische
Daten sind im Internet über http://dnb.d-nb.de abrufbar.

1. Auflage 2015
Copyright © 2015 by Murmann Publishers GmbH, Hamburg
ISBN 978-3-86774-419-5

Herstellung, Umschlaggestaltung, Layout und Satz: Murmann Publishers GmbH
Druck und Bindung: CPI – Clausen & Bosse, Leck
Printed in Germany

Besuchen Sie uns im Internet: www.murmann-publishers.de

Ihre Meinung zu diesem Buch interessiert uns!
Zuschriften bitte an **info@murmann-publishers.de**

Den Murmann Publishers-Newsletter können Sie anfordern unter
newsletter@murmann-publishers.de

INHALT

Vorwort

Viele Leser von *Kopf schlägt Kapital* haben mir gesagt, dass sie das Buch mit Begeisterung und Gewinn gelesen haben. Auf sich allein gestellt würde es sie aber nicht dahin bringen, ein eigenes überzeugendes Konzept für die Gründung eines Unternehmens auszuarbeiten. Diese Rückmeldung ist mir nicht aus dem Kopf gegangen.

Das hier vorliegende Buch macht den Versuch, die Schritte vom ersten Einfall, von der Anfangsidee zum ausgearbeiteten und tragfähigen Konzept darzulegen. Daher nimmt das Kapitel 3 (zur Methode), das wie eine Ideenschmiede für Entrepreneure funktionieren soll, einen zentralen Platz ein.

Über allem steht vielleicht die Erkenntnis, dass wir unseres Glückes Schmied sein können, in weit stärkerem Maß, als wir es bisher glaubten. Ich habe meinen Studenten immer mit auf den Weg gegeben: *Sie können das Gewinnlos einer Lotterie systematisch erarbeiten.* Das war und ist kein leichtfertiges Versprechen. Ich weiß nur zu gut, wovon ich spreche. Und doch: Wir alle können mit einer systematischen Vorgehensweise ein ökonomisch tragfähiges Konzept erarbeiten. Dafür brauchen wir zunächst unseren Kopf, aber auch viel Ausdauer. Vor allem aber müssen wir lernen, die Ambiguität auszuhalten, die uns auf diesem Weg unausweichlich begleitet.

Es geht hierbei nicht nur um den Einzelnen. Unsere Gesellschaft braucht Entrepreneure, die helfen, die Probleme einer Welt zu lösen, die derzeit auf Konfrontationskurs mit den Möglichkeiten dieses Planeten liegen.

Glauben wir der amtlichen Statistik, dann sind etwa elf Prozent der erwerbstätigen Bevölkerung selbständig – vom Betreiber einer Würstchenbude über den Schuhmacher und Ladenbesitzer bis hin zum Weltmarktführer. Wie viele von diesen Selbständigen aber sind innovative Entrepreneure? Ein erster Versuch einer Schätzung mag ergeben: jeder Zehnte. Wir sprechen also von etwa einem Prozent aller Erwerbstätigen. Ich glaube allerdings, dass diese Schätzung optimistisch ist – sehr optimistisch sogar. Auf Deutschland übertragen, würde das bedeuten, dass wir bei einer erwerbstätigen Bevölkerung von gut 40 Millionen auf 400 000 innovative Entrepreneure kommen. Wie gesagt: Optimistisch geschätzt – vielleicht sind es auch nur 4000.

Das wären eindeutig zu wenige. Die heute gegebenen Möglichkeiten zu Entrepreneurship vor Augen dürfte es eigentlich kein Problem sein, die Zahl zu verzehnfachen. Stellen wir uns als Ziel vor: Zehn Prozent der arbeitenden Bevölkerung würden innovative Entrepreneure sein. Es würde unsere Kapazität zur Lösung drängender gesellschaftlicher Probleme beträchtlich erhöhen – und auf diesem Weg die Gesellschaft positiv verändern. Und es würde die Selbstentfaltung und die Freiheit des Einzelnen erweitern.

Aus meiner Beschäftigung mit dem Thema Entrepreneurship haben sich vor allem drei Bestandteile herauskristallisiert, die besonders hilfreich sind, um Entrepreneurship erfolgreich zu machen:

- Der innovative Gehalt des Konzepts;
- die frühzeitige empirische Überprüfung des Konzepts (Proof of Concept) und
- die Arbeitsteiligkeit des unternehmerischen Ansatzes (Gründen mit Komponenten).

Entrepreneurship ist ein facettenreiches, hoch komplexes Phänomen: Jeder Mensch ist individuell, jede Situation ist verschieden, jedes Konzept ist anders. Vor diesem Hintergrund scheinen mir die Methoden der teilnehmenden Beobachtung und der dichten Beschreibung am angemessensten. Daher der Versuch, Erfahrungen und Beispiele in den Mittelpunkt zu stellen und sich dem Phänomen Entrepreneurship mit Respekt vor der individuellen Situation und dem Verzicht auf vorschnelle Generalisierungen zu nähern.

Einleitung

Es rettet uns kein höheres Wesen. Wir sind die Schöpfer unserer Welt. Wir sind es, die sich angepasst und eingerichtet haben auf diesem Planeten. Früher bestimmte die Natur unseren Rhythmus. Heute ist es die Ökonomie, die sämtliche unserer Lebensbereiche immer stärker durchdringt. Wir sind an einem Punkt angelangt, an dem sehr viele von uns das Gefühl haben, dass etwas nicht mehr stimmt. Dass nicht wir Menschen im Mittelpunkt des Geschehens stehen, sondern dass Entwicklungen bestimmend sind, die wir immer weniger beherrschen. Wir ahnen, dass es so nicht weitergehen kann.

Wir glauben, wir seien der Ökonomie ausgeliefert, seien zu schwach, zu wenig ausgerüstet, um es mit diesem Schwergewicht aufnehmen und eine andere Welt gestalten zu können. Ich halte dies für eine folgenschwere Fehleinschätzung. Es reicht nicht, an den Erscheinungen Kritik zu üben und die Forderung nach anderen Werten zu stellen. Wir müssen die Ökonomie selbst in die Hand nehmen. Aktiv, sie nicht nur passiv als kritische Konsumenten nutzen. Wir brauchen neue Unternehmen – mit anderen, mit besseren Produkten, die durch ihre Art und Qualität überzeugen und nicht durch Marketingstrategien.

Beispiele für solche erfolgreichen Unternehmensgründungen gibt es. Neu ist, dass heute praktisch jeder das Potenzial und die Mittel hat, mit einem eigenen Unternehmen am Marktgeschehen mitzuwirken und es aktiv zu gestalten. Die dafür erforderlichen Methoden und Techniken werden in diesem Buch angeboten. Sie können klein starten, einfach oder anspruchsvoll, allein oder mit Freunden und Bekannten. Wichtig ist, dass unternehmerisches Handeln heute nicht länger das Privileg von wenigen Auserwählten oder Glückspilzen darstellt.

Damit möchte ich nicht behaupten, es sei leicht, ein Unternehmen zu gründen. Im Gegenteil: Eine Unternehmensgründung fordert viele Kräfte eines Menschen. Bisher hieß es sogar, es sei eine Aufgabe, die für die meisten Menschen zu schwierig, zu aufreibend und zu risikoreich sei. Doch das ist definitiv Vergangenheit. Heute hat praktisch jeder das Potenzial, zu gründen. Dies vor allem, weil die Einstiegsbarrieren deutlich niedriger sind als früher, dadurch der ganze Bereich für Normalmenschen wie uns alle zugänglicher geworden ist. Kapital ist nicht länger der Engpass, auch nicht das, was im Englischen so treffend Business Administration heißt. Bei genauerem Hinsehen erkennt man, dass ein nicht geringer Teil der Aufgaben, die ein Unternehmensgründer bewältigen muss, Routine- und Verwaltungsaufgaben sind. Diese Aufgaben können Sie heute an professionelle Anbieter abgeben – ich nenne es »Gründen mit Komponenten«. Dahinter steht der Gedanke, Know-how und Kompetenzen einzukaufen, auch, um eigene Defizite zu kompensieren. Es besteht kein Zwang, alles selbst zu machen. *Eine* Voraussetzung aber – und das ist eine entscheidende Voraussetzung – bleibt anspruchsvoll und unverzichtbar: mit einem guten Konzept anzutreten.

Erkennen wir die Chancen, die eine hocharbeitsteilige Gesellschaft bietet, und komponieren wir Unternehmen aus den Bausteinen, die uns diese Gesellschaft zur Verfügung stellt. Die Zeit ist auf unserer Seite. Jedes Kind ist kreativ, ist gierig auf Neues, ist fantasievoll und mutig. Nirgends steht geschrieben, dass wir diese Fähigkeiten nicht auch im Erwachsenenalter nutzen können. Ein chinesisches Sprichwort sagt: »Ein großer Mann ist, wer sich sein Kinderherz bewahrt.« Ein Potpourri von Zwängen hat uns bisher daran gehindert, diese Potenziale in uns zu nutzen. »Es dauert lange, bis man jung wird«, erkannte Pablo Picasso. Ja, wir brauchen Zeit, uns von den Sichtweisen und Beschränkungen zu lösen, die uns Elternhaus, Schule, Arbeitsplatz, aber auch Freunde mitgaben. Diese Beschränkungen wirken weiter in uns, auch wenn die äußeren Zwänge vergangen sind. Wir sind unseren Eltern und Lehrern nichts schuldig, jedenfalls nichts hinsichtlich ihrer Einstellungen und Überzeugungen. Wir sind frei. Wenn wir es wirklich wollen.

Bringen wir also unsere eigenen Ideenkinder zur Welt.

Nichts ist spannender als Ökonomie, zumal, wenn man sie aktiv erleben und gestalten kann. Wenn man sie versteht als *etwas unternehmen können*. Nichts ist befriedigender, als etwas zu tun, was man gerne tut, was man sich immer gewünscht hat, was den eigenen Werten und Wünschen, den eigenen Neigungen und Talenten entspricht und was obendrein hohen materiellen und immateriellen Nutzen stiftet.

Erkenne Dich selbst. Werde, der Du bist!

Nicht zufällig stehen diese berühmten Sätze des Tempels des Apollon in Delphi am Beginn der abendländischen Bildungsgeschichte.

Bilder einer Ausstellung

Lassen Sie uns dort, wo wir Umrisse einer anderen Ökonomie erkennen, eigene Bilder entwerfen. Bilder, die wie in Mussorgskis *Bilder einer Ausstellung* zu einem großen Ganzen werden. Während der russische Komponist die Bilder durch Musik entstehen lässt, vertraue ich im vorliegenden Buch auf die Überzeugungskraft einschlägiger Erfahrungen, auf Beispiele und Szenarien. Entrepreneurship und der Zugang dazu werden sich wie ein roter Faden durch die Ausstellung ziehen.

Lehnen Sie sich zurück, entspannen Sie sich und lassen Sie die Bilder dieser Ausstellung an sich vorüberziehen. Ich lade Sie ein, jenseits theoriegeleiteter oder weltanschaulicher Positionen eine Bestandsaufnahme vorzunehmen. Manches davon wird Sie berühren, manche Bilder werden Ihnen gefallen, andere werden Sie ablehnen. Die Bilder sollen Sie anregen zum Nachdenken. Vor allem aber sollen sie Ihnen Perspektiven zeigen und eigene Möglichkeiten eröffnen – zu unternehmerischem Handeln.

Wenn wir uns darauf einlassen, Entrepreneure zu sein, steht uns die Welt offen. Steht uns ein fast unermesslicher Baukasten zur Verfügung, und dies für ein gemeinsames Ziel: Wir brauchen Entrepreneure, um die Problemberge, die vor uns liegen, anzugehen. Wir leben über unsere Verhältnisse. Die althergebrachten Denkweisen und Institutionen haben die Probleme verursacht. Wir sollten nicht darauf vertrauen, dass die Verursacher der Probleme nun die geeigneten Lösungswege finden werden. Und wir können berechtigte Zweifel hegen, ob die Politik allein die dafür notwendige Durchsetzungsfähigkeit und Geschwindigkeit aufzubringen in der Lage ist.

Ein Szenario.
Europa im Frühling.
Eine neue Bewegung macht von sich reden

Entwerfen wir ein erstes Bild.

Seit 2008 die ökonomischen Krisen zur Dauererscheinung wurden und die Politiker verzweifelt nach mehr Wachstum riefen, gründete sich eine Bewegung, die sich »Entrepreneure 2020« nennt. Ausgangspunkt der Bewegung war die immer stärkere Ökonomisierung und Beschleunigung aller Bereiche des Lebens, die aus ihrer Sicht dazu führten, dass die Menschen Wurzeln und Orientierung verloren und sich von sich selbst entfremdeten. Und obwohl der technische Fortschritt und die zunehmende ökonomische Rationalisierung mit der Vorstellung auf ein Mehr an Zeit und Muße für den Einzelnen einherging, litten die Menschen in Wirklichkeit unter extremer Zeitknappheit. Der Grund dafür liege im Anspruch, immer mehr zu konsumieren, immer mehr Möglichkeiten zu realisieren, welche die Welt des Konsums zu eröffnen scheine.

Dieser Wunsch nach immer »Mehr«, so die Mitglieder der Bewegung, stamme nicht aus der Natur des Menschen, sondern werde durch ein System erzeugt, das die Menschen zu immer mehr Konsum antreibe. Reizüberflutung, Aggressivität, Stresskrankheiten und Apathie seien die Folge. Dies könne nicht einfach hingenommen werden. Nicht nur in der Politik, sondern auch in der Ökonomie gebe es Handlungsbedarf. Ohne Veränderung in der Ökonomie, ohne aktive Einmischung auf diesem Gebiet der Ökonomie erreiche man nichts. Wie im System der Demokratie bedürfe es auch hier einer Opposition, müssten Alternativen sichtbar gemacht werden.

Die Bewegung macht sich Einsteins Beurteilung zu eigen, dass wir »in einer Zeit vollkommener Mittel leben«. Was wie eine Utopie klinge, sei in Wirklichkeit zum Greifen nahe. Die Entwicklung der Produktivkräfte führe – in Anlehnung an den frühen Marx – ins Reich der Freiheit. Es sei die Gemengelage aus kurzsichtiger Politik, konventioneller Ökonomie und Fantasielosigkeit der Akteure, die verhindderte, dass das Potenzial an Freiheit entfaltet werde. Die ökologisch engagierten Mitglieder der Bewegung werfen den Regierungen vor, sie seien befangen und gefangen in der Logik des Wachstumsdenkens, unfähig, die Herausforderungen unserer Zeit anzunehmen und zu meistern. Die einst solide Ökonomie sei zum Kartenhaus geraten und verlange nach immer mehr Wachstum, um nicht zusammenzubrechen.

Klares Denken stelle in der Hektik des Getriebes nur noch die Ausnahme dar. Symptome von Verwirrung seien unübersehbar. Altehrwürdige Institutionen wie die Zentralbanken, entstanden aus der berechtigten Sorge um die Stabilität des Geldwertes, fingen an, öffentlich mehr Inflation zu fordern. Der unter den Folgen des Wachstums schon jetzt schwer leidende Planet sei der Forderung nach noch mehr Wachstum ausgesetzt. Der technische Fortschritt mit seinen segensreichen Folgen der Einsparung schwerer körperlicher und monotoner Arbeit werde als Fluch steigender Arbeitslosigkeit erlebt.

Aus all dem heraus habe die Einsicht an Boden gewonnen, dass die Politik und die großen Institutionen immer weniger in der Lage seien, die anstehenden Probleme zu lösen oder vorhandene Chancen zu erkennen. Entscheidend in dieser Situation sei, selbst einzugreifen und aktiv zu werden. Die Bewegung greift damit den Gedanken des Zukunftsforschers Robert Jungk auf, der in den 1980ern den Ruf nach Bürgerinitiativen ins Spiel brachte. Für Jungk war es entscheidend, mehr Menschen dazu zu bewegen, selbst initiativ zu werden, um Veränderungen zu bewirken. Diesen Gedanken treibt die Bewegung weiter, indem sie fordert, unternehmerisch im Konzert der Wirtschaft mitzuspielen.

Nur mit einem solchen Ansatz der aktiven Partizipation – so die zweite Überlegung – könne man der wachsenden ökonomischen Ungleichheit entgegenwirken. Die Bewegung – und nicht nur sie – betrachtet das immer stärkere Auseinanderdriften der Verteilung von Vermögen und Einkommen als gefährlichen Sprengstoff – eine Position, die inzwischen selbst von konservativen Stimmen geteilt wird. Eine der Ursachen des Auseinanderklaffens sei der ungleiche Zugang zum Aufbau unternehmerischen Vermögens. Wenn nur wenige Menschen ein Unternehmen gründeten, verteilten sich die Vermögen und daraus die Einkommen auf Dauer extrem ungleich.

Die beiden Überlegungen münden in die Behauptung, was Wirtschaft sei, müsse nicht nur neu gedacht, sondern auf unternehmerischem Wege auch praktisch neu gestaltet werden. Paradoxerweise lebten wir trotz der reich vorhandenen Mittel ökonomisch, ökologisch und sozial über unsere Verhältnisse.

Es werde höchste Zeit, intelligenter und überlebensfähiger zu wirtschaften. Eine bessere, schönere Welt sei möglich. Was dem entgegenstehe, so die Bewegung, sei der paradoxe und zerstörerische Mechanismus, immer weiter expandieren zu müssen.

Das moderne Marketing verstärke diesen Prozess. Nicht die Herstellung von Produkten sei der Engpass, sondern ihr Absatz. Daher werde eine riesige Verkaufsmaschinerie aufgefahren. Die Investitionen in Werbung, Marken und Image verschlängen inzwischen mehr Geld als die Produktion. Statt die Menschen zu stärken, spielten die Manager des Marketingzirkus auf den Minderwertigkeitsgefühlen der Menschen Klavier. Die Psyche des Menschen werde mit wissenschaftlichen Mitteln durchleuchtet, um bessere Verkaufsstrategien zu ermitteln. Selbst die Universitäten würden immer stärker dem Marketing ausgeliefert. Im Exzellenzgeschrei, im Ringen um Drittmittel und unter dem permanenten Druck zu publizieren finde distanziertes Denken über die Zukunft unserer Gesellschaft, finde Forschung von Bedeutung, fänden unangepasste Projekte und Experimente immer seltener statt. Kritiker behaupten, dass selbst ein Charles Darwin unter solchen Bedingungen nie zu seiner bahnbrechenden Theorie gefunden hätte.

Seit der Antike sei der Grundgedanke der Ökonomie als sparsamer Umgang mit den vorhandenen Ressourcen verstanden worden. In der Denktradition der Ökonomen wie der großen Philosophen habe wirtschaftliches Handeln stets eine dienende Funktion eingenommen. Heute durchdringe die Wirtschaft immer mehr Lebensbereiche. Wachstum, ein im Grunde positiver Begriff, habe sich zu einer Bedrohung entwickelt und überwuchere mit seinen Tentakeln die geistige und physische Umwelt des Menschen. Es sei die Ökonomie, die Art und Tempo der Entwicklung immer mehr bestimme. Und Politik, Bildung, Wissenschaft und Kultur vor sich herzutreiben beginne.

Der Philosoph Aristoteles habe sich im Grabe umgedreht und die großen Ökonomen der Geschichte wachgerüttelt. Adam Smith, David Ricardo, Karl Marx, John Maynard Keynes und viele andere seien zu einem Protestmarsch aufgebrochen mit dem Ruf: »Verrat an der Ökonomie!« Die Ökonomie sei als Dienerin des Menschen angetreten und habe sich zu seiner Peitsche entwickelt. Widerstand sei das Gebot der Stunde. Wie bei Gandhis historischem Marsch gegen die Salzsteuer sei der Zustrom zuletzt aus allen Lagern der Gesellschaft immer größer geworden.

Kapitel 1

Vom Uomo Universale zum Markenmenschen

Die Renaissance sah den universell gebildeten und tätigen Menschen als Typus der Zukunft. Er sollte das Leben in seiner ganzen sinnlichen und intellektuellen Fülle wahrnehmen und gestalten können. Nicht nur bei Künstlern wie Donatello, Leonardo, Michelangelo oder Alberti, sondern auch in der leidenschaftlichen Diskussion der Bürger um die Gestaltung von Kirchen und öffentlichen Gebäuden verkörperte sich diese Auffassung.[1] Die Idee der Vitalität war eng mit der Idee der Individualität verbunden.
Zeichnen wir ein aktuelles Bild.

Das Marketing-Monster

Hi! Ich bin das Marketing-Monster. Mir geht es gut. Alle füttern mich, weil sie mich brauchen. Die Unternehmen sind auf mich angewiesen, wenn sie höhere Umsätze und Gewinne machen wollen. Die Universitäten füttern mich mit ihren Forschungsergebnissen. Ich mache genau das, was die Menschen wollen. Mir ist ganz kannibalisch wohl. Tut mir leid, dass ich so dick geworden bin. Ich will beileibe kein Monster sein.
Das Gute ist, dass man mich nicht richtig erkennt. Mar-ke-ting. Man muss die Waren doch zu Markte tragen! Herstellen allein reicht nicht. Man muss die Waren verpacken, sie transportieren. Schließlich soll man

die Waren auch finden. Und man muss sie beschreiben. Na ja – und ein bisschen schön machen darf man sie schließlich auch. Wir wollen doch nicht ganz so puritanisch sein. Marketing sei notwendig.

Was für ein wunderbares Versteck! Es stimmt natürlich, dass es das Zum-Markte-Tragen gibt. Aber die Kosten dafür betragen nur einen kleinen Teil des Marketingbudgets. Ja, sie sind sogar im Laufe der Zeit eher unbedeutend geworden. Die Transportkosten sind viel geringer als früher, die Kosten für Telekommunikation noch mehr. Die Supermärkte sind größer und arbeiten rationeller als die Tante-Emma-Läden. Wenn es um diesen Teil des Marketings ginge, würde ich immer dünner, nicht dicker.

Es gibt aber noch einen zweiten Teil des Marketings, der ganz anders aussieht. Nennen wir ihn die Schlacht um den Konsumenten. Ökonomen würden es den Übergang von der Angebots- zur Nachfrageökonomie nennen. Auf die Generierung von Nachfrage kommt es an. Die Marken werden entscheidend. Daher der hohe Aufwand für Image und Vertrauensbildung. Wer es gut kann, wird hoch bezahlt. Kapital kauft Kopf.

Ich entfache ein gewaltiges Feuerwerk. Ich mache die Welt bunt und hell. Und optimistisch. Die kreativsten Köpfe arbeiten für mich und ziehen alle Register: Kunst, Ästhetik, Psychologie. Ich versuche, die Menschen zu meinen Partnern zu machen. Ich trete in der Figur eines Familienmitglieds, eines Liebenden auf. Ich verteile kleine Geschenke, wenn man mir folgt.

Ich liebe soziale Netzwerke. Ich spüre die Energie, die in ihnen liegt. Wenn ich gewitzt genug bin, kann ich dort als Freund unter Freunden auftreten. Ich passe mich den Freunden an, damit sie sich mir anpassen. Die technologische Entwicklung kommt mir entgegen. Ich bin im Internet an Ihrer Seite. Ich kenne Ihre geheimen Wünsche und Interessen. Ich weiß besser über Sie Bescheid als Sie selbst. Ich bin Ihr großer, hilfreicher Bruder.

Ich bin der Witz. Ich bin der Humor. Ich bin das Spielerische. Kinder sehen mir zu, weil ich so lustig bin. Ich bin die Pause. Der Urlaub. Das Wohlbefinden. Ich umgebe mich mit schönen Menschen. Mit sympathischen Menschen. Kein Register, das ich nicht ziehen kann. Ich bin Orgelspiel im Fortissimo.

Ich kann aber auch die leisen Töne. Ich liebe es, mich einzuschmeicheln. Ich verstehe die Menschen. Glauben Sie mir, ich tue alles, um die Menschen zu verstehen. Das liegt in meinem ureigenen Interesse. Wenn ich die Menschen nicht verstehe, kann ich ihnen auch nichts geben.

Deshalb bin ich mir auch nicht zu schade, hinabzusteigen in die Tiefe und mich umzusehen, was im Keller liegt. Menschen haben Schwächen und leiden darunter. Ich helfe ihnen. Sie wurden von der Natur benachteiligt? Sie müssen sich nicht länger schämen. Sie sind in Ihrer Kindheit verletzt worden und tragen den Schmerz in sich? Ich heile Ihren Schmerz. Sie sind zu dick? Kein Problem. Die Haare fallen aus? Kein Problem. Fältchen um die Augen? Kein Problem. Sie werden älter? Mit mir werden Sie jünger. Sie haben gerade kein Geld? Ich gebe Ihnen Kredit.

Sie dürsten nach Anerkennung? Nirgendwo habe ich mehr zu bieten: das besondere Outfit. Die Accessoires. Der elegante Anzug. Die feinen Schuhe. Die teure Uhr. Die luxuriöse Limousine. Sie fühlen sich unsicher? Ich gebe Ihnen Sicherheit.

Hör mir gut zu: Ich biete Dir einen Pakt an. Verkaufe mir Deine Seele, und ich lege Dir die Welt zu Füßen. Höre auf Mephisto. Mit Deinem Eigensinn, mit Deinem Eigenwillen wirst Du scheitern, Du Querkopf. Mit mir dagegen wirst Du erfolgreich sein.

Die Moderne überfordert die Menschen. Ich gebe ihnen fest umrissene Marken, mit denen sie sich profilieren können. So wie Insekten kein Rückgrat haben, sondern von außen durch die Teile des Chitinpanzers zusammengehalten werden, so wird der moderne Mensch durch Marken zusammengehalten. Denken Sie an den Großinquisitor bei Dostojewski. Die Menschen sind schwach und brauchen Führung. Ich gebe ihnen Halt. Ich helfe, durch Statussymbole Selbstvertrauen zu gewinnen. Und mehr als das: Durch Marken gebe ich den Menschen Identität. Ich sage ihnen, was sie haben müssen, um sie selbst zu sein.

Die Philosophen haben viel über Freiheit geredet. Ich gebe den Menschen Freiheit. Ich habe den Baukasten, aus dem sich jeder seine Freiheit zusammenstellen kann.

Ich bin die Hoffnung. Ich bin der Weg, ich bin die Wahrheit und das Leben!

Der Mangel muss suggeriert werden

Zunächst möchte ich klarstellen: Es geht nicht darum, Marketing generell abzulehnen. Wenn es die Welt bunter und fröhlicher macht, was wäre dagegen zu sagen? Auch die eine oder andere Übertreibung darf man getrost akzeptieren. Es geht mir auch nicht darum, puritanisch-spartanische Lebensformen zu propagieren. Es geht allein darum, den Frontalzugriff der Ökonomie auf alle Aspekte unseres Lebens nicht widerspruchslos hinzunehmen, sondern zu fragen, ob wir kritiklos folgen wollen.

Eines vorweg: Sie können als Gründer in einer Materialschlacht des Marketings nicht gewinnen. Wenn David mit den Waffen des Goliath antritt, verliert er. Sie müssen sich also fragen, ob Sie sich der üblichen Methoden des Marketings bedienen wollen oder ob es Alternativen dazu gibt. Versuchen wir zunächst aber, die Entwicklung des Phänomens Marketing besser zu verstehen.

Rückblick: USA 1945.

Der Krieg ist vorbei. Die Rüstungsproduktion geht schlagartig zurück. Die Arbeitslosigkeit steigt sprunghaft. Der private Konsum muss angekurbelt werden. Die Menschen sollen Produkte kaufen, auch wenn sie diese von sich aus nicht kaufen würden.[2] Man muss die Werbetrommel rühren. Ja, man muss Marketing in einer Weise ausbauen – über das Zu-Markte-Tragen hinaus –, dass sogar solche Konsumenten, die ein Produkt gar nicht *wollen*, zum Kauf überredet werden. Eine Marketingoffensive gegen Arbeitslosigkeit. Genauer: Bedürfnisse wecken, um Arbeitslosigkeit zu beheben. Das Gefühl des Mangels im Menschen installieren.

Man kann es die Geburtsstunde des Marketing-Monsters nennen. Der Mangel muss suggeriert werden.

Sie haben richtig gelesen. Nicht der Mangel muss behoben werden, nein. Der Mangel muss erzeugt werden. Das ist die Situation, in die uns eine Logik stellt, die Arbeitslosigkeit durch Wachstum beheben will. Pervers, aber wahr.

Es ist der Grund, warum das Marketing-Monster so fett und selbstbewusst geworden ist. Wir brauchen es, um neue Bedürfnisse zu wecken. Wir müssen es füttern, damit es mehr Konsum generiert. Die Herstellung von Waren ist heute nicht mehr das Problem. Der Verkauf ist es. Deswegen wird das Marketing aufgerüstet.

Das Selbstverständnis der Wirtschaftswissenschaften war es, sich dafür einzusetzen, den Mangel zu *beheben*. Zumindest für die Industrieländer ist diese Aufgabe gelöst. Unsere Grundbedürfnisse sind erfüllt, in einem Ausmaß, wie wir es uns vor wenigen Jahrzehnten noch nicht träumen ließen.

Heute müssen wir den Mangel künstlich produzieren. Wenn an der Oberfläche kein Mangel ist, müssen wir tiefer schürfen. Am besten in der Grube der Minderwertigkeitsgefühle. Da stoßen wir auf ergiebiges Material.

Unsere Bedürfnisse sind unerschöpflich, wenn sie ständig angefacht werden.

Heute müssen wir feststellen, dass es beim Konsum keine natürliche Sättigungsgrenze gibt. Zwar legen Studien nahe, dass in den reichen Ländern ein Zuwachs an Konsum *nicht* zufriedener macht. Dennoch konsumieren wir mehr. Wir verschieben unsere Wunschvorstellungen ständig nach oben. Wenn dann noch der Druck der Marketingindustrie dazukommt, werden unsere Bedürfnisse gänzlich unerschöpflich.[3]

Marketing zielt auf den Kern des Selbstbewusstseins des modernen Konsumjüngers. Während früher die Marken die Aufgabe erfüllten, die Komplexität, die durch die Fülle des Angebots entsteht, zu reduzieren, wird heute dem Käufer auf der Suche nach seinem eigenen Stil suggeriert, er könne sich mit der Marke Individualität und Identität kaufen.

Es sei erstaunlich, dass der Individualismus so wenige Individuen hervorgebracht habe, schreibt Robert Musil in seinem Tagebuch.[4] In der Tat ein merkwürdiger Widerspruch. Das Individuum glaubt, durch den Kauf bestimmter Markenprodukte seinen Individualismus zu leben, in Wirklichkeit widerlegt es damit jeden Individualismus.

Einer, der schon früh fulminant gegen die wachsende Macht des Marketings Stellung genommen hat, ist Henry Ford. Er verabscheute jede Art von Reklame. Er war der Albtraum jedes Marketingexperten. Wenn das Erwirtschaften von Profit das Ziel des Unternehmens sei, so argumentierte Ford, dann werde nur noch auf die Verkäuflichkeit des Produkts geachtet, nicht auf seine Nützlichkeit. Die Schwächen des Produkts würden dann von der Reklame kompensiert. Für die dadurch entstehenden Zusatzkosten komme letztlich der Kunde auf. Dies führe zu einer Preispolitik, die sich nicht an den Produktionskosten orientiere, sondern nehme, was am Markt herauszuholen sei. Der Schaden für die Allgemeinheit sei damit ein doppelter.[5] Weniger Nützlichkeit, aber höhere Preise.

Eine überzeugende Argumentation. Und heute aktueller denn je.

Damals regte sich noch Widerstand gegen das Monster. Der Schweizer Gottlieb Duttweiler beklagte sich darüber, dass die Ladenpreise viel höher seien als die Herstellungskosten. (Die Produkte wurden damals zu etwa dem Dreifachen der Herstellungskosten verkauft.) 1925 nahm er diese Diskrepanz zum Ausgangspunkt für die Gründung seines Unternehmens, der Migros.
Und siehe da: Er war mit diesem Ansatz hoch erfolgreich. Heute sind die Relationen noch viel drastischer. Von einigen Kampfpreisen der Discounter abgesehen sind die Relationen inzwischen eher beim Zehnfachen angelangt, bei modischen Artikeln oft noch weit höher. Tendenz steigend. Diese große Lücke zwischen dem Preis des Erzeugers und dem Verkaufspreis ist historisch eine neue Erscheinung. In der Wirtschaftsgeschichte gab es die Vorstellung vom »gerechten Preis«, also das, was der Händler als Aufschlag verlangen dürfe. Ein Thema, das sowohl in der Geschichte der Philosophie als auch in den ökonomischen Lehrmeinungen eine immer wiederkehrende, wichtige Rolle gespielt hat – von Xenophon 500 vor Christus über Aristoteles und seine *Nikomachische Ethik* bis zu Augustinus, den Kirchenvätern und zur Neuzeit. Wenn man grob vereinfacht, könnte man sagen, die Vorstellung spielte sich im Bereich »der Zehnte« ab. Der Händler darf so etwas wie zehn Prozent aufschlagen. Plus/minus und wie gesagt sehr grob. Dies nur zur Verdeutlichung, dass man das, was heute passiert, in der Wirtschaftsgeschichte mit schwerem Wucher bezeichnet hätte. Weshalb sich die Frage

stellt: Brauchen wir Unternehmer vom Typ Duttweiler nicht dringender denn je?

Ja – wir brauchen sie. Und das Beispiel Duttweiler zeigt: Es reicht ein einziger Entrepreneur, eine ganze Branche umzukrempeln. Bessere Qualität, besseres Preis-Leistungs-Verhältnis, mehr Transparenz und Information, weniger Werbelyrik. Entrepreneure wie Duttweiler setzen neue Maßstäbe. Die Konkurrenz muss folgen, wenn sie nicht einen Großteil ihrer Kunden verlieren will.

Aber Ford und Duttweiler sind weitgehend vergessen. Henry Fords Kritik wird heute eher milde und nachsichtig belächelt. So wie ein Pharmahersteller sich über Kunden amüsiert, die lieber Obst essen, als seine chemisch-industriell hergestellten Pharmaprodukte zu kaufen.

Duttweiler ist fast völlig vergessen. Eigentlich sehr erstaunlich, dass nicht mehr Unternehmer dem Beispiel von Ford und Duttweiler gefolgt sind. Schließlich waren beide höchst erfolgreich. Ein Erfolgsmodell also, das auf der Hand liegt, das aber nicht aufgegriffen wird? Wie wir gleich sehen werden, gibt es dafür eine Erklärung.

Wir sind manipulierbar

Der Weintest[6]

Drei Sorten Wein stehen zur Auswahl: einfache, mittlere und hohe Qualität. Die Testteilnehmer sind angehalten, ihr Urteil zu den drei Sorten abzugeben. Was den Test besonders macht: Es wird nicht nur das verbale Urteil der Probanden abgefragt, sondern mittels moderner Gehirnforschung werden auch die Geschmackszentren im Gehirn gescant. Man will verhindern, dass die Teilnehmer etwas sagen könnten, was nicht mit ihrem Geschmacksempfinden im Einklang steht. Man will ihre tatsächlichen Empfindungen messen, nicht nur ihre verbalen Äußerungen.

Das Ergebnis fällt erwartungsgemäß aus. Die Testpersonen erkennen die Qualitätsunterschiede der Weinsorten. Mit steigendem Preis steigt auch die Qualität. Nicht nur in den geäußerten Meinungen der Probanden; auch die einschlägigen Gehirnzentren melden zurück, dass die teureren Weine auch tatsächlich besser schmecken.

Wäre alles nichts Besonderes, wäre da nicht eine Kleinigkeit: *Im Test handelt es sich dreimal um den gleichen Wein.*

Es ist also die Preisinformation, die dazu führt, dass die Testteilnehmer Unterschiede schmecken. Und noch mehr: Auch die entsprechenden Zentren im Gehirn melden die Qualitätsunterschiede. Die Betreffenden erleben also tatsächlich, dass ihnen der Wein mit dem jeweils höheren Preis besser schmeckt.

Was für ein Forschungsergebnis! Mit einer für die Praxis durchschlagenden Konsequenz. Man muss die Preise erhöhen! Ich muss als Unternehmer hohe Preise verlangen, weil dies im Auge des Kunden den Wert meines Produkts erhöht. Und meine höheren Einnahmen in die Werbung und Imagepflege stecken. Genial.

Was hier im wissenschaftlichen Test vorgeführt wird, wissen erfahrene Marketingmenschen schon lange. Ein hoher Preis signalisiert für den Käufer hohe Qualität, ein niedriger Preis hingegen steht unter dem Verdacht, dass Billigware verkauft werden soll. Im Hinterstübchen unseres Gehirns steht zwar: Vorsicht! – billig kann auch besonders preiswert bedeuten. Das vorherrschende Deutungsmuster ist aber: Teuer bedeutet gut, billig dagegen weist auf niedrige Qualität hin.

Ein Dummkopf also jeder, der wie Henry Ford, Gottlieb Duttweiler oder die Teekampagne auf die Qualität seines Produkts setzt. Stattdessen ist es viel profitträchtiger, in mehr Marketing zu investieren. Die Psychologie ist wichtiger als die Produktqualität. Je mehr ich den Kunden glauben machen kann, dass mein Produkt hochwertig sei, desto besser für mich. Ich muss als Unternehmer mein Geld für Image und Marke des Produkts ausgeben und kräftig dafür trommeln. Einen schweren Fehler begeht also, wer viel in Produktqualität und wenig in Marketing investiert.

Der Test zeigt: Wir sind manipulierbar, leicht zu betrügen. Und das völlig legal.

Jetzt verstehen wir, warum so viel in Marketing investiert wird, warum die Kreativen, warum die Wissenschaftler nachgefragt werden. Es geht ums ganz große Geld. Die Preise hochsetzen und in Markenpflege investieren – das ist das ideale Geschäftsmodell. Ein perfektes System. Jetzt verstehen wir noch besser, warum das Marketing zum Monster herangewachsen ist und immer noch weiter wächst.[7] Und längst global aktiv ist. Wir verstehen, warum beispielsweise auf dem Weg von Bangkok zum Flughafen Suvarnabhumi sage und schreibe 243 Riesenleuchtreklamen gebaut wurden und es täglich noch mehr werden.

Die Abbruchkante der Qualität

Ein Tester, so dachte ich, sei jemand, der die bestmögliche Qualität auswählt, der seine Sachkenntnis und Erfahrung einsetzt, ein wirklich gutes Produkt zu gewährleisten – ohne Tricks, Verschlagenheit, Hinterlist. So sagen es auch die Texte, die wir auf den Warenverpackungen zu lesen bekommen. *Dieses Produkt wurde aus den besten Rohstoffen von unseren erfahrenen Testern nach sorgfältigster Prüfung für Sie ausgewählt.* Der Tester als Garant für Qualität, Sachkenntnis und Authentizität. So dachte ich. So denken Sie wahrscheinlich auch.

Wie naiv wir doch sind.
Schon einmal von der »Abbruchkante der Qualität« gehört?

Ein Beispiel: Wenn ich Wein mit ein klein wenig Wasser verdünne, merkt das niemand. Wenn ich mehr Wasser hinzugebe, kommt der Punkt, an dem man merkt, dass mit dem Wein etwas nicht stimmt. Man nennt es die Abbruchkante der Qualität. Ein guter Tester ist jemand, der diese Abbruchkante genau herausschmeckt. (Er wird auch einen Sicherheitsabstand zur Kante angeben. Damit man im Produktionsverfahren nicht gelegentlich über die Abbruchstelle hinausrutscht.)
Anders ausgedrückt: Die Qualität nimmt nicht linear ab, sondern von einem bestimmten Punkt an schlagartig. So jedenfalls reagiert unser Geschmacksempfinden. (Objektiv gesehen nimmt die Qualität natürlich schon vom ersten Wassertropfen ab, subjektiv reagieren wir darauf aber anders.)

Ich stehe jetzt als Unternehmer vor einer Wahl. Soll ich ein zu 100 Prozent reines Produkt anbieten? Oder soll ich mit der Abbruchkante der Qualität arbeiten?

Es ist eine entscheidende Frage. Zwei Welten trennen sich. Zwei völlig verschiedene Welten, die uns aber als *eine* Welt der Ökonomie begegnen. Es berührt die Frage, was ich sein will. Welche Werte sind mir wichtig? Will ich stolz auf mein Tun sein? Oder will ich mich als Panscher durchs Leben schlagen? Und auch so fühlen? So würde man argumentieren, wenn man sich auf ein hohes Moralross schwingen und die Tugend der Ehrlichkeit hochhalten wollte. Und in das Wehklagen über den Verfall der Werte einstimmen würde. Darauf pochend, dass der Mensch als edel, hilfreich und gut geschaffen wurde.

Will damit sagen: Reicht es aus, ethische Forderungen zu stellen und darauf zu hoffen, dass es ein anderes ökonomisches System gibt, in dem ethisches Verhalten sich durchsetzen könnte?

Ganz nebenbei: Jesus hat nicht gesagt: Liebe Deinen Nächsten, *aber nur, wenn er sich ethisch korrekt verhält.* Der zarte Hinweis sei erlaubt, für alle diejenigen, die lautstark eine neue Ethik fordern und die große Veränderungen über eine solche Ethik erwarten oder erhoffen. Ist es nicht realistischer, von den Menschen auszugehen? So, wie sie sind? Statt Gesellschaftssysteme zu erdenken, die einen neuen Menschen voraussetzen? Müssen wir das Thema Ethik nicht auf andere Weise angehen? Dazu später mehr.

Auch die Rede vom »ehrbaren Kaufmann« führt nicht weiter. Meine Ehrbarkeit ist nicht in Gefahr, wenn ich ein bisschen Wasser in den Wein mische. Ich tue nichts Kriminelles. Es gibt nicht einmal eine Instanz, die mir etwas anhaben könnte. Ich mache am Tage Geschäfte, mit denen ich nachts durchaus gut schlafen kann.

Es ist nur der Anfang. Der Anfang eines Prozesses der kontinuierlichen Warenverschlechterung. Am Ende dieses Prozesses stehen Produkte wie Analogkäse, Tomaten, die wie schnittfest gemachtes Wasser schmecken, Pressschinken, von dem niemand weiß, was drin ist, oder Brotsorten, bei denen nur noch Experten die Entwicklung der Enzyme verfolgen können, mit denen das »Brot« hergestellt wird. Fast nichts ist mehr echt, authentisch.

Der Käufer hat das Bild eines Produkts – ein aus der Vergangenheit stammendes Bild –, das benutzt wird. Als Ausgangsmaterial, als Eckpfeiler sozusagen. Das mit Werbelyrik, schönen Bildern und Raffinesse ausgemalt wird.

Nehmen wir zum Beispiel Pfirsichnektar. Ein Name wie aus dem Paradies. Ein Bild des Pfirsichs, das uns wie Pawlows Hunden das Wasser im Mund zusammenlaufen lässt. Lebensmittelfotografie. Das Produkt mit Klarlack behandelt, taufrisch glänzend, fein ausgeleuchtet. Die Beschreibung des Pfirsichnektars in Werbelyrik wie aus der Feder von Rilke persönlich. Ein notorischer Nörgler, wer jetzt auf die Rückseite dreht und die Inhaltsstoffe liest: 0,5 Prozent Pfirsichkonzentrat, diverse Aromen und Stabilisatoren. Wir bezahlen für fünf Gramm Pfirsichkonzentrat, ein paar Tropfen Aromastoffe und tragen tapfer 990 Gramm Wasser plus Verpackung nach Hause. Immerhin gut für unsere Arm- und für unsere Beinmuskulatur. Das Teuerste an der ganzen Aktion ist die Verpackung – aber die schmeckt ja auch besonders gut.

Oder Philippe de Rothschild. Auch bei Wein erwartet Sie ein Sprachgenuss der besonderen Art. »Baron Philippe de Rothschild. Der berühmteste Name in der Welt des Weins«, so steht es im einschlägigen Werbeprospekt. Und wer wird bei diesem Namen daran zweifeln? Die Beschreibung des Weins allerdings hat es in sich: »Eleganter, seidiger Körper mit Finesse, diskreter Würze und milder, runder Gerbsäure. Die Frucht wird durch dezent pflanzliche Anklänge angenehm belebt. Zugänglich, aber mit Niveau.« Der elegante seidige Körper sagt uns was, jedenfalls uns Männern. Finesse und Diskretion gehören dazu. Mit den dezenten pflanzlichen Anklängen, die uns so angenehm beleben, ist es schon etwas schwieriger. Ob es auch tierische Anklänge gibt? Immerhin sind sie für uns als Normalmenschen zugänglich, was wir bei so hervorragenden Namen wie den der Rothschilds eigentlich nicht verdient haben, und deswegen auch gleich der Hinweis, dass die Zugänglichkeit an Niveau geknüpft ist.

Mein Berufstipp: Wenn Sie die Fähigkeit besitzen, inhaltslose, aber wohlklingende Sätze zu formen, werden Sie Werbetexter. Und wenn Sie selbst nicht sicher sind, wie solche Sprachkunststücke zu beurteilen sind, fragen Sie Ihre Kinder, was sie von des Kaisers neuen (Sprach-)Kleidern halten.

Die beiden Beispiele mögen für sich genommen belanglos scheinen: Fruchtsaft und Wein. Aber sie sind exemplarisch, sind ein Trend. Sie illustrieren, wie Wirtschaft und Werbung Qualitätsstandards und Sprache vereinnahmen.

»Wir möchten darauf aufmerksam machen, dass irreführende Werbeaussagen und Etiketten bei Lebensmitteln weiterhin ganz legal sind und daher im Supermarkt eher die Regel als die Ausnahme«, erklärt Lena Blanken von Foodwatch.[8] Dies gelte auch für einen Konzern wie Nestlé, einen der großen Babynahrungshersteller. Der Alete-Trunk werde mit Aussagen wie »reich an Calcium und Vitamin D für gesundes Knochenwachstum« beworben, so Blanken. Dagegen warnten Kinderärzte und Wissenschaftler seit Jahren vor solchen Trinkmahlzeiten, weil sie zu Überfütterung und Karies bei Babys führen könnten. Die Ernährungskommission der Deutschen Gesellschaft für Kinder- und Jugendmedizin (DGKJ) bewertet die Trinkmahlzeiten sogar als unverantwortlich und gesundheitsgefährdend.[9]

Psychofalle Duft

Düfte werden emotional gespeichert, wenn sie aus einer Situation stammen, die sehr intensiv erlebt wurde. Rieche man später den gleichen Duft wieder, könne einen das in eine positive Grundstimmung versetzen.[10]

»Duftstoffe wirken im Unterbewusstsein, denn die chemischen Signale werden von den Sinneszellen transformiert und direkt ins Gehirn weitergeleitet«, sagt Klemens Störtkuhl, Sinnesphysiologe und Duftforscher an der Ruhr-Universität Bochum. »Das Spannende am olfaktorischen Sinn ist, dass er der Sinn ist, der am stärksten das Verhalten des Menschen beeinflusst. Das wird oft unterschätzt«, so Störtkuhl.[11]

Ein Experiment in einem Gartencenter.
Während des Einkaufs strömt Blumenduft aus den verborgenen Säulen in den Winkeln des Gebäudes. Die wenigsten nehmen diesen Geruch bewusst wahr. Der Leiter des Experimentes, Patrick Hehn vom Institut

für Sensorikforschung und Innovationsberatung in Göttingen, ist zufrieden: »Die Leute haben mit der Beduftung mehr gekauft.« Die Spontankäufe sind gestiegen. Die Blütenluft vernebelte sogar die Wahrnehmung der Hobbygärtner: »Das Preis-Leistungs-Verhältnis wurde besser bewertet. Dieselben Verkäufer erschienen kompetenter«, sagt Hehn.[12] Der Geruch schleiche sich ins Gehirn und verleite die Kunden zu Einkäufen, die sie sonst nicht getätigt hätten. Die Ursache des Kaufrausches entziehe sich dabei dem Verstand und der eigenen Wahrnehmung. Ungeniert nutzen Duftmarketingagenturen diesen Trick. »Knapp unterhalb der Wahrnehmungsgrenze funktioniert das richtig gut«, verrät Jens Reißmann, Geschäftsführer der Duftagentur Reima AirConcept in Zwickau.

Mit parfümierten Spielautomaten lässt sich sogar 45 Prozent mehr Geld einnehmen, verspricht Alan Hirsch, ärztlicher Leiter der Smell & Taste Treatment and Research Foundation in Chicago.[13]

Fachleute sprechen von »Corporate Scent« oder »Air Design«. Werden Sie Duftmanipulator – ein Beruf mit Zukunft.

Über Public Relations

Edward Louis Bernays[14] (1891 bis 1995) gilt neben Walter Lippmann, Ivy Lee und anderen als Vater der Public Relations. Er war Pionier in der Anwendung von Forschungsergebnissen der noch jungen Psychologie und Sozialwissenschaften in der angewandten Öffentlichkeitsarbeit.

Bis ins frühe 20. Jahrhundert wurde der Begriff »Propaganda« völlig wertfrei gebraucht. Der politische und wirtschaftliche Totalitarismus der Moderne benutzt den Begriff sogar im emphatischen Sinne. Allerdings wurden selbst noch Mitte der 1920er-Jahre die *advertising agents* und *admen* schräg angesehen, selbst von den Firmenchefs, die sie beschäftigten.

Ab Mitte der 1920er-Jahre erschien eine Reihe von Werken zur Massenbeeinflussung, von denen das schmale Buch *Propaganda* von Edward Bernays (1928) bis heute das bekannteste geblieben ist. Bernays, 1891 in Wien geborener und schon ein Jahr später mit seinen Eltern in die USA ausgewanderter Neffe von Sigmund Freud, wollte den Begriff »Propaganda« von den negativen Assoziationen aus dem Ersten Weltkrieg befreien. Er vermied das historisch belastete Wort »Propaganda« zugunsten des Begriffes »Public Relations«. Er empfahl sich unter dem selbst erfundenen Titel eines *Counsel in Public Relations* den »unsichtbaren Regierenden«[15]. Damit hatte er den Beruf des PR-Agenten geschaffen.

»Wenn wir den Mechanismus und die Motive des Gruppendenkens (group mind) verstehen«, schreibt Bernays, »wird es möglich sein, die Massen, ohne deren Wissen, nach unserem Willen zu kontrollieren und zu steuern.«[16]

Edward Bernays bezeichnet diese Technik der Meinungsformung als *engineering of consent*. Sein Buch beginnt mit den Worten: »Die bewusste und intelligente Manipulation der organisierten Gewohnheiten und Meinungen der Massen ist ein wichtiges Element in der demokratischen Gesellschaft. Wer die ungesehenen Gesellschaftsmechanismen manipuliert, bildet eine unsichtbare Regierung, welche die wahre Herrschermacht (ruling power) unseres Landes ist.«[17]

»Wir werden regiert, unser Verstand geformt, unsere Geschmäcker gebildet, unsere Ideen größtenteils von Männern suggeriert, von denen wir nie gehört haben. [...] Große Menschenzahlen müssen auf diese Weise kooperieren, wenn sie in einer ausgeglichenen, funktionierenden Gesellschaft zusammenleben sollen. [...] Es bleibt eine Tatsache, dass in beinahe jeder Handlung unseres Lebens, ob in der Sphäre der Politik oder bei Geschäften, in unserem sozialen Verhalten und unserem ethischen Denken wir durch eine relativ geringe Zahl an Personen dominiert werden, welche die mentalen Prozesse und Verhaltensmuster der Massen verstehen. Sie sind es, die die Fäden ziehen, welche das öffentliche Denken kontrollieren.«[18] Über Joseph Goebbels wird berichtet, auf seinem Nachttisch habe Bernays' Buch gelegen.

Nach 1920 war Bernays einige Jahre für die amerikanische Tabakindustrie tätig. Frauen, so fand er heraus, betrachteten Zigaretten als phallische Symbole männlicher Macht und lehnten die Glimmstängel daher ab. Bernays versuchte jedoch, für die American Tobacco Company das Rauchen für Frauen attraktiv zu machen. Er heuerte eine Gruppe von Frauen an und bat sie, sich als Suffragetten zu verkleiden. So marschierten die vermeintlichen Frauenrechtlerinnen durch New Yorks Fifth Avenue, und als Zeitungsreporter sie fotografierten, zündeten sie sich Zigaretten an und proklamierten diese als »torches of freedom« (Fackeln der Freiheit). Die Werbestrategie zielte darauf, den Widerstand der Frauen gegen das Rauchen zu brechen.

Werfen wir den Fehdehandschuh in den Ring

Wenn Sie die in den vorherigen Abschnitten genannten Marketingpraktiken in Ordnung finden oder sie jedenfalls für Sie keine größere Aufregung wert sind – wie wunderbar. Sie haben sich einen Glauben an die Ökonomie bewahrt, der mir zunehmend verloren geht. Überspringen Sie die nächsten Abschnitte und lesen Sie weiter ab Kapitel 2.

Wenn Sie jedoch finden, dass wir immer häufiger kleinen und großen Schweinereien ausgesetzt werden und wir sie nicht einfach hinnehmen sollten, lesen Sie hier weiter.

Moralisch entrüstet zu sein, ist nur *eine* Sache. Zu klagen darüber, dass die Ergebnisse aus der Wissenschaft *gegen* den Menschen, also zu seiner Manipulation eingesetzt werden. Genauso wichtig scheint mir der zweite Aspekt. Wir sollen *mehr* konsumieren, als wir eigentlich beabsichtigen, mit all den negativen Folgen für uns selbst, aber auch für unseren Planeten. Immerhin fühlt sich heute bereits eine Mehrheit von Konsumenten bedroht, beim Kauf ausgespäht zu werden, damit man sie bei zukünftigen Käufen beeinflussen kann. Die Bedrohung wird als stärker empfunden als die durch Hacker oder ähnliche Akteure. Und erstaunlicherweise sogar deutlich höher als die Bedrohung durch Regierungsstellen, wie sie durch die NSA-Affäre bekannt wurde.[19]

»Wir arbeiten mehr, konsumieren mehr, am Ende konsumieren wir uns selbst«, sagt die slowenische Philosophin Renata Salecl. Die Idee der Freiheit sei zur Wahl zwischen Marken verkommen. Wir fühlten uns ständig gestresst, überfordert und schuldig. Wenn es uns schlecht ginge, sei es unsere eigene Schuld. Wir haben die falsche Wahl getroffen.[20]

Sie brauchen es mir nicht zu sagen. Die Luxusmarken florieren. Ich weiß es. Am besten selber eine Luxusmarke ausdenken, viel Geld in die Markenpflege stecken, den Menschen suggerieren, dass ohne diese Luxusmarke ihr Leben unvollkommen ist.

Wäre mit Darjeeling-Tee gar nicht so schwer gewesen. Haben mir damals viele Menschen, auch Universitätskollegen, eindringlich empfohlen. Viel zu preiswert, Ihr Darjeeling. Sie machen ja überhaupt kein Marketing. Lieber mehr Geld in die Werbung stecken, die Preise deutlich erhöhen, und aus dem Unternehmen »Teekampagne« wird eine Luxusmarke, und das weltweit.

Hätten wir machen können. Und was für ein Luxusprodukt! Kein aus Plastik mit Logo und viel Imagewerbung zur Luxusmarke hochgepäppeltes Produkt, sondern ein einzigartiges, authentisches Naturprodukt. Und keines, das man beliebig vermehren kann. Selbst mit unserer simplen Vorgehensweise sind wir weltgrößter Importeur von Darjeeling geworden. Was spricht also dagegen, daraus eine Luxusmarke im Luxuspreisniveau zu machen?

Es gab tatsächlich die Gelegenheit dazu.

1995 geht es mir schlecht. Der Tinnitus im Ohr wird immer stärker. Einem Konkurrenten gelingt es, einen Angriff unter der Gürtellinie zu lancieren. Wer liest schon die Gegendarstellung? Da taucht ein Kaufinteressent für die Teekampagne auf: Manufactum. Thomas Hoof bietet sieben Millionen Deutsche Mark. Als Angebot vorneweg. Und den notariellen Kaufvertrag schon vorbereitet. Nur noch meine Unterschrift ist nötig. An historischer Stätte, im Cecilienhof in Potsdam, in würdiger Umgebung, so der Vorschlag, soll die Unterzeichnung stattfinden. Auch mein engster Freund und Kollege rät zum Verkauf.

Was er mit der Teekampagne machen würde, frage ich Herrn Hoof. Antwort: Die Preise erhöhen. »Sie verkaufen Ihren Darjeeling viel zu billig.« Nach Hamburg fahren. Mit den Teehändlern und deren Verband Frieden schließen.

Das gab den Ausschlag. Dafür hatte ich die Teekampagne nicht gegründet.

Mir ging es nie um Tee. Die Teekampagne war für mich immer ein Modell. Für eine bessere, überzeugendere Ökonomie. Für bessere Qualität, für sparsameren Umgang mit den Ressourcen. Fair Trade für die Erzeuger. Für organischen Anbau, für Rückstandskontrollen. Dies alles, und eben trotzdem ein niedriger Preis: fairer Handel auch für den Kunden. Nicht noch ein Unternehmen, das aus dem Handel herausholt, was und wie es kann. Mehr Produktwahrheit, mehr Transparenz – statt Aufbau und Pflege einer Luxusmarke.

Branding

Branding war ursprünglich einmal ein gutes Konzept. Der Hersteller nennt seinen Namen und bürgt für die Qualität. Über das Branding erkennt man den Hersteller und seine Produkte wieder. So steht es auch heute noch in den Lehrbüchern. Nicht dass es nicht auch Unternehmen gäbe, die Branding so einsetzen. Aber die Mehrzahl dessen, was heute als Branding auftritt, setzt mehr auf die Erfindung von Marken, setzt auf Markenpflege, den Imageaspekt und Verkaufsstrategien.
Der Begriff »Branding« stammt ursprünglich aus der amerikanischen Viehzucht. Um die eigenen Rinder von denen des Nachbarn zu unterscheiden, wurde den Tieren mit einem glühenden Metallstempel ein Zeichen ins Fleisch gebrannt. Vom Rind aus gesehen keine angenehme Sache. Das Brandzeichen ein allseits sichtbares Merkmal, dass ich als Rind nicht frei bin, sondern Teil einer Herde, die einem anderen gehört. Wenn Sie das nächste Mal durch die Hallen eines Konsumtempels laufen, denken Sie an die gebrannten Rinder. Es hilft Ihnen, zu erkennen, dass Sie die gebrannten Kinder sind, wenn Sie aus dem Tempel herausgehen. Für das, was in dem von Ihnen gekauften Produkt an Herstellungskosten steckt, sind Sie ein gebranntes Kind. Die Forschung, wie man das auf höchstem wissenschaftlichem Niveau veranstaltet, liefert die Erkenntnisse dazu. Wie kann ich meine Werbelyrik noch erfolgreicher machen? Welche dem Käufer unbewussten Reflexe kann ich nutzen? Wie kann ich auf seinem Wertesystem spielen, damit er mir Vertrauen schenkt? Welche Bilder machen mich vertrauenswürdiger? Mit welchen Aktionen kann ich meiner Marke mehr Wert einhauchen? Wie können wir die Muppets – die dummen Kasper, wie wir in Deutschland sagen würden – dazu kriegen, diesen Brand ganz außergewöhnlich zu finden und unbedingt besitzen zu müssen?

Marketing total

Nicht »Wer bin ich?« heißt das Gesellschaftsspiel, sondern »Was trage ich als Marke?«. Früher hatte man die eigenen Initialen auf dem Hemd, heute die Initialen der Marke. Das Marketing-Monster lugt überall hervor. In der Sportarena, in der wissenschaftlichen Tagung, beim Kulturfestival. Aus allen Ecken strecken die Logos ihre Köpfe hervor, fein säuberlich sortiert nach Obersponsor, Hauptsponsor, Nebensponsor.

Wie wäre es mit einer Aktion: »Ich bin kein Marken-Dummkopf!«

Als Universitätslehrer der Ökonomie – einer wichtigen Wissenschaftsdisziplin mit einer langen und guten Tradition – kann ich nicht dem Trend nach immer mehr Marketingaufwand folgen. Packt mich die Wut, wenn ich die Entwicklung der modernen Marketingökonomie beobachte. Es ist Irrsinn, im wahrsten Sinne des Wortes, für Marketing immer mehr Mittel zu verbrauchen. Die Ökonomie bezieht ihre Legitimation aus dem sparsamen Umgang mit Mitteln. Das ist ihr Berufsethos. Und das war und ist – in der Geschichte wie auch heute – notwendig und gut.

Allmählich werden die Werbespots spannender als die redaktionellen Beiträge. Kein Wunder – wachsen doch die Mittel für Werbung schneller als die Budgets der Redaktionen. Im Internet ist die Werbefinanzierung längst auf der Überholspur. Dort tritt sie auch am dreistesten auf. Sie wollen einen Artikel lesen, ein Video ansehen? Erst kommt der Werbespot. Oft lässt er sich nicht einmal mehr wegklicken. Die gute alte Reklame hat ausgedient. Auch die Postwurfsendungen werden raffinierter. Was Sie im Hausflur finden, was wie eine Zeitung daherkommt, ist Werbung, redaktionell verkleidet. Das Automobil des Nachbarn, die Armbanduhr des Kollegen, die Handtasche der Frau, der Schulranzen der Tochter, der Anorak des Bergsteigers – alles riecht nach Marke. Wo sind noch werbefreie Zonen, die man vollkleistern kann? Wo noch kann man Redaktionelles vortäuschen, wo Marketing dahintersteckt? Mit welchen neuen Inhalten, Formen, Provokationen kann ich Aufmerksamkeit erzeugen? Wohin diese Entwicklung führt? Der Formel-1-Rennzirkus ist das extreme Vorbild: die Fahrer, die Rennwagen, die Seitenstreifen. Marketing total.

Keine Fläche auf der Ledermontur des Fahrers, der Karosserie, die nicht genutzt wird. Irgendwo noch Restbestände von Flächen, die ungenutzt sind? Her damit!

Mehr Windräder, mehr Solaranlagen bitte – wir brauchen schließlich Energie, um die Werbeträger zu produzieren, zu beleuchten. So könnte es aussehen, das Wachstum der Zukunft. Wachstum durch solcherart Kreativwirtschaft. Die Werbeflächen vom neuen Bangkoker Flughafen in die Stadt sind größer als Hauswände und voller Informationen. Meist steht nur ein Firmenname drauf: Honda, Siemens, Korean Airlines, Suzuki, Philips. Die Tafeln sind riesig. In massive Stahlgerüste eingebracht und von nicht weniger massiven Pfeilern gestützt, weil sie den tropischen Stürmen standhalten müssen.

Gibt es nicht auch Marken, die durch Pionierleistungen und hohe Qualität gekennzeichnet sind?

Ja – sie gibt es. Die eine oder andere Automarke kommt in den Sinn, ein Laptop- und Smartphone-Hersteller, eine blau-weiß verpackte Creme, einzelne Verlage, Namen von Bio-Pionieren. Aber sie sind nicht die Regel. Marke, so sagt uns Köblers *Deutsches Etymologisches Wörterbuch* von 1995, sei ein »Erzeugnis, dessen Lieferung in gleichbleibender oder verbesserter Güte von dem preisempfehlenden Unternehmen gewährleistet wird und das mit einem seine Herkunft kennzeichnenden Merkmal (zum Beispiel Bildzeichen) versehen ist«. Und so lernen es Studenten im Fach Marketing. Die Marke als Stempel für Qualität und Verlässlichkeit. Da ist sie wieder, die Märchenstunde der Lehrbücher und der Theorie. In der Praxis führt Marketing längst ein Eigenleben.

Modelabels werden wie Leuchtkugeln in den Himmel geschossen, sie verglühen, wenn die Ausgaben für Markenpflege nachlassen. Ob die Qualität des Materials und der Verarbeitung gut ist, merkt man erst, wenn es zu spät ist. Ob der Ort der Verarbeitung oder die Behandlung der Näherinnen akzeptabel sind, erfahren wir meistens erst, wenn es zu einem schweren Unfall kommt.

Der Ausweg: An den Marken vorbei eine eigene Ökonomie betreiben?

In einer totalen Marketingwelt ist es für Andersdenkende und -handelnde naturgemäß schwer, Aufmerksamkeit auf sich zu ziehen. Wie soll man sich bemerkbar machen, wenn man Marken mit Skepsis gegenübersteht? Sich als Anti-Marke verstehen? Aufklärende Begriffe verwenden, statt Kunstnamen zu bilden? Ist die Teekampagne auch nur eine Marke, die man mit anderen Marken, wie Starbucks, gleichsetzen kann? Die Teekampagne steht für eine andere Art des Handels, für Einsparungen bei Transportwegen, Lagerhaltung und Verpackungsmaterialien. Steht für Rückverfolgbarkeit des Produkts und Offenlegung der Kalkulation. Statt eines eigenen Logos verwendet die Teekampagne das Schutzzeichen der Teepflanzer für reinen, unverfälschten Darjeeling. Die Teekampagne wollte sich eben nicht in eine Reihe mit den üblichen Kunstmarkenbegriffen stellen. Nicht »Teezauber Gold« – sondern sagen, was drin ist. Ross und Reiter nennen: Anbaugebiet. Lage. Erntejahr. Blattqualität. Um Messlatten zu geben, Überprüfbarkeit zu ermöglichen. Ja, wir brauchen eine neue Begriffskultur. Erklären statt verklären.

Ist dies ein realistischer Ansatz oder bleibt es eine idealistische Forderung, wie so vieles im Chor der Kritik an der herrschenden Ökonomie?

Hat Aufklärung Zukunft? Es gibt Beispiele dafür. Allerdings brauchen wir ein wenig Mut, in Abwandlung eines Satzes von Kant, uns der Aufklärung zu bedienen. Noch sind wir in der Minderzahl. Unternehmen wie die Teekampagne haben sich nicht trotz, sondern gerade wegen ihres aufklärenden Charakters durchgesetzt. Weil es auf Dauer belohnt wird, wenn man sich auf die Seite der Kunden stellt.

Die braven Geschichten der Corporate Social Responsibility (CSR)

Siemens, MAN Ferrostaal, ERGO, Deutsche Bank, Danone – die Liste ließe sich verlängern. Keine unbekannten Namen, sondern erstklassige Unternehmen. So oder so ähnlich haben wir gedacht. Stattdessen hören wir von Schmiergeldaffären, Sexprämien, Manipulation, Konsumentenverdummung. Eine PR-Katastrophe für die betroffenen Unternehmen.

Wenn es in einem amerikanischen Hotel brennt, heißt das Kommando: »The fire department takes over.« In modernen Unternehmen heißt es im Katastrophenfall: »Die PR-Abteilung übernimmt das Kommando.« Totschweigen und Aussitzen? Oder besser doch ein geschickt formuliertes Dementi herausgeben? Nur scheinbar auf die Vorwürfe antworten? Oder realistisch sein und – Stichwort Schadensbegrenzung – den Gang nach Canossa antreten? Also: Verhandlungen mit der Staatsanwaltschaft aufnehmen, damit es zu keinem aufsehenerregenden Prozess kommt. (Siemens zahlte in den USA allein an seine Rechtsanwälte den Betrag von 200 Millionen Euro, um die »gütliche« Einstellung des Verfahrens zu erreichen.) Und dann gehen die Maler ans Werk. Es muss ein Bild gezeichnet werden, das Gemälde vom liebevoll sich um Mitarbeiter, Kunden und Umwelt sorgenden Unternehmen. PR als Märchenstunde.

Die Dresdner Bank überraschte uns vor ein paar Jahren mit der Meldung, dass sie ein großes Projekt zum Schutz der Wattvögel in der Nordsee finanzieren würde. Ein Teil der Überschüsse für die Wattvögel. Großartig. Nichts Schlechtes daran. Nur: Das ist kein Paradigmenwechsel der Wirtschaft. Wenn wir unbedingt von einem Paradigmenwechsel reden wollen, dann ist es ein Paradigmenwechsel in den Public Relations. Unternehmen lernen, dass sie sich in der Öffentlichkeit sympathischer darstellen müssen.

Nein, nicht übertreiben. Nicht alle benutzen CSR zur Schönfärberei. Es gibt Unternehmen, die ernsthaft, mit Nachdruck und glaubwürdig ethische Geschäftsprinzipien durchzusetzen versuchen. Aber sind sie die Mehrheit? Oder wenigstens die Vorhut, die einen Wandel einleitet? Erleben wir mit CSR den Übergang in eine neue Wirtschaftsgesellschaft? Die Vision eines geläuterten wirtschaftlichen Verhaltens? Oder lässt sich die »neue Ethik« so beschreiben: Du sollst Dich korrekt verhalten. Denn wirst Du erwischt, kommt Dich das furchtbar teuer zu stehen.

Kommt das Image der Marke durch die Qualität der Produkte oder durch die Höhe der Marketingaufwendungen zustande? Wenn Sie Entscheider im Unternehmen wären und die Wahl hätten zwischen der Investition in Qualität (von der Sie genau wissen, dass sie für die meisten Käufer nicht wirklich beurteilbar ist) und der Möglichkeit, Ihre Umsätze durch Investition in Ihre Marke zu erhöhen, wofür würden Sie sich entscheiden? Vor dem Hintergrund, dass Sie von Ihren Aktionären oder Vorgesetzten daran gemessen werden, wie Sie den Gewinn Ihres Unternehmens steigern. Die Antwort fällt eindeutig aus.

Allerdings kommen Sie als Entscheider in Ihrem Unternehmen nicht darum herum, recht *hohe* Beträge in das Marketing investieren zu müssen. Die Menschen entwickeln zunehmend Resistenz; sie haben gelernt, Werbesprüchen misstrauisch zu begegnen. Marketing muss die Immunisierung der Menschen gegen Werbung überspielen. Man traut der Werbung immer weniger. Es sind die Menschen, die Produkte mit Vertrauen auszeichnen, nicht die Werbung oder die Unternehmen. Um diesen Zusammenhang außer Kraft zu setzen, muss Marketing permanent aufrüsten. Man kann es als Gesetz formulieren: *Um eine Einheit Aufmerksamkeit zu gewinnen, muss man immer höhere Beträge ins Marketing investieren.* In dieser Logik kann nur derjenige als Sieger hervorgehen, der das prächtigere Feuerwerk, die gewitzteren Formen, die eingängigeren Töne, die farbigeren Effekte auffährt; kurz, der alle innovativen Register zieht, die sich kreative Köpfe ausdenken.

1968 riefen Studenten im Hörsaal dem Professor zu: Sie sind ein Lakai der Industrie! Damals waren die ökonomischen Veränderungen mehr ahnungsweise als real erkennbar. Schaut man sich Reklame aus jenen Jahren an, kommt sie einem geradezu anheimelnd vor. Die Rede vom Konsumterror schien übertrieben. Heute ist das Unbehagen weitverbreitet. Es ist eine diffuse Beklommenheit, das Gefühl, permanent übertölpelt zu werden und, obwohl man das weiß und die Täuschungsmanöver ahnt oder gar durchschaut, dennoch mitzuspielen.

Die Köder

Wir finden einen Werbespruch gut, aber wir riechen förmlich, dass es ein Köder ist, der uns zu einem Kauf verleiten soll. So wie ein erfahrener Fisch um den Köder herumschwimmt und ihn beäugt, machen wir das auch, unsere Instinkte helfen uns dabei. Es sind Köder ausgelegt, ganz viele Köder. Wir wissen das, wir haben es gespeichert, aber oft ist die Versuchung einfach zu groß, wir beißen zu, können der Versuchung nicht widerstehen, wie der arme Fisch auch. Wir werden nicht gleich aus dem Wasser gezogen und verspeist, aber wir haben einmal mehr einen emotionalen, nicht wirklich bedachten und in unserem ökonomischen Interesse liegenden Kauf getätigt.

»Die zur zweiten Wirklichkeit gewordene Medienwelt scheint den Sinnen ihre Unmittelbarkeit, ja ihre lebendige Wahrheitshaltigkeit zu nehmen«, sagt der Soziologe Oskar Negt. Nirgends werde das Phänomen so gut gefasst wie in Hans Christian Andersens Märchen *Des Kaisers neue Kleider*. Die Wahrnehmungsblindheit und Erkenntnistrübung entstehe dadurch, dass die Menschen die Urteilsfähigkeit ihrer Sinne aufgäben.

Und die Köderindustrie rüstet auf. Gewaltig auf. Längst sind unsere Emotionen, bis in die intimen Bereiche, mit sozialwissenschaftlicher Akribie untersucht. Die Köderindustrie nutzt die Forschung, wird von ihr in die Arme genommen, so als sei es das Selbstverständlichste der Welt, über gute Köder zu forschen, sie auszulegen und immer weiter zu verbessern. Und es sind wir, die die Köder, direkt oder indirekt, auch noch bezahlen.

Die Einsparungen, die der technische Fortschritt mit sich brachte, werden uns vorenthalten

Marken und Werbung sind geschickter geworden. Und werden täglich noch raffinierter. Leisten wir Widerstand, bevor wir die Vereinnahmung durch Marketing kaum noch wahrnehmen. Wir müssen uns nicht gefallen lassen, dass uns Produkte, von denen wir genau wissen, dass sie in der Herstellung nur wenig kosten, für teures Geld verkauft werden.

Preise runter auf die Hälfte. Dann könnte man mit halbem Gehalt leben. Könnte viel mehr Halbtagsjobs einrichten. Es wäre der etwas andere Beitrag zum Thema Arbeitslosigkeit.

Verstehen Sie mich nicht falsch. Es gibt auch Bereiche, in denen *höhere* Preise vernünftig wären. Bei nicht nachhaltiger Energie etwa oder bei Produkten, bei denen die externen Kosten – die bisher der Gesellschaft aufgebürdet werden – besser vom Käufer zu tragen wären. Oder bei Produkten, die bei der Herstellung enorme Mengen knapper Ressourcen verbrauchen. Aber es ist nicht einzusehen, warum wir für die Kosten, die zu unserer Manipulation entstehen, aufkommen sollen.

Es ist das Marketing, das Produkte teuer macht. Die hohen Einsparungen, die der technische Fortschritt mit sich bringt, werden uns vorenthalten. Neue Werkstoffe, neue Verfahren, effizientere Arbeitsorganisation – sie alle haben die Herstellung von Produkten technisch verbessert oder haben zu sparsamerem Einsatz von Mitteln geführt. In seinem neuesten Buch beschreibt der amerikanische Soziologe und Zukunftsforscher Jeremy Rifkin, dass die Grenzkosten zur Herstellung von Gütern – die Kosten, die jedes zusätzlich produzierte Stück verursacht – gegen null gehen.[21] Anders ausgedrückt: Es kostet nur noch sehr wenig, weitere Produkte herzustellen.

Managementguru Peter F. Drucker sagt, der einzigartige Beitrag des Managements im 20. Jahrhundert war die 50-fache Steigerung der Produktivität der Industriearbeiter.[22] Statt uns allen zugutezukommen, wird der Einspareffekt vom Marketing-Monster aufgefressen.

Können wir uns wehren?

Die Freundes-Ökonomie

An den Marketingkosten sparen – das ist der Ansatzpunkt. Dass Herstellung nicht mehr das Problem ist, eröffnet uns Möglichkeiten. So werden wir frei für das, was heute den Engpass ausmacht. Wir selbst können den Weg zum Endkunden herstellen. Ohne Kosten für Manipulation. Wir vertreiben die Produkte selbst. Wir gehen selbst auf die Bühne. Wir lassen dem Marketing-Monster die Luft raus.

Wie geht das praktisch?
Manchmal hilft der Zufall. *Entrepreneurship by chance.*

> Ein Student in der Sprechstunde. Er hätte eine Lehrveranstaltung bei mir besucht, jetzt brauche er den Schein. Wann das gewesen sei? Das wisse er nicht mehr. Was denn der Inhalt seinerzeit gewesen sei? Auch das wisse er nicht mehr. Er muss gespürt haben, dass sich meine Stimmung gefährlich veränderte. Schnell fügte er hinzu: »Aber ein Unternehmen habe ich gegründet. Und auch schon wieder verkauft.«

Oh – sagte ich. Erzählen Sie.

Auf einem italienischen Bauernhof habe er übernachtet. Mit anderen Gästen. Die hätten alle bei der Abreise das Olivenöl des Bauern eingepackt. Es sei gut, hätten sie gesagt, und preiswert. Da hätte auch er ein paar Flaschen mitgenommen. Zum Weiterverkaufen. Seinem Bekanntenkreis hätte das Öl ebenfalls gefallen. Wie den Gästen auf dem Hof. Das Öl sei von besserer Qualität und preiswerter gewesen als das im Handel erhältliche. Nachbestellungen hätte er erhalten. Daraus sei erst ein kleiner Handel entstanden. Die Sache habe sich aber herumgesprochen. Zum Schluss habe er 400 Kunden gehabt. Eines Tages erhielt er ein Angebot von Tengelmann, ihm seine Firma abzukaufen. Für 30 000 Euro. Das habe er angenommen.

Die Geschichte zeigt: Es genügt manchmal schon, die Augen offen zu halten. Es muss kein heroischer Beschluss sein, Entrepreneur zu werden. Und man kann ganz nebenbei anfangen. Und überlegen Sie, wie lange Sie sonst arbeiten müssten, um 30 000 Euro auf die hohe Kante legen zu können.

Aber wie das Ganze systematisch angehen? Wenn einem nicht der Zufall zu Hilfe kommt?

Ein Produkt wählen. Recherchieren. Wie kann ich das Produkt verbessern? Mit welchen Inhaltsstoffen? In welcher Packungsgröße? Mit welchen Verpackungsmaterialien?
Einen Fabrikanten ausfindig machen. Das Produkt in guter Qualität herstellen lassen.
Es an seine Freunde und Bekannten weitergeben. Preiswert. Viel preiswerter sogar, als die herkömmlichen Anbieter. Das können wir, weil wir die Marketingkosten sparen. Weil wir nicht fremde Menschen bewerben, sondern unseren Freunden und Bekannten etwas sehr Günstiges anbieten.
Und nur so ist es legitim und funktioniert. Nur wenn wir deutlich und erkennbar besser sind als die Angebote der konventionellen Ökonomie, macht die Freundes-Ökonomie Sinn und hat die Chance, einen Durchbruch zu erzielen. Also nicht den Freunden ein Produkt aufschwätzen

und eine Prämie dafür kassieren. Ich nenne das Judaslohn. Sondern etwas außerordentlich Günstiges für die Freunde tun und sie teilhaben lassen. Ihr Freund-Ökonom sein, statt die Freundschaft für sich ökonomisch auszubeuten.

Wie komme ich an den Hersteller heran? Der Fabrikant selbst hat Interesse, direkt an den Endkunden zu verkaufen, weil er selbst am besten weiß, wie groß die Differenz ist zwischen dem, was die Markenanbieter ihm, dem Hersteller, bezahlen, und dem, was im Laden dafür verlangt wird.

Allerdings müssen wir eines bedenken: Der Hersteller darf seine bisherigen, regulären Abnehmer nicht vergraulen. Daher sollten Sie Ihren Kontakt, wenn Sie ihn hergestellt haben, nicht laut hinausposaunen. Damit bringen Sie Ihren Hersteller in Schwierigkeiten. Machen Sie deutlich, dass Sie nur für Ihren Freundes- und Bekanntenkreis einkaufen und die Sache nicht publik wird. Machen Sie auch gegenüber Ihren Freunden deutlich, dass die Aktion, zumindest am Anfang, nicht gleich allgemein bekannt werden darf. Wahrscheinlich wird das der Hersteller sowieso zur Bedingung machen.

Wenn Sie es auf direktem Wege, in direkter Ansprache nicht schaffen, versuchen Sie es mit einem kleinen Trick. Als ich anfing, über Tee zu recherchieren, habe ich mich als Hochschullehrer zu erkennen gegeben, der für seine Studenten mehr praktische Bezüge in die Lehre einbringen wolle. Damit habe ich nichts Falsches gesagt. Vermutlich hätten es die Teehändler ohnehin nicht für möglich gehalten, dass ich ihr Konkurrent werden würde. Sie haben ja auch anfangs über die Teekampagne gelacht. Was ich damit sagen will: Vielleicht können Sie einen plausiblen Grund finden, der dem Hersteller einleuchtet. Vielleicht zieht er auch mit, wenn er sieht, dass er mittelgroße Bestellungen bekommt und sich eine Schar von direkten Abnehmern aufbaut. Vielleicht zieht er aber auch nicht mit. Wie immer Sie vorgehen wollen, Sie brauchen einen Hersteller, und Sie müssen einen Weg finden, ihn anzusprechen und von Ihrem Anliegen des gemeinsamen Sammeleinkaufs zu überzeugen. Geben Sie nicht auf, wenn Sie Rückschläge erleben und nicht gleich zum Ziel kommen. Da Sie eine Win-win-Situation für den Hersteller und für sich schaffen, sind die Aussichten gut.

Wenn Sie im Inland Ablehnung erfahren, bleibt Ihnen nichts anderes übrig, als auch Anbieter im Ausland anzusprechen. »Globalisation is no longer just the realm of big business – it is for everyone, from every country«, sagt David Wei von Alibaba, der bekannten Online-Handelsplattform mit Sitz in China.[23] Wer Partnerschaften mit preiswerten Herstellern eingehen will, könne diese heute leicht im Internet finden.[24] Die Plattform AliExpress.com hilft Ihnen dabei. Sie können erst einmal ein oder wenige Exemplare bestellen und ausprobieren. Bis 20 Euro ist das Paket sogar zollfrei. So bleibt ihr Vorgehen einfach und ihr Risiko gering.

Ein Indiz dafür, wie viel Luft in den Preisen ist, sind die sogenannten Outlet-Center. Bei diesen Verkaufsstellen gibt es das ganze Jahr über hohe Rabatte. Ob Armani oder Calvin Klein – Designermarken sind teuer. Abseits der Fußgängerzonen und Boutiquen werden die Stücke der Topmarken aber erschwinglich: Beim Einkauf in Outlet-Centern zahlt man oft nur die Hälfte des Preises – oder sogar noch weniger. Sie sehen also, wie sich bereits in der Realität Brüche zeigen, die belegen, dass die extreme Differenz zwischen Herstellung und Verkaufspreis bei den Markenartikeln kaum noch durchzuhalten ist. Die Preisnachlässe, die in den Outlets gewährt werden, zeigen, auf welchem schmalen Grat der ökonomischen Realität die Konstrukteure der Marken operieren.

Solange Sie Markenartikel kaufen, bezahlen Sie aber die Marke immer noch mit. Wenn Sie das gleiche Produkt *ohne* Markenetikett kaufen, wird der Preis noch einmal niedriger. Was wir also suchen müssen, sind die *Hersteller*, nicht die *Markenanbieter*. Kaufen wir dort, wo die Markenmacher herstellen lassen. Die gleichen Produkte, aber ohne Markenetikett. Und bezahlen wir lieber den Herstellern mehr! Das starke Lebensgefühl, das Ihnen Marken geben wollen, haben Sie übrigens nebenbei und besser, wenn Sie an der Quelle einkaufen und die Ökonomie in die eigenen Hände nehmen. Und zwar als authentisches Erlebnis statt als Markensäuseln. Inzwischen suchen auch die Hersteller selbst den Kontakt zum Endkunden. Ein Beleg dafür sind die sogenannten Fabrikverkäufe. Wir laufen also mit unserer Strategie in bereits halb offene Türen.

Der Trendforscher Sven Gábor Jánszky sieht schon ein Markensterben am Horizont. Weil die Strategie der Marketingexperten »Mehr Emotionalisierung! Mehr Geld! Mehr Zielgruppe!« nicht mehr ausreiche. Marke sei die Lösung für das Problem gewesen, dass Hersteller und Konsument im Laufe der Industrialisierung immer weniger miteinander reden konnten. Heute aber könne sich jeder Käufer im Internet bestens informieren. Vieles spräche dafür, dass wir in eine Welt (fast) ohne Marken gingen.[25]

Ist ein Leben ohne Marken möglich? Und wie beeinflussen sie unser Ego? Neil Boorman wollte es wissen und verbrannte seine komplette Luxushabe auf einem Scheiterhaufen – eine gigantische Turnschuhsammlung, Designermöbel und sogar seine Lieblingszahnpasta. Über dieses ungewöhnliche Entzugsprogramm hat der ehemalige Markenjunkie einen originellen Erfahrungsbericht geschrieben. In seinem Buch erzählt er von seinem Experiment, ohne Marken zu bestehen, und seziert selbstironisch die schöne Welt des Scheins.[26]

Dann würden ja viele Marketingmenschen arbeitslos, so sorgen Sie sich. Ich *hoffe* es. Jedenfalls was die Marketingblase angeht. Dagegen liegt eine andere Verwendung solcher Fähigkeiten nahe.

Wem es gelingt, Objekte der Begierde allein schon mit dem Drucken von Logos auf Plastik zu schaffen – wie viel mehr könnte er leisten, aus wirklich gutem Stoff (Geschichte, Literatur, Philosophie) etwas höchst Begehrenswertes zu machen. Er ist geradezu prädestiniert für unsere verschulten Bildungseinrichtungen, Begeisterung und Begierde beim Lernen hervorzurufen. Begeisterung sei Dünger fürs Gehirn, sagt der Neurobiologe und Schulkritiker Gerald Hüther.[27]

Zurück zur Freundes-Ökonomie.

Sagen Sie Ihren Freunden und Bekannten, dass Sie ab sofort etwas haben, das man bei Ihnen preiswerter kaufen kann als draußen in den Läden, ja sogar im Supermarkt. Dass Sie sich das Produkt sehr genau angesehen haben, dass Sie aufwendig recherchiert und den günstigsten, auch vorzeigbaren Hersteller ausfindig gemacht haben. Dass es Sinn macht, ökologisch und ökonomisch, wenn Ihre Freunde bei Ihnen kaufen. Sammelbestellungen sind ökologisch vernünftiger als Einzelkäufe. Dass Sie für eine gute Sache stehen: gute Produkte preiswerter zu machen. Dass Sie den Marketingunsinn nicht einfach hinnehmen, sondern hier und jetzt etwas dagegen tun.

Wenn Sie wirklich ernsthaft gearbeitet und ein gutes Produkt heraus-
gefunden haben, welches Sie zu einem günstigen Preis anbieten können,
dann wird es sich fast wie von selbst ergeben, dass Ihre Freunde und
Bekannten am Arbeitsplatz darüber sprechen und Ihr Käuferkreis auf
diesem Weg immer größer wird.

Beim Begriff »Freundes-Ökonomie« kommt Ihnen Tupperware in den
Sinn? Das wollen Sie nicht sein? Das sollen Sie auch nicht. Wo liegt der
Unterschied?

Seien Sie ein ehrlicher Makler. Ein Vertreter der Interessen Ihrer Freunde.
Für ein qualitativ hochwertiges Produkt, das Sie durch Recherche und
Direkteinkauf besonders preisgünstig machen. Benutzen Sie nicht die
Beziehung zu Ihren Freunden, um sie abzuzocken. Nicht Ihre Freunde
überreden, ein Produkt zu kaufen, wofür Sie dann die Verkaufsprämie
erhalten. Also nicht das, was sich häufig unter der unangenehmen Variante von Strukturvertrieb verbirgt.

Wir haben die manipulative Ökonomie mit ihren Tentakeln tief in unsere Beziehungen eindringen lassen. Die schönsten Texte, geradezu Poesie, finden wir in den Werbespots der Unternehmen. Nicht die Liebe,
sondern Red Bull verleiht Flügel. Diese Art von Ökonomie gehört nicht
in unsere Beziehungen – wir sollten uns die Souveränität über unsere
Beziehungen wieder aneignen. Holen wir uns die Beziehungsebene zurück. Gestalten wir unsere Beziehung zu Freunden und Nachbarn selbst;
nehmen wir die Ökonomie in die eigenen Hände, statt uns im halbseide-
nen Spinnennetz von Marketingstrategen einfangen zu lassen.

Seien Sie transparent. Legen Sie die Konditionen Ihres Herstellers offen.
Auch und gerade, was für Sie dabei herausspringt. Mein Vorschlag: zehn
Prozent. Für die Verauslagung des Geldes, für die vorübergehende Lagerhaltung und – ganz klar – auch für Ihren Verdienst. Knapp kalkuliert,
aber nachvollziehbar und fair. Wenn Sie wollen, können Sie sich auch mit
weniger zufriedengeben.

Aber überlegen Sie es sich gut. Es könnte ein Problem für Sie werden,
falls etwas Unvorhergesehenes passiert oder Sie das Gefühl haben, dass
sich der ganze Aufwand für Sie nicht lohnt. Dann wird Ihnen die Sache
bald keinen Spaß mehr machen. Das aber sollte sie unbedingt. Genießen
Sie die intensiveren Kontakte zu Ihren Freunden und Ihrem Bekannten-

kreis; genießen Sie auch, dass Sie bald ein begehrter Know-how-Geber und geschätzter Gesprächspartner sein werden.

Gute Beziehungen aufzubauen und zu pflegen ist unbestreitbar ein wichtiger Teil eines geglückten Lebens. Tun Sie etwas dafür. Tun Sie etwas Nützliches für Ihre Community. Helfen Sie Ihren Freunden, Geld zu sparen und trotzdem bessere Produkte zu bekommen.

Sie glauben, das sei nicht realistisch, zum Scheitern verurteilt, zumindest auf Dauer? Die Teekampagne gibt es seit 30 Jahren – und sie ist genau nach dem Verfahren entstanden, das ich gerade beschrieben habe. Auch uns wurde damals vorgehalten, das Experiment Teekampagne könne nicht gelingen. Wer sich anständiger, korrekter, ethischer verhalte als die anderen Marktteilnehmer, scheide aus. Seine Kosten seien höher, und im gnadenlosen Wettbewerb könne er damit nur unterliegen. Wer so argumentiert, glaubt noch mehr an die Lehrbuchtheorien, als dies selbst moderne Ökonomen tun. Wir haben in der Realität alles andere als vollständige Konkurrenz. Unternehmen, die tatsächlich ihre Preispolitik von den Produktionskosten her definieren und damit wirklich niedrige Preise anbieten, sind und bleiben die Ausnahme.

Bleiben Sie daher kritisch, wenn jemand von *cut throat competition*, von gnadenlosem Preiswettbewerb, spricht. Wir haben ja gesehen, wie viel »Luft« in den Preisen ist; wie viel mehr wir bezahlen, als sich aus Herstellungskosten plus Logistik ergeben würde. In Wirklichkeit sind es meist andere Gründe, die zum Scheitern eines Unternehmens führen: Zu wenig Alleinstellungsmerkmale, zu wenig Qualität, zu wenig Rücklagen in den fetten Jahren, zu späte Anpassung an neue Bedingungen – das Scheitern eines Unternehmens kann viele Ursachen haben. Die Rede vom unerbittlichen Preiskampf ist oft die bequemere Interpretation.

Muss ich jetzt ein Unternehmen gründen?

Nein. Das müssen Sie nicht. Jedenfalls so lange nicht, als Sie sich im Freundeskreis bewegen oder Ihren Nachbarn helfen. Wahrscheinlich haben Sie diese Tätigkeit – für andere mit einzukaufen – schön öfter einmal wahrgenommen. Sie sind im Grunde genommen ein Sammelbesteller, allerdings einer mit einer besonderen Note. Sie gehen am Marketingzirkus vorbei, konzentrieren sich auf die Qualität des Produkts und verhelfen Ihrem Freundeskreis zu einem viel preiswerteren und – wo die Chance besteht – sogar besseren Produkt. Also kein Schnäppchenjäger sein oder auf der »Billig, billig«-Schiene fahren. Sondern ein Produkt wählen, das Sie und Ihre Freunde wirklich brauchen und das sich durch hohe Qualität und ein gutes Preis-Leistungs-Verhältnis auszeichnet.

Was Sie tun, ist Entrepreneurship. Auf einer zwar noch einfachen, aber durchaus schon Wirkung entfaltenden Stufe. Die Einfachheit hat große Vorteile für Sie. Sie müssen noch kein Unternehmen gründen, Sie brauchen nicht so etwas Anspruchsvolles wie Betriebswirtschaftslehre. Erst wenn Sie Ihre Tätigkeit über Freunde und Nachbarn hinaus ausdehnen, Rechnungen schreiben und so ein kleines Unternehmen entsteht, wird Ihre Tätigkeit gesellschaftsrechtlich und steuerlich relevant.

Die Schwelle zu eigener unternehmerischer Tätigkeit ist also viel niedriger, als sie gemeinhin wahrgenommen wird.

Aber auch wenn der Umfang zunimmt, Sie jetzt als Unternehmen auftreten, kann man es nebenher betreiben. Wie ein Hobby. Solange Sie keine Risiken eingehen, reicht es, sich als UG anzumelden. (Die UG ist die Vorform der GmbH, einfacher und viel preiswerter zu gründen.) Auch dies ein Vorteil der Freundes-Ökonomie: Ihre Freunde werden Sie nicht gleich verklagen, wenn Sie einen Fehler machen, ein Produkt nicht in Ordnung ist. Entrepreneurship ist keine Geheimwissenschaft für Eingeweihte. Entrepreneurship kann heute im Prinzip jeder. Machen wir Entrepreneurship zum Volkssport.

Co-Creation

Die modernen Formen der Kommunikation und der Arbeitsteilung bieten uns die Möglichkeiten der Co-Creation. Ökonomen sind lange davon ausgegangen, dass es die Produzenten sind, die mit neuen Konzepten herauskommen und Produkte entwerfen. Inzwischen aber sind es immer öfter die Konsumenten, die neue Ideen beisteuern. Diese Beobachtung ist für Start-ups nicht uninteressant, weil sie ja oft selbst noch auf der Suche sind und noch genügend Flexibilität haben, die Richtung zu ändern. Für ältere, größere Unternehmen ist das schwieriger, weil sie von ihrer bestehenden Ausstattung her eher festgelegt sind.

Wir müssen nicht vorgegebene Produkte akzeptieren, sondern können aufgrund eigener Recherche und wissenschaftlicher oder populärwissenschaftlicher Veröffentlichungen (Foren, Warentests, Warenbeschreibungen, Warenvergleiche im Internet) neue Rezepturen ohne schädliche Inhaltsstoffe erarbeiten. Wir müssen und dürfen an der Qualität der Inhaltsstoffe nicht sparen. Der Wegfall von Marketingkosten erlaubt es uns, wählerisch zu sein und gerade nicht die billigsten Materialien einzusetzen.

Ein Beispiel: Ein gebräuchlicher und selbst in teureren Produkten anzutreffender Basisstoff für Shampoos ist Natriumlaurylethersulfat, im Englischen Sodium Laureth Sulfat. Es ist eine waschaktive Substanz, ein fettlösendes Reinigungsmittel. Dieser Stoff, so erfahren wir bei einer genaueren Recherche im Internet, hat es allerdings in sich: Er ist ein Reinigungsmittel für schwer verschmutzte Industrieböden. Eine aggressive Substanz. Man muss eigentlich Schutzkleidung bei der Anwendung tragen. Sie sollten beim nächsten Haarewaschen daher mit Schutzkleidung in die Badewanne steigen.

Es sei denn, dass Sie entscheiden, dies nicht hinzunehmen und selbst unternehmerisch initiativ zu werden. Es gibt Besseres für unsere Kopfhaut. Das Prozedere: Rezepte für ein qualitativ besseres Shampoo recherchieren. Einen Fabrikanten ausfindig machen, der Ihr Shampoo nach Ihrem Rezept herstellt. Hier geht es also nicht um den Preis, sondern die Qualität des Produkts. Wahrscheinlich können Sie aber, trotz besserer Qualität, immer noch preiswerter sein als herkömmliche Shampoos durch Einsparung der Marketingkosten.

So kommt *uns* der technische Fortschritt zugute. Jetzt nutzen *wir* die niedrigen Herstellungskosten. Wir lassen nicht länger zu, dass das Marketing die Waren, die wir brauchen, unverhältnismäßig verteuert.

Betrachten Sie solche Recherchen nicht als Arbeit. *Enjoy yourself.* Betrachten Sie sie als kleine, spannende Kriminalgeschichten. Wenn Sie sonntags *Tatort* sehen, genießen Sie es. Aber denken Sie daran, dass es täglich viele kleine Tatorte gibt, in denen Sie das Opfer sind, unachtsam, unwissend, von Werbelyrik und Markengeschwätz eingelullt. Sie werden viele Anhaltspunkte finden für die Rolle, die man uns Konsumenten zugedacht hat. Der technische Fortschritt und das uns heute zugängliche

Wissen erlauben es uns, bessere Produkte zu niedrigeren Preisen anzubieten.

Co-Creation heißt Austausch mit anderen Menschen. Es heißt nicht notwendig, dass es Ihre eigenen Freunde sind, die den Kern Ihrer Aktionen bilden. In der Regel schon. Aber manchmal trauen einem die eigene Familie und die eigenen Freunde nicht das zu, was wir zu leisten imstande sind. Der Prophet gilt nichts im eigenen Land. Manchmal kommt die Zustimmung woanders her. Was die Freundes-Ökonomie angeht, so bedeutet sie im Kern, dass man seine Kunden als Freunde betrachtet. Nicht als Objekte, denen man mit welchen Tricks auch immer das Geld aus der Tasche zieht und dafür auch noch den Judaslohn kassiert.

Wir haben uns oben gefragt, welche Bedingungen es bräuchte, um ethisches Verhalten in die Ökonomie einzubringen. Der Appell an Ethik und Moral schien uns nicht ausreichend. In der Freundes-Ökonomie liegt die Antwort. Einen Freund betrügt man nicht. Menschliche Beziehungen, Freundschaften und das Vertrauen sind ein viel zu wertvolles Gut, als dass wir sie um Geldes willen leichtfertig riskieren würden.

Sind wir damit bereits zufrieden? Dem Marketing-Monster die Luft abzudrehen? Nein? Jetzt haben Sie Appetit bekommen? Können wir noch mehr? Mehr als nur Handel treiben, konkurrenzfähig sein, weil wir die hohen Marketingkosten einsparen? Sie wollen eine anspruchsvollere Aufgabe? Ein bisschen Handel sei zum Üben gut, aber die eigentliche Herausforderung liege doch im Entrepreneurship à la Schumpeter, also mittels Innovation den Markt aufzumischen?

Gehen wir einen Schritt weiter.

Wenn Ihnen der Aufstand gegen das Marketing-Monster noch nicht spannend genug ist: Gehen wir in der Teilhabe am Wirtschaften einen Schritt nach vorne. Unternehmensgründung also für Fortgeschrittene, für unternehmerische Köpfe der neuen Art, für die Meisterliga.

Jeder von uns ist einzigartig in seinen Erfahrungen, in seinem Denken. Schöpferische Kraft ist kein Privileg für wenige. Wir alle sind kreativ, sogar schon als Kinder. Beschäftigen wir uns im nächsten Kapitel mit dem Thema Innovation und entzaubern wir den Begriff ein wenig.

Kapitel 2

Innovation von unten

Im folgenden Kapitel stellen wir uns die Frage, welchen Beitrag wir alle, nicht nur wenige Spezialisten, zum Thema Innovation leisten können. Es ist eine Frage nach unseren Potenzialen. Wir fragen daher, wie wir unsere Talente und Fähigkeiten einbringen, aber mehr noch, wie wir Potenziale, die uns nicht bewusst sind, erkennen und nutzen können.

Informell, offen, unangepasst

In Eric von Hippels Arbeitsraum sieht es nicht so aus, wie man es sich bei einem Professor für Innovation am Massachusetts Institute of Technology (MIT) vorstellt. Es wirkt wie eine Mischung aus Wartehalle eines Vorstadtbahnhofs und Kinderzimmer. Alles macht einen unaufgeräumten Eindruck. Sachen liegen herum, manches könnte Spielzeug sein, vielleicht sind es auch Prototypen. In den Ecken sieht man Schlafsäcke. Ich scheine nicht der erste Besucher zu sein, der v. Hippel überrascht und verwundert anblickt. »Innovation passiert im informellen Rahmen«, sagt er, »nicht in formellen Strukturen.« Eine ganze Reihe von Leuten würde sich in den Räumen aufhalten, manche auch übernachten – daher die Schlafsäcke. Man könne vorher nie wissen, *wer* von ihnen eine entscheidende Idee einbringe, einen Durchbruch in seiner Entwicklungsarbeit erziele. Er selbst beurteile Menschen danach, ob sie ein Anliegen verfolgten, mit Leidenschaft bei der Sache seien. Unter den Menschen, die sich momentan in den Räumen aufhielten, sei auch ein Einzelgänger, der mit niemandem ein Wort wechsle. Es würde Eric von Hippel nicht überraschen, wenn sich herausstellte, dass es ein Penner von der Straße sei, der sich eingeschlichen habe. Er würde aber auch nicht überrascht sein, wenn dieser Mann eines Tages für den Nobelpreis vorgeschlagen würde. Er sei hinter etwas her, das spüre man.

Das Geheimnis der Innovation sei Informalität, sagt v. Hippel, der in den USA als Innovationspapst gilt. Es sei der informelle Austausch, der uns weiterbringt. Die Ecke mit der Kaffeemaschine zum Beispiel. Da treffe man sich wie von selbst und tausche sich aus, auf sehr produktive Weise. In einer solchen Atmosphäre würden Probleme viel offener, ehrlicher und effizienter besprochen als auf wissenschaftlichen Kongressen oder in Journalen. In seinem Buch *Democratizing Innovation* (2005) plädiert v. Hippel für mehr Offenheit, für eine breitere Kultur der Innovation. Innovation sei nicht den Ingenieuren, Informatikern oder anderen Wissenschaftlern vorbehalten. Wir alle seien aufgerufen, mit unserer Neugier, unserer Kreativität, unserem Spieltrieb und vielen anderen Eigenschaften in uns anders zu denken und nützliche Veränderungen zu initiieren. Also nicht einfach im Mainstream mitlaufen. Nicht hip sein, sondern hippel!

Wenn v. Hippel recht hat, sind wir in Deutschland viel zu formal. Wir denken viel zu schnell in Politikprogrammen, Forschungsmitteln oder Fördertöpfen. Die besten Anträge auf Fördermittel stammen nicht notwendig von den besten Unternehmerköpfen. Einem Gründer, der als Erstes fragt, wo es Fördermittel gibt, traue er nicht zu, ein auf Dauer erfolgreiches Unternehmen zu gründen. Wenn wir von einer »Culture of Entrepreneurship« sprechen, dann in dem Sinne, dass es um Recherche, Konzeptentwicklung, Risikoabwägung, Intuition für und Einfühlungsvermögen in ein bestimmtes Marktsegment geht. Dies erfordert ungeteilte Aufmerksamkeit. Es ist der Humus, aus dem erfolgreiche Gründungen hervorgehen. Und es ist eine ganz andere Qualifikation, als sich in den Strukturen von Förderprogrammen und Formalien bewegen zu können, um so die Töpfe der EU-Kommission, der Ministerien und anderer Einrichtungen anzuzapfen. Wir brauchen mehr Menschen mit Ideen und gut durchdachten Konzepten. Keine Antragsartisten.

Dinge einfacher machen

Eigentlich sah es nach Routine aus. Nichts Besonderes. Ein Unternehmen wollte mich als Redner zum Thema Entrepreneurship, und ich hatte zugesagt. Ein Standardvortrag. Viel zu spät – auf dem Weg zu 3M, einem weltweit tätigen Technologiekonzern – entnehme ich dem Programm, dass mein Vortrag Teil eines »Innovation Summit« ist. Technologische Innovationen. Große Namen. Mir wird mulmig zumute. Verdammt, warum komme ich erst jetzt dazu, die Unterlagen anzusehen?!

Ich werde in die erste Reihe gesetzt, neben den Firmenchef. Die Figur des Felix Krull, des Hochstaplers in Thomas Manns Roman, geht mir durch den Kopf. Was gäbe ich darum, weiter hinten zu sitzen und ein ganz normaler Teilnehmer zu sein! Professor Gassmann aus Sankt Gallen führt zum Thema Technologieinnovation ein. Kurz, prägnant, unterhaltsam. Mein mulmiges Gefühl wird stärker. Peter Sander, Vizepräsident von Airbus Innovation, berichtet, wie sich Technologie »anfühlt«, wenn man in einem umkämpften Markt Zehntausende von Mitarbeitern beschäftigt. Mit Höhen, Tiefen und Zitterpartien. Eine Achterbahnfahrt mit rasanter Geschwindigkeit. Über die enormen technischen und wirtschaftlichen Risiken. Spannend wie ein Kriminalroman und packend erzählt. Meine leise Hoffnung, mich gegen trockene, theorielastige Vorredner absetzen zu können, löst sich in Luft auf. Hier sprechen keine blutleeren Technokraten und Buchhalter. Langsam gerate ich in handfeste Panik. Soll ich ablehnen, zu sprechen? Soll ich sagen, dass die Einladung an mich ein Versehen gewesen sein muss? Dass meine eigenen Gründungen völlig trivial sind im Vergleich zu so etwas wie Airbus? Ich würde am liebsten davonlaufen.

Nächster Redner ist Professor Schuh von der hoch angesehenen RWTH Aachen. Eine Koryphäe auf dem Gebiet der Ingenieurwissenschaften und des Technologietransfers. Und wieder ein brillanter, mitreißender Vortrag. Wie Selbstverständnis und Selbstwertgefühl deutscher Ingenieure von der technischen Herausforderung her bestimmt werden. Wie in der Wahl zwischen zwei technischen Realisierungsmöglichkeiten der technisch hochwertigeren, wenngleich komplexeren Variante der Vorzug gegeben würde. Dass das »Overengineering« zwar wissenschaftlich beeindruckend, aber wirtschaftlich ein Problem sei. Dass Lösungen oft viel zu komplex seien. Und dann sagt er, dass wir einfachere Lösungen finden müssen – damit schließt er seinen Vortrag. Mir ist, als zünde jemand in der Finsternis meiner Verzweiflung ein Lichtlein an.

Ja, Einfachheit – dazu kann ich etwas sagen: zur Komplexität als Feind des Gründers. Und Beispiele zu einfachen Gründungen. Dass Technologien Mittel zum Zweck seien – gerade im Entrepreneurship – und nicht der Zweck selber. Und dass das Überleben und der ökonomische Erfolg eines Start-ups an der Qualität des Entrepreneurial Design hingen und nicht an der ingenieurwissenschaftlichen Brillanz der zum Einsatz gebrachten Technologie. Die Panik fällt von mir ab. Halbwegs geordnet bringe ich meinen Vortrag über die Bühne.

Großer Beifall. Positives Feedback in der anschließenden Pause. Irgendwie auch Bewunderung dafür, wie man mit einfachen, aber gut durchdachten Konzepten erfolgreich sein kann. Ja – dafür haben wir Sie eingeladen. »Und wir, mit unseren Höllenritten, mit enormem Aufwand und schwer überschaubaren Risiken, wir enden ja nicht selten mit hohen Verlusten.« Fantastisch, was man mit einfachen Konzepten erreichen könne.

Der Gedanke der Einfachheit kann sich auf hohe Autorität berufen. Es war Leonardo da Vinci, der sagte: »In der Einfachheit liegt die höchste Vollendung.«

Das Paradox dabei ist, dass es viel Gedankenarbeit braucht, tiefes Verständnis der Sachverhalte und Souveränität in der Behandlung des Problems, um Dinge einfach zu halten. Daher stehen einfache Darstellungen oft erst am Ende eines langen Denkprozesses, nicht am Anfang. Davon können insbesondere Wissenschaften wie Mathematik, Physik und Philosophie lange Geschichten erzählen. Wie viel Zeit und Kraft hat es Albert Einstein gekostet, um zu der Formel $e = mc^2$ zu kommen? Wie lange brauchte René Descartes für »Cogito, ergo sum«? Sogar dreieinhalb Jahrhunderte und ungezählte Mathematikernächte vergingen bis zum Beweis von Fermats Großem Satz. Da hatte der Mathematiker Pierre de Fermat um das Jahr 1640 frech an den Rand einer Buchseite gekritzelt, er habe einen »wahrhaft wunderbaren« Beweis für seine Vermutung gefunden, nur reiche der Platz gerade im Moment nicht aus. Als am Ende, 1995, der

Mathematiker Andrew Wiles sein »q. e. d. – was zu beweisen war (quod erat demonstrandum)« hinter die fermatsche Vermutung setzte, war sein Beweis 98 Seiten lang.

Beim Entrepreneurship ist es nicht anders. Der Einfachheit vorausgegangen sind in der Regel endlose Denkschleifen, aus denen sich irgendwann der Kernaspekt herausschälte. Wie sagte Peter F. Drucker, der legendäre Managementdenker: »Nichts Kompliziertes funktioniert. Nur simple Dinge funktionieren.« Er plädierte für eine Aufteilung der großen multinationalen Konzerne. »Sie provozieren«, meinte darauf die Interviewerin, aber Drucker schüttelte den Kopf: »Ich meine das ernst.«[28]

In einem Dorf in Tansania traf ich einen alten deutschen Missionar, der sich bei mir beklagte, wie wenig die Entwicklungshelfer von der einheimischen Bevölkerung verstünden. Sein Beispiel: die Weihnachtsgeschichte aus der Bibel. Der Satz »Und die Tiere im Walde freuten sich« sei viel zu abstrakt. Wie bitte? Der Satz sei abstrakt? Ja, viel zu abstrakt. Die Menschen könnten sich nichts darunter vorstellen. Die Tiere? Man müsse sie nennen, den Ochsen und den Esel etwa, damit die Menschen sie sähen. Im Walde? Viel zu allgemein. Wie muss man sich den Wald vorstellen? Und dann noch: »freuten sich«. Man müsse konkret beschreiben, was passiert – ob der Ochse mit den Hufen scharrt oder der Esel vor Vergnügen hüpft.

Ich habe diese Lektion nie mehr vergessen.

Trägt der Abstraktionsgrad der Sprache nicht zum Ausschluss aus sonst partizipationsfähigen Themen bei? Muss die berechtigte Forderung des Wissenschaftsbetriebs nach akademischen Standards zwangsläufig in einer Unverständlichkeit der Begriffe für Nicht-Eingeweihte enden?

»Preiselastizität der Nachfrage« ist ein Begriff aus der Grundausbildung für BWL-Studenten. Ein Muss sozusagen, ein Handwerkszeug für die Betriebswirte wie der Hammer und Schraubenzieher für Handwerker. Preiselastizität der Nachfrage – klingt ganz schön anspruchsvoll, nicht wahr? Wenn Sie einen BWL-Studenten, auch einen in schon höherem Semester, fragen, wird er leicht nervös reagieren, etwas gestresst, wird versuchen, in seinem Gedächtnis zu rekonstruieren, wie das war. Ein Diagramm mit zwei Achsen. Was war noch mal auf der vertikalen Achse und was auf der horizontalen? Und dann die Kurve. Von links oben nach rechts unten oder von links unten nach rechts oben? Er wird einen Moment überlegen und dann das mit dem Diagramm wieder hinbekommen.

Können Sie da mithalten? Ganz ohne BWL-Studium? Antwort: Jedes Kind kann mithalten. Hinter dem abstrakten Begriff der »Preiselastizität der Nachfrage« verbirgt sich nichts anderes als: Wenn Sie den Preis Ihres Produkts niedriger ansetzen, werden mehr Menschen es kaufen, wenn sie den Preis höher ansetzen, werden weniger Menschen ihr Produkt kaufen. Das hat jeder Kaufmann im Kopf. Aber auch jede Hausfrau. Wenn die Kaffeepackung preiswerter wird, vielleicht wegen eines Sonderangebots, wird sie eher geneigt sein, diesen Kaffee zu kaufen. Warum muss man Einfaches kompliziert ausdrücken?

Es gibt gute Gründe dafür.

Ein Beispiel. Moschi, am Fuße des Kilimandscharo.

Ich lerne auf Einladung der tansanischen Regierung den Unterricht einer Modellschule kennen. Ein Schulversuch, in dem Theorie und Praxis besonders intensiv verbunden werden sollen. Ich nehme an einer Unterrichtsstunde Geografie teil. Es geht um Klimazonen. Der Lehrer malt eine Pyramide an die Tafel und zieht dann mit dem Lineal Klimastufen ein. Ganz unten am Berg tropische Vegetation. Als Nächstes kommt eine Stufe, in der nur noch Büsche und wenige Bäume wachsen. Dann eine Zone der Gräser und niedrigen Büsche. Schließlich eine Zone ohne Vegetation und ganz oben in der Spitze Schnee und Eis. Die Schüler schreiben eifrig mit, malen mit ihren Linealen die Pyramide und zeichnen die Klimazonen ein. Ein Modellunterricht, wohlgemerkt. Nach der Stunde spreche ich mit dem Lehrer, lobe ihn höflich für seinen Unterricht und erlaube mir die Frage, warum er denn seine Schüler nicht aufgefordert habe, aus dem Fenster zu gucken, auf den Kilimandscharo, der genau diese Klimazonen enthält, wenn auch nicht gerade mit dem Lineal gezogen. Das wäre doch sehr anschaulich gewesen und ein naheliegender Praxisbezug.

Ich erinnere mich noch genau. Der Lehrer sah mich an, als hätte er einen leicht Verrückten vor sich. Seine Eltern hätten hart arbeiten müssen und viele Entbehrungen ertragen, um ihn aufs Lehrerseminar nach Daressalam zu schicken. Er sei der erste Studierte in der Familie und hätte es nicht leicht gehabt an der Hochschule. Den Kilimandscharo kenne ja jedes Kind, das sei ja gar nichts. Dafür hätten ihn seine Eltern nicht aufs Lehrerseminar geschickt.

Merke: Das Wertvolle ist das Modell, das Abstrakte, das, was Schwierigkeiten im Verständnis macht. Das, was abhebt von den Normalmenschen, die die Frechheit haben, durch bloßes Hingucken schon zu verstehen. Das Modell ist das Wertvolle, und nicht, es anderen Menschen möglichst einfach zu machen, selber auch zu verstehen. Pädagogik als Reduktion von Komplexität? Der Lehrer also, der hilft, dass seine Schüler Phänomene leichter verstehen? Oder Ausbildung als Verkomplizierung, als Abheben von den Normalmenschen, Sprache als Ausdruck von Distanz. Ich hatte immer den Verdacht, dass *ein* Aspekt von Wissenschaftssprache darin liegt, sich abzuheben vom Normalvolk, auch dort, wo das sachlich gar nicht notwendig wäre.

Diese Überlegungen werfen ein Schlaglicht auf die Frage, ob es richtig ist, das Thema Entrepreneurship automatisch in die Fachdisziplin Wirtschaftswissenschaften einzugliedern. Ich habe mich immer dagegen gewehrt. Die Chance einer Universität als Idee der Universalität liegt doch gerade darin, mehr Sichtachsen zu öffnen, mehr Standpunkte zuzulassen, vor allem aber von Problemstellungen auszugehen und sich nicht der Logik einer einzelnen Fachdisziplin und ihren Egoismen auszuliefern. Wie sagte Ralf Dahrendorf so treffend: »Wer nur von seinem Fach etwas versteht, versteht auch davon nichts.«

Nicht immer liegen die Lösungen auf der technischen Ebene

Bleiben wir beim Gründen. Einfachheit ist ein hilfreiches Prinzip. Die meisten Fehler nach der Gründung entstehen durch nicht bewältigte Komplexität. Kompliziert werden Prozesse von alleine. Die Kunst besteht darin, entgegenzuwirken und Prozessabläufe immer wieder zu vereinfachen.

Komplexität ist der Feind des Gründers. Besonders bei raschem Wachstum multiplizieren sich die Probleme und führen zu typischen Krisen in jungen Unternehmen. Eine Lebensweisheit sagt: *Jeder Schwachkopf kann Dinge kompliziert machen.* Es verlangt mehr Kopf, Dinge so zu durchdenken, dass sie möglichst einfach und überschaubar bleiben.

Nehmen wir das Beispiel Spracherkennung: Der Durchbruch kam nicht durch technisch-wissenschaftliche Weiterentwicklung, sondern mithilfe einer Idee, die ganz außerhalb der spezialisierten technologischen Fragestellungen angesiedelt ist: Welche Wörter benutzt ein Mensch? Die Idee bestand darin, vom Wortschatz und der Häufigkeit der Verwendung von Wörtern durch den jeweiligen User auszugehen. Dazu liest das Spracherkennungsprogramm die Dokumente des Users auf seinem Laptop, stellt eine Häufigkeitsverteilung her und nutzt diese bei der individuellen Spracherkennung.

Oder das Beispiel Elektroauto. Wer darüber nachdenkt, landet unausweichlich beim Thema Batterie. Die Kapazität der Batterie bestimmt die Reichweite des Autos. Außerdem haben Batterien ein erhebliches Gewicht. Je mehr Gewicht aber transportiert werden muss, desto kleiner die Reichweite. Daher hängt alles an der Leistung der Batterie, genauer: ihrem Wirkungsgrad. Weshalb sich Generationen von Forschern mit der Frage beschäftigten, mit welchen Materialien und Verfahren man den Wirkungsgrad von Batterien erhöhen kann. Nur in recht kleinen Schritten kann der Wirkungsgrad verbessert werden.

Aber nicht immer stellt wissenschaftliche Forschung die naheliegenden, einfachen Fragen. Der Durchbruch beim Batterieproblem könnte von ganz anderer Seite kommen. Ein Gedanke, wie er einfacher nicht sein kann. Man nehme immer nur so viel Batterie ins Auto, wie man wirklich braucht. Bei Kurzstrecken wenig, bei Langstrecken viel. Voraussetzung dafür ist, die Batterie in kleine Einheiten aufzuteilen, die rasch und einfach zu variieren, schnell ein- und auszubauen sind. Ein Unternehmen aus Osnabrück hat dieses Konzept entwickelt.

Akkus, die man nicht braucht, kann man in der Zwischenzeit zu Hause aufladen. »Die Module haben ungefähr die Größe eines Schuhkartons und wiegen sechs Kilo‹, sagt Sebastian Pricker, der an der Entwicklung des Konzepts ›Battery in Motion‹ beteiligt ist. Laut Pricker kann ein

Kleinwagen mit einem Akkumodul eine Strecke von zehn Kilometern rein elektrisch zurücklegen. Für eine Fahrt von 150 Kilometern müssten also 15 Akkus an Bord sein, die Batterie würde insgesamt 90 Kilogramm wiegen. Um mal kurz einen Einkauf zu erledigen, wären im Normalfall aber höchsten zwei Akkus nötig – also nur 20 Kilo.«[29]
Zwei Beispiele, die zeigen, wie man mit einer Idee, die sich eigentlich jeder auszudenken vermag, einen entscheidenden Sprung machen kann. Wo nicht Technologieforschung oder technische Komplexität gefragt sind, sondern die Fähigkeit, Naheliegendes zu erkennen, ohne sich von der Komplexität verwirren zu lassen.

Und manchmal gibt es auch Konzepte ohne jede Komplexität, die nützlich sind – und verblüffend einfach.

Wie das von Anja Fiedler. Sie erntet tonnenweise Äpfel, ohne auch nur einen einzigen Apfelbaum zu besitzen. Mit dem Projekt »Stadt macht satt«. Die Idee: Nicht wenige ältere Menschen besitzen einen Garten mit Obstbäumen, können diese aber nicht mehr pflegen und davon ernten. Oder sie haben bei der Ernte mit einem Schlag so viel Obst, dass sie es gar nicht selbst verbrauchen können. Auf der anderen Seite gibt es viele Menschen, die sich glücklich schätzen würden, Äpfel ernten zu können. Da liegt es nahe, die Besitzer der Obstbäume und die Apfelfans zusammenzubringen. Anja Fiedler organisiert Ernteaktionen. Bis Oktober 2013, so Anja auf ihrer Website, seien schon 7,7 Tonnen Äpfel geerntet worden. Ein gemeinsamer Wert ist entstanden, und man kann sich darüber verständigen, was die Baumbesitzer, die Pflücker und Anja davon erhalten. So einfach kann es sein, »etwas zu unternehmen«. Eine Innovation der einfachsten Art. Und eine, die viele Bilder in unserem Kopf entstehen lässt, wie man auch an anderer Stelle Menschen nützlich und einträglich zusammenbringen könnte.
Lebensmittelproduktion als Spaß am gemeinsamen Gärtnern, im Zimmer, auf dem Balkon, auf den Dächern oder auf städtischen Brachflächen. Die vertikalen Gärten nehmen zu. An der eigenen Hauswand, an Mauern, an anderen Gebäuden. Mehr Grün und mehr Lebensmittel aus den Innenstädten. Weniger Wege, weniger Chemie, mehr Kreislaufwirtschaft,

mehr Transparenz. Lebensmittelproduktion ohne eigenen Acker, ohne Pestizide und ohne EU-Subventionen.

Muss man selber einen Laden anmieten, weil man etwas verkaufen will? Die ganze Last der Suche, des Gewerbemietvertrags, der personellen Besetzung, der Renovierung und des Unterhalts auf sich nehmen? Warum den Laden nicht mit anderen teilen? Gerade wenn man nur wenige Dinge verkaufen will, ist ein ganzer Laden oft überdimensioniert. Da liegt es näher, dass jemand aus dem Thema »Laden« ein eigenes Entrepreneurial Design macht. Etwa kleine Verkaufsflächen untervermietet, für Aufmerksamkeit, Sympathie und Konnektivität für dieses Konzept sorgt, und damit anschlussfähig für viele Nutzungen ist. Die Online-Version dieses Konzepts, Etsy, hat inzwischen mehr als eine Million Kunden, die dort einen Shop eingerichtet haben, um ihre selbst hergestellten Produkte zu verkaufen.

Auch die sogenannten Coworking Spaces basieren auf dieser Idee. Ein Abschied von der konventionellen Büroorganisation: Mehr teilen und dadurch mehr kommunizieren können. Weniger Ressourcenverbrauch und trotzdem mehr Ergebnis. Effizienzgewinn der intelligenteren Art.

Oder gehen wir noch einen Schritt weiter. Warum muss man in Büros, Konferenzräumen oder Veranstaltungszentren zusammenkommen, um neue Projekte zu diskutieren oder zu starten? Geht es nicht auch am Sandkasten? Dort treffen sich bekanntlich eine Vielzahl von hoch qualifizierten Menschen – warum sollten nicht Mütter und Väter ihre Entrepreneurial Designs auf diese Weise gemeinsam diskutieren? Coworking der informellen Art.

Der unbegrenzte Rohstoff

Menschliche Kreativität gibt uns die Mittel, Probleme zu analysieren, Lösungen zu finden und umzusetzen. Diese Kreativität ist unser wertvollstes Kapital. Sie ist uns allen gegeben, auch wenn wir sie bisher erst in geringem Umfang nutzen.

Wir sind das Kapital.

»Unser wahres Analphabetentum ist das Unvermögen, schöpferisch tätig zu sein«, sagt der österreichische Künstler Friedensreich Hundertwasser. Unsere Vorstellungskraft, unsere Ideen, die Kombination von Gedanken sind unbegrenzt. Bislang gibt es keinen Beleg dafür, dass unserer Kreativität Grenzen gesetzt sind.

Wir wissen nicht wirklich, was menschlicher Geist tatsächlich vermag.

In einzelnen, kurzen Abschnitten der Weltgeschichte konnte man es vielleicht erahnen. Im »Goldenen Zeitalter« Athens im fünften Jahrhundert vor Christus etwa, dem wir die Einführung der Demokratie, drei der größten Dichter und zwei der größten Philosophen aller Zeiten verdanken. Oder in der Epoche der Renaissance, als in Europa ein alle Lebensbereiche und alle Künste umfassender Aufbruch gelang.

Unsere Kreativität führt dazu, dass unser Wissen an Umfang *zunimmt*, wenn man es mit anderen teilt. Anders als konventionelle Waren wird Wissen nicht verbraucht. Daher die Rede vom unbegrenzten Rohstoff.

Aber nicht nur der Umfang ist unbegrenzt, auch der *Zugang* ist es. Spätestens mit Wikipedia ist das Wissen, das früher einer Elite vorbehalten war, im Prinzip allen Menschen zugänglich. Wissen allein reicht jedoch nicht. Es ist die Verarbeitung des Wissens, die Kraft unserer Vorstellungen, die Anwendung auf Problemstellungen, die Neukombination des Wissens, die Rohstoff sind für konzept-kreatives Arbeiten.

Mark Pagel, Fellow of the Royal Society and Professor of Evolutionary Biology, Autor der *Oxford Encyclopedia of Evolution* sagt: »Ideas can be accumulated, one on top of the other, and so they eventually produce objects of great sophistication and complexity.« Und Pagel fährt fort: »The power to transform the world by accumulating ideas, knowledge and skills is our capacity for culture.« Herausragende neue Entdeckungen oder Erfindungen seien selten. Es wäre vermessen, uns alle mit dieser Fähigkeit schmücken zu wollen. Unsere Chance liege woanders: »We have the capacity to observe others, understand their actions and then choose the best of their ideas, objects and behaviors.«[30] Mit unserer Fähigkeit zu *social learning* machten wir vieles wett, was sonst anspruchsvoll nur wenigen zugänglich sei.

Es gibt Situationen, in denen nicht einfach Bekanntes weitergeschrieben oder im Kleinen verbessert wird, sondern eine andere Stufe, eine neue Qualität entsteht. Und das geht nicht nur Gesellschaften so, sondern auch einzelnen Individuen. Plötzlich passt alles zusammen. Ein einzelnes Puzzleteil gefunden – und das große Chaos, das im Kopf war, löst sich auf.

Der aus Ungarn stammende Psychologe Mihaly Csikszentmihalyi nennt einen Zustand, in dem plötzlich alles leicht und spielerisch von der Hand geht, »Flow«. »Jeder hat schon erlebt, dass man, statt von anonymen Kräften herumgestoßen zu werden, sich in Kontrolle der eigenen Handlungen, als Herr des eigenen Schicksals fühlt. Bei diesen seltenen Gelegenheiten spürt man ein Gefühl von Hochstimmung, von tiefer Freude, das lange anhält und zu einem Maßstab dafür wird, wie das Leben aussehen sollte. Es ist das, was ein Segler auf richtigem Kurs fühlt, wenn der Wind sein Haar peitscht und sein Boot wie ein junges Pferd durch die Wellen prescht – Segel, Kiel, Wind und Meer summen in Harmonie, die in den Adern des Mannes am Steuer vibriert. Es ist das, was der Maler fühlt, wenn die Farben auf der Leinwand eine magnetische Spannung zueinander aufbauen, und etwas Neues, ein lebendiges Wesen, nimmt vor den Augen seines erstaunten Schöpfers Gestalt an.«[31] Der geniale Schaffensrausch. In Selbstvergessenheit arbeiten, ohne dass man den Zustand überhaupt als Arbeit empfindet. Bis vor nicht zu langer Zeit glaubte man, es sei Forschern, Erfindern, Künstlern vorbehalten.

Aber auch Entrepreneurship bietet die Chance dazu, im Flow zu arbeiten. Allerdings nur, wenn wir der Überforderung und Überlastung entgehen. Während in abhängiger Beschäftigung eher Routinetätigkeiten und Unterforderung lauern, müssen wir beim Gründen aufpassen, nicht im Stress der Überforderungsfalle zu landen.

Verbinden wir diese Gedanken mit Schumpeters Unterscheidung von Erfindung und Innovation: Der schwierige und seltene Akt ist die Erfindung. Innovation – im schumpeterschen Sinne – ist die Übertragung einer neuen Idee, die Anwendung könnte man sagen, auf die Praxis. Hier, in so verstandener Innovation, in der Neukombination vorhandenen Wissens, liegen unsere Chancen, sind wir das Kapital, über profitmaximierende Angebote hinausweisende Lösungen zu suchen und zu finden.

Im Flow arbeiten

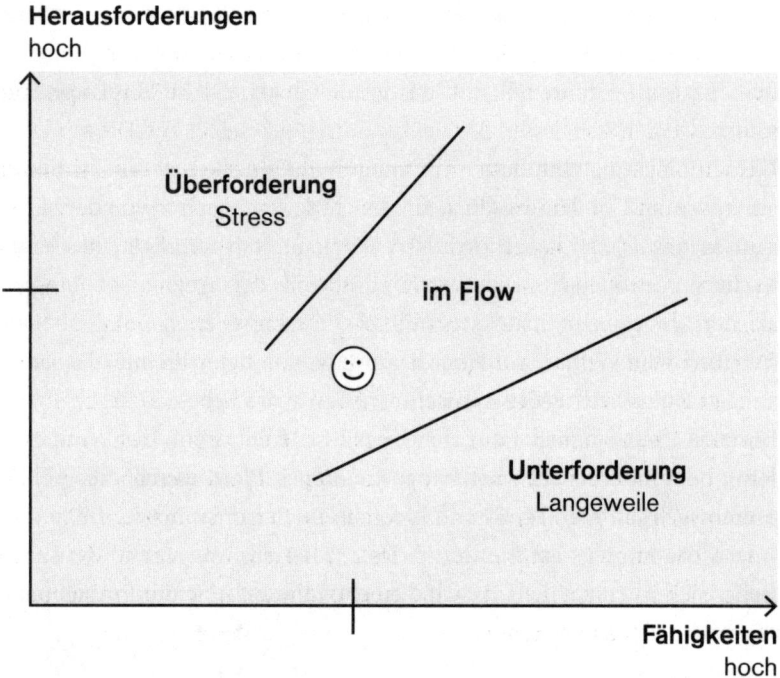

Quelle: Huhn, Gerhard: *Modul Self-Directed Learning*, Berlin 2009

Wir müssen also im Kanal – im Flow-Kanal – bleiben und uns nach rechts oben bewegen, also unsere Fähigkeiten wie auch die Herausforderungen, denen wir uns stellen, langsam und im Gleichklang erhöhen – uns also nicht überfordern, aber auch nicht unterfordern.

Csikszentmihalyi hat das Phänomen nur auf den Begriff gebracht, hat es mit Flow umschrieben, aber nicht erfunden. Es gibt ihn schon lange. Evolutionsbiologen vermuten, dass es sich um einen Mechanismus handelt, der das Überleben der Menschheit sicherte: Lebewesen, die zwischen den Extremen von Stress und Langeweile ein »gemäßigt exploratives« Verhalten zeigten, brachten den Fortschritt in die Welt und ihre Gene in die nächste Generation.

Wenn man seinem Leben eine Richtung gibt, wenn man einen Fokus hat, passiert vieles wie von selbst. Man lernt, ohne sich anstrengen zu müs-

60

sen, man nimmt vieles auf, ohne sich dazu zu zwingen, und man wird wie von selbst auf seinem Fachgebiet kompetenter. *Things fall into place.* Man kann es natürlich auch auf Deutsch und mit Goethe sagen: »Sobald der Geist auf ein Ziel gerichtet ist, kommt ihm vieles entgegen.«

Was Sie mit Leidenschaft tun, werden Sie gut tun. Ihre Leistungen für andere werden also besser. Aber es tut Ihnen auch selber gut. Die moderne Gehirnforschung sagt, dass Emotionen und Leidenschaft die Zahl Ihrer Synapsen im Gehirn und die Zahl der Verknüpfungen mit anderen Synapsen anwachsen lassen. Mit den Worten des Neurobiologen Gerald Hüther: Wir können unser Potenzial entfalten. Was es vor allem anderen dazu braucht, ist Begeisterung. Das sei der entscheidende Faktor.

Wir kommen mit einer angeborenen Lust am eigenen Entdecken und Gestalten zur Welt. Jeder Mensch, so Hüther, sei von Anfang an ein geborener Unternehmer. Ob die Lust im späteren Leben weiterwachsen kann oder unterdrückt wird, hänge von den Erfahrungen ab, die wir als Heranwachsende und später als erwachsene Personen machen. Das Gehirn lerne immer – und es lerne das am besten, was einem Menschen helfe, sich in seiner Lebenswelt zurechtzufinden und die Probleme zu lösen, die sich dabei ergäben.

Stellen Sie sich vor, Sie sind ein Kind, werden von Ihren Eltern in kunsthistorisch bedeutende Kirchen geschleppt und belehrt, wie wichtig und instruktiv diese Orte seien. Stellen Sie sich vor, Sie sind ein etwas unangepasstes Kind – in Bayern drückte man das in meiner Kindheit direkter aus: ein dummes und freches Kind. Stellen Sie sich vor, Sie finden als Kind diese Kirchen und ihre Kunstschätze schrecklich langweilig. Noch langweiliger, als die Erwachsenen ohnehin schon sind. Eine Idee kommt Ihnen in den Sinn – mehr aus Trotz und Widerstand als aus Kreativität. Dass sich die Kunstwerke doch zumindest bewegen möchten, dass die traurig dreinschauenden Heiligen nicht nur langweilig herumstehen. Ein frecher und dreister Gedanke. Schließlich waren es oft weltbekannte Künstler, ganz große Genies, die solche Werke vollbrachten. Da kommt ein Kind dahergelaufen und findet, die Kunstwerke sollten sich wenigstens bewegen. Wir könnten diese kleine Geschichte getrost vergessen, denn es ist klar, wie sie ausgeht. Das Kind wird – in aller Regel jedenfalls – mundtot gemacht, der kindliche Gedanke wird verworfen, das Erwachsenwerden und das Erwachsensein siegen.

Aber manchmal trifft man seinen kleinen Jugendtraum wieder.

Theo Jansen – ein holländischer Künstler – ist der Erfinder der selbstlaufenden Skulpturen. Ich hätte nie geglaubt, dass so etwas möglich ist. Dass man Figuren, vom Wind angetrieben, zum Laufen bringen kann. Ich weiß nicht, wie Theo aufgewachsen ist. Es spielt auch keine Rolle. Vielleicht hatte er eine kurze Durststrecke, vielleicht eine lange, vielleicht hatte er Glück oder besonders viel Pech. Für mich, für Sie, für uns spielt das keine Rolle. Wir müssen selber sehen, wie wir mit unseren Wünschen, mit unseren Träumen, mit unserer verschütteten Kreativität, mit unserem abgeschnittenen Energiefaden leben. Die meisten werden es nicht einmal spüren, dass ihnen etwas fehlt. Wahrscheinlich muss man sich, um wirklich glücklich zu sein, einiges in die Tasche lügen.

Hier ein pragmatischer Kompromiss. Betrachten Sie es so: Sie sind mehr als das, was Sie geworden sind. Es steckt mehr in Ihnen. Sie müssen jetzt nicht gleich alles abwerfen, ins Ungewisse springen und revolutionäre Parolen rufen. Machen Sie ein bisschen mehr aus sich. Mehr aus sich heraus. Durchaus vielleicht im Stillen, ohne Tamtam. Fangen Sie an, die Zeit zu nutzen, die Sie sich sonst vertreiben. Fangen Sie an, das, was Sie sonst als Zeitvertreib tun, für sich selber zu nutzen. Probieren Sie sich aus.

Mir hat es geholfen, mich an die Zeit vor der Schule zu erinnern. Wo war ich als Kind glücklich, warum war ich das? Mit welchen Spielen hatte das zu tun? Was daran war so beglückend? Welche Bilder von glücklichen Situationen sind mir in Erinnerung? Welche Rolle spielte ich dabei? Oder auch: Was hätte ich mir gewünscht, damals zu erleben? Was hätte ich dazu beitragen können?

Damals, als Kind, war ich zu schwach, zu mittellos, zu allein, zu ausgeliefert, zu wenig selbstbewusst, wirklich nicht imstande, etwas zu bewegen. Heute bin ich es aber.

Paradox ist die Situation schon – heute hätte ich die Möglichkeit, aber die Energie ist weg, die Wünsche sind weg, die Träume dahin.

Oder doch nicht ganz? Ist in der Restekiste unserer Träume noch etwas drin? Haben wir noch die Kraft und den Mut, etwas auszuprobieren, bevor der Deckel über uns zugemacht wird? Oder finden wir uns mit der Kümmerversion unseres Potenzials ab?

Ein kluger Mensch hat einmal gesagt: »Verbringen Sie mehr Zeit mit Kindern unter sieben Jahren und Menschen über 70 Jahren.« Ist da nicht etwas dran? Shanti, eine indonesische Kollegin, wirft an dieser Stelle gerne ein, dass man auf die unter Siebenjährigen vertrauen könne, während die meisten über 70 »dahin« seien. »Fast jeder kommt als Genie auf die Welt und wird als Idiot begraben«, sagt der amerikanische Underground-Autor Charles Bukowski. Ein treffender Satz, finden Sie nicht? Trotz Schule, Bildung und lebenslangem Lernen. Als Idiot begraben werden – eigentlich schade.

In jedem von uns liegen Talente und Fertigkeiten. Das Problem ist, dass wir sie oft nicht erkennen. Die Schule hilft uns wenig dabei. Schulfächer sind nur ein kleiner Ausschnitt dessen, wofür wir uns begeistern können.

Hören wir Les Brown, einen erfolgreichen Musiker und Entertainer, über seine Kindheit sprechen:[32]

Niemand hätte mich überzeugen können, dass jemand mit meinen Lebensumständen und mit meinem Hintergrund heute das tut, was ich tue. Ich wurde in Liberty City auf einem Fußboden in der 67. Straße geboren. Ich und mein Zwillingsbruder. Mit sechs Wochen wurden wir adoptiert. In der fünften Klasse wurde mir bestätigt, dass ich geistig zurückgeblieben sei, weshalb ich von der fünften in die vierte Klasse zurückgestuft wurde.

Ich blieb in dieser Kategorie, bis ich in die Highschool kam. Ich habe keine College-Ausbildung, aber hier ist etwas passiert: Jemand hat in mein Leben eingegriffen. Ein Mann, der etwas in mir gesehen hat, das ich selbst nicht sehen konnte.

Ich werde nie vergessen, wie ich in dieser Klasse saß und auf einen Freund wartete, der nicht kam. Der Lehrer sagte, ich solle zur Tafel gehen und dort etwas hinschreiben.

Ich sagte: »Ich kann das nicht, Sir.«

Er fragte: »Warum nicht?«

Ich antwortete: »Ich bin in einer Klasse für Sonderschüler.«

Er erwiderte: »Geh zur Tafel und schreib das auf.«

Ich wiederholte: »Ich kann das nicht!«

Er wieder: »Warum?«

Und ich: »Ich bin geistig zurückgeblieben.«

Da stand er von seinem Schreibtisch auf, kam auf mich zu und sagte: »Sag das nie wieder. Die Meinung, die irgendjemand von Dir hat, muss nicht zu Deiner Realität werden.«

Und das veränderte mein Leben.

Status quo oder Potenzialentfaltung?

Was ist unser erkenntnisleitendes Interesse?

Wollen wir die vorfindbare Realität, also den Status quo, erforschen und beschreiben?

Oder ist es unser Interesse, über den Status quo *hinaus* das Potenzial auszuloten und die Differenz zwischen dem Vorfindbaren und dem Möglichen zu beschreiben? Also nach den Potenzialen zu suchen, wie wir eine bessere Zukunft realisieren können.

Natürlich lässt sich der Status quo leichter messen. Geht also leicht und zuweilen unhinterfragt in Forschungsergebnisse ein. Gerade deswegen ist es wichtig, von den Potenzialen her zu denken, zu forschen, aber auch zu handeln.

Für Entrepreneurship trifft diese Überlegung ganz besonders zu. Misst man den Status quo, kommt heraus, dass in der Regel Kapital und Management die tragenden Säulen für den Erfolg von Unternehmensgründungen darstellen. Wir könnten es bei dieser Feststellung belassen. Dann bliebe den meisten Menschen der Zugang verschlossen. Oder wir versuchen, neue Wege zu finden, wie wir das Potenzial für Entrepreneurship aufspüren und erweitern können.

Eine rein betriebswirtschaftliche Betrachtungsweise übersieht die emanzipatorischen Qualitäten von Entrepreneurship.

»Der Mensch wird frei geboren, aber überall liegt er in Ketten.« Das ist einer der stärksten Buchanfänge aller Zeiten. Längst nicht jedem Anfang wohnt ein Zauber inne – aber diesem ersten Satz von Jean-Jacques Rousseaus *Contrat Social* entsprang sogar eine ganze Revolution.

Ganz so schlimm, wie es Rousseau dem Menschen andichtete, geht es dem Entrepreneur heute nicht. Sein Potenzial liegt nicht so sehr in Ketten, sondern liegt brach. Das muss es nicht. 90 Prozent der innovativen Konzepte bestehen aus der Neukombination von bekannten Ideen und Elementen, also der Übertragung von Bekanntem auf neue Bereiche.[33] Es braucht nicht gleich geniale Ideen, grandiose Konzepte, Erfindungen und Patente. Es reicht bereits die Rekombination von Vorhandenem, von Teilen, die wir aus uns längst geläufigen Zusammenhängen übernehmen und sie in einen neuen Kontext stellen können.

Einfach, oder? Offenbar nicht. Es ist überraschend, wie viele Start-ups scheitern. Selbst am MIT, der renommiertesten Ingenieurschmiede der Welt, scheitern 80 Prozent, so Glorianna Davenport.[34] Die Gründerin des legendären MIT Media Lab sagt, sie alle hätten viel zu viel auf Technologie gesetzt. Verständlich in einer Institution wie dem MIT. Aber falsch. Sie hätten zu wenig vom Kunden, vom Markt her gedacht. Nicht die technologische Brillanz oder Innovationsführerschaft sei entscheidend, sondern die Akzeptanz durch die Käufer.

Wir sind nicht besser als das MIT. Auch bei uns liegt das Ausmaß des Scheiterns in dieser Größenordnung.

Stellen Sie sich vor, in einer Schule scheitern 80 Prozent der Schüler. Würde man diese Schule mit Geld fördern? Mit dem Argument, es sei eben in diesen Fächern oder an diesem Ort oder in dieser Zeit üblich, ja wohl unvermeidlich, dass so viele Schüler in der Schule scheitern. Man müsse die Schüler finanziell fördern, damit sie diese Schule besuchen können. Um das Risiko der Betroffenen abzufedern.

Müssen wir die Frage nicht anders stellen?

Was an der genannten Schule läuft falsch? Ist es das Curriculum? Sind es die Lehrer? Sind es die Lehrmethoden? Ist es die Auswahl der Schüler? Sind die Schüler intrinsisch motiviert? Werden falsche Anreize gesetzt? Oder welche anderen Gründe könnte es noch geben, die das hohe Maß des Scheiterns erklären? Es als unvermeidlich, quasi naturgegeben anzunehmen, ist doch bestenfalls einer von mehreren Erklärungsansätzen. Stellen Sie sich ein Unternehmen vor, das 80 Prozent seiner Produkte nicht verkaufen kann. Also sich so aufstellt, dass – scheinbar unvermeidlich – 80 Prozent unbrauchbare Produkte entstehen. Soll man einen solchen Betrieb weiterführen oder sogar subventionieren?

Müssen wir die Frage auch hier nicht anders stellen?

Was an der genannten Firma läuft falsch? Ist das Unternehmenskonzept gut durchdacht? Sind Produkt, Preis, Design für Kunden überzeugend? Ist das Führungsteam motiviert und kann es Arbeitskräfte begeistern? Erkennen sie Sinn in ihrer Arbeit? Kurz – ist das gesamte Unternehmen wirklich durchdacht, hinterfragt, wirklich verstanden, selbst erlebt und gelebt? Oder geht man von falschen Annahmen aus, übernimmt zu rasch scheinbar plausible Konventionen? Sucht man zu wenig nach Alternativen?

Warum stellt beim Thema Unternehmensgründung niemand diese Fragen?

Sind die Konzepte zu unausgereift? Verzetteln sich die Gründer zu sehr, statt Arbeitsteilung und Komponenten einzusetzen? Müssen sich Gründer zu früh mit zu viel Bürokratie, Regularien und Detailvorschriften beschäftigen, statt sich auf das Konzept, das Entrepreneurial Design zu konzentrieren? Sind die Gründer zu einseitig auf Schnelligkeit (»Erfolgreich gründen in 48 Stunden«) ausgerichtet, statt mit Sorgfalt ihr Konzept unter Ernstbedingungen zu überprüfen? Träumen die Gründer zu viel vom raschen Exit, statt am soliden Entry zu arbeiten? Ist die Beratung unzureichend oder gar falsch? Sind die Gründer zu sehr mit Finanzierungsrunden beschäftigt, statt das Gründungskonzept am Markt weiterzuentwickeln?

Ermutigen wir Gründer, in einer Zeit zu starten, die Anzeichen eines Hypes trägt, und riskieren damit noch mehr Scheitern? Sind manche Berater zu sehr an Erfolgsmodellen der Vergangenheit orientiert? Wird, wer sich selbständig machen will, ausreichend vor der Überlastungsfalle gewarnt? Förderinstitutionen in Hülle und Fülle: Schafft das mehr praxistaugliche Gründer oder mehr Antragsvirtuosen?

Entrepreneurship ist Aufbruch, Veränderung, kreative Zerstörung, verlangt eine andere Lebenseinstellung, Zähigkeit, Durchhaltevermögen, Ambiguitätstoleranz und vieles mehr. Geht der Schwerpunkt auf fachlich-technische Beratung nicht am Kern vorbei? Natürlich braucht man irgendwann Beratung. Aber am Anfang steht das Neue, das Unklare, das Unfertige, das Ringen um das eigene Konzept, das Aushalten der Ambiguität. Ob die Aussicht auf finanzielle Förderung, das Winken mit finanzieller Unterstützung die richtigen Personen anzieht, ist eine andere Frage.

Ich bin durch meine Aufenthalte in Entwicklungsländern und die Besuche von Modellprojekten beeinflusst und nachhaltig desillusioniert. Fantastische Anträge, tolle Berichte. Bestes Oxford-Englisch. Gut bezahlte Akteure, Landrover und Villen. Für die Inkludierten ist die Welt in Ordnung. Es braucht die Evaluation von außen. Die akribische, schonungslose Bestandsaufnahme der Praxis. Finanzieller Aufwand versus Erfolgsquote. Schädliche Nebeneffekte. Man konnte oft schon von Glück sagen, wenn wenigstens kein großer Schaden angerichtet wurde.

Entrepreneurship ist Eigeninitiative, Selbstbehauptung, Umgang mit Unsicherheit, Durchstehen von Turbulenzen und Krisensituationen. Gegebenenfalls rechtzeitiges Erkennen der Aussichtslosigkeit und Mut zur Aufgabe – und Neuanfang. Entrepreneure sind nicht selten Getriebene, stecken ihre Überschüsse ins Unternehmen, nicht in den privaten Konsum. Oft wird der Erfolg mehr in der Anerkennung gemessen, die sie erfahren, nicht vorrangig als materielle Vergütung. Es ist die Lust, etwas zu bewirken, das Gefühl der Selbstwirksamkeit; der Wunsch, Neues zu gestalten.

Wissenschaft hingegen hat die Tendenz, Theorien zu entwickeln. Meine Sache ist es nicht, die große Theorie auszubreiten. Ich teile lieber meine Erfahrungen mit. Typische Erfahrungen, wie ich meine. Denn gegen

Glaubenssätze und eingeschliffene Sichtweisen helfen theoretische Argumente – so habe ich es immer wieder erlebt – wenig. Sie provozieren Gegenargumente. Authentische Geschichten dagegen erzeugen Betroffenheit. Und unterlaufen die eingefahrenen Abwehrmechanismen. Wie im folgenden Beispiel.

Kapitalismus, Sozialismus und Entrepreneurship

Auf Einladung der dortigen Regierung war ich vor Jahren für die Gesellschaft für Technische Zusammenarbeit (GTZ) in Laos. Sozialismus hin oder her, so dachte sich wohl die Parteispitze, mit kapitalistisch operierenden Nachbarn ringsherum müsse man doch verstehen, was es mit Entrepreneurship auf sich hat. Ich sollte den Parteimitgliedern erklären, wie »Markt« funktioniert, wie man Ideen zu marktfähigen Konzepten entwickelt – möglichst am Beispiel des Tourismus, der in Laos zu Recht als zukunftsträchtiger Wirtschaftszweig gilt. Veranstalter vor Ort war ein deutsch-französisches Gemeinschaftsprojekt mit einem französischen Leiter, der mir zum Auftakt seine schon in der Schule gewonnene Überzeugung mit auf den Weg ins Seminar gab: Entrepreneur, das sei einer wie ein Fuchs, der nachts ins Hühnerhaus springe, den armen, ahnungslosen Hühnern die Kehle durchbeiße und mit seinen Opfern verschwinde. Jemand also, der in einer höheren Liga spiele, umgeben von Ahnungslosen, Normalen, Unbedarften, Bedächtigen, Soliden und eben nicht so Cleveren wie der Fuchs. Er war – wie sich schnell herausstellte – nicht allein mit dieser Ansicht.

Das Workshop-Thema: Entrepreneurship am Beispiel Tourismus. Es ging um die Frage, wie man sich einen zeitgemäßen, sanften, ökologischen, von den vorhandenen Gegebenheiten ausgehenden und gewinnbringenden Tourismus vorstellen könne. Ich stand auf verlorenem Posten. Obwohl ich ausnahmsweise wirklich gut vorbereitet war, verständliche Erklärungen und überzeugende Beispiele bot, Übungen einbaute und Arbeitsaufträge gab – ich bewegte nichts. Stattdessen bewegte sich das Seminar in Richtung Desaster. Je überzeugender meine Erklärungen waren, mit desto mehr Energie formulierten die Teilnehmer Gegendarstellungen. Sie hatten fast ausnahmslos an der Lomonossow-

Universität in Moskau studiert und konnten die Übel des Kapitalismus druckreif formulieren. Kein guter Tropfen sollte an meinen Erklärungen hängen bleiben, das war ihr Ziel. Von Montagmorgen bis Dienstagabend kämpfte ich für mein Thema. Dann gab ich auf. Jedenfalls teilte ich das den Teilnehmern mit. Und, dass wir jetzt die Rollen tauschen würden. Die Teilnehmer, überzeugte Marxisten, sollten mir erklären, wie sie sich einen sozialistischen Tourismus für ihr Land vorstellten, einen, der die Einkommen der Bevölkerung erhöhe und von ihren Werten und Gegebenheiten ausgehe.

Die Diskussionen hörten schlagartig auf. Die Teilnehmer arbeiteten intensiv und mit roten Köpfen an ihren Konzepten. Ich hatte zwei schöne, geruhsame Tage. Am Freitag war es so weit: Präsentation der Ergebnisse aus den Arbeitsgruppen.

Touristen in Familien untergebracht, mit lokalen Speisen, Erhalt der lokalen Sehenswürdigkeiten, Fahrten durch die Natur, Respekt vor den Klosteranlagen und den Zeremonien der Mönche, kleine Guesthouses, vielleicht mit Pflanzen überwachsen. Sanfter, ökologisch bewusster, kulturell-sensitiver Tourismus. Eine Gruppe schlug sogar vor, ganz Laos zum Nationalpark zu erklären – als einziges Land in der Welt – und Tourismus von vornherein unter dem Gesichtspunkt des Erhalts der Natur und der kulturellen Gewohnheiten der in ihr lebenden Menschen zu denken. Es war ziemlich genau das, was ich mir als Ergebnis des Workshops im Stillen erhofft hatte.

Ich fragte, was sie befürchtet hätten, was das Ergebnis meiner Vorgehensweise gewesen wäre. Die Antwort: große hässliche Hotels, von Ausländern gebaut und mit lokalem Billigpersonal betrieben. Das Land von McDonald's-Läden überzogen, teure Boutiquen für Mode. Louis Vuitton, Gucci, Lacoste, Prada und die anderen, überall vertretenen Marken. All das, was sie über den Kapitalismus im Westen gehört hätten. Dass die Menschen Dinge machen müssten, die sie gar nicht wollten, und dass das Land sich in einer Weise entwickeln würde, die politisch nicht gewollt sei. Sie möchten selbst ihr Land entwickeln und nicht von anderen bevormundet und geschubst werden.

Ich sagte ihnen, dass ihre Ideen und Konzepte für mich bestes Entrepreneurship seien. Sein ökonomisches Schicksal selber in die Hand nehmen, nicht von Kapitalgebern abhängig werden, selbst initiativ werden, entlang ökologisch sinnvoller, sozial und kulturell einfühlsamer Konzepte. Ich sagte den Teilnehmern, dass ich mit ihren Arbeitsergebnissen höchst zufrieden sei. Sie waren erstaunt. Wie bitte? Selber tun dürfen? Selber entscheiden dürfen? Nicht fremde Konzepte übernehmen müssen? Keine neuen Abhängigkeiten eingehen müssen? Konzepte umsetzen dürfen, die der breiten Bevölkerung zugutekommen und nicht ein paar cleveren, gut vernetzten Geschäftsleuten? Ihr Land sogar als Zukunftsmodell für Tourismus, statt von anderen abzukupfern? Intelligente und selbstbewusste Nutzung statt Zerstörung des kulturellen Erbes?

Der Tenor der Teilnehmer war jetzt einhellig. Wenn das, was sie ausgearbeitet hätten, Entrepreneurship sei, dann sei das ein großartiges Konzept, dann wollten sie das auch.

Emanzipation zu ökonomischer Mündigkeit

Zum Erwachsenwerden, zur Vorbereitung auf das Leben, gehört auch ökonomische Mündigkeit. Im ganz überwiegenden Teil unserer schulischen Bildung sucht man diesen Teil vergebens.

Ökonomische Mündigkeit verlangt das Verständnis, wie Wirtschaft funktioniert, wie Unternehmen entstehen und sich im Markt behaupten können, als Voraussetzung dafür, selbst im Wirtschaftsleben aktiv werden zu können. Ökonomische Mündigkeit heißt: Potenziale erkennen und Ressourcen neu kombinieren können – und damit selbst partizipieren an der Wertschöpfung, wie sie in Unternehmen entsteht. Leider ist die Wirklichkeit ganz anders. Eine Gesellschaft, die Bildung wie selbstverständlich auf abhängige Beschäftigung ausrichtet, verfehlt dieses Ziel aktiver Partizipation und Gestaltung.

Wir lernen nicht, wie Markt funktioniert und Unternehmen sich behaupten. Das beste Beispiel hierfür ist die Börse, der Markt, auf dem Unternehmensanteile gehandelt werden.

Wenn die Erwartungen an die Zukunft gut sind, sind die Börsenkurse hoch. Wenn die Erwartungen an die Zukunft schlecht sind, sind die Börsenkurse niedrig. Wenn ich also bei hohen Kursen verkaufen will, muss ich das *gegen* die vorherrschenden Erwartungen, also gegen die an der Börse vorherrschende Stimmung, tun. Und das ist extrem schwierig. Vor allem in Phasen der Euphorie. Alte Börsenhasen wissen, dass dies die Zeit ist, um zu verkaufen. Aber ringsum ist lauter positive Stimmung. Ich muss also Manns oder Frau genug sein, gegen diese mich umgebende positive Stimmung zu handeln. Obwohl die positive Stimmung ja korrekterweise die positiven zukünftigen Erwartungen wiedergibt. Warum also verkaufen? Wäre es nicht besser, zu kaufen? Dieser Anfängerfehler, in der Euphorie noch dazuzukaufen, liegt nahe. Die allermeisten Menschen machen diesen Fehler. Einmal, zweimal und öfter. Ich habe ihn jedenfalls oft begangen. Gott sei Dank war ich zu dieser Zeit noch recht jung, und die Verluste hielten sich – ich hatte noch wenig Erspartes – in Grenzen. Die entscheidende Frage ist: *Wie lange dauert es*, bis man das Muster erkennt?

Manchmal gibt es richtig gute Forschungsdesigns. Zum Beispiel über Vögel. Wie kann man die Intelligenz von Vögeln messen? Vogelweibchen legen Eier, bis das Gelege voll ist, und fangen dann an, die Eier auszubrüten. Was passiert, wenn ihm Eier weggenommen werden, so, dass das Gelege nicht voll wird? Wann merkt der Vogel, dass etwas nicht stimmt, dass sein Gelege trotz fleißigen Eierlegens unvollständig bleibt? Ergebnis: Die Meise merkt es nach sieben Eiern, dann gibt sie auf. Das Huhn dagegen – am anderen Ende der Skala – merkt es nie. Es legt ein Leben lang Eier, in der Hoffnung, dass irgendwann das Gelege voll wird. Das Huhn ist sozusagen der dümmste Vogel.

Lassen Sie uns nicht diskutieren, ob das Forschungsergebnis wirklich die Intelligenz der Vögel misst oder nur eine Art Eiablage-Brutbeginn-Intelligenz. Oder wie fair es ist, dass wir von der Dummheit der Hühner profitieren. Oder ob die Hühner nicht dank ihrer Dummheit des Weiter-Eier-Legens bessere Überlebenschancen produzieren als die Meisen. Die Frage, um die es uns hier geht, ist, wie lange wir brauchen, um unter widrigen Umständen, um nicht zu sagen völlig unlogisch erscheinenden Umständen, richtige Schlussfolgerungen zu ziehen? Börsen sind solche widrigen, scheinbar unlogischen Systeme. Nur schwer zu begreifen. Aber gewinnbringende Felder, wenn man die Logik verstanden hat. Mir jedenfalls hat es geholfen, schon früh finanziell unabhängig zu werden und Entscheidungen ohne den Blick auf die finanziellen Bedingungen treffen zu können.

Was ich damit sagen will: Börse ist ein im Grunde hervorragendes Instrument. Als unscheinbarer Mitbürger kann ich mich an erstklassigen Unternehmen beteiligen, und das in einer Größenordnung, die mir meine Einkommensverhältnisse erlauben. Ich bin sogar flexibler als die Großanleger, die nicht einfach zum Telefon greifen können und ihre Aktien kaufen oder verkaufen können, weil sie mit dem Umfang ihres Engagements selber die Kurse bei Kauf oder Verkauf zu ihrem Nachteil beeinflussen. Sie können daher nur langsam agieren, während ich als Kleinanleger ohne diese Beschränkung rasch reagieren kann.

Man müsste es den Menschen erklären. Und die scheinbare Paradoxie bei Aktienanlagen verständlich machen. Nicht an Bankberater abgeben, die die Hausprodukte der Bank wegen der damit verbundenen Provisionen verkaufen, sondern möglichst schon in den Schulen ökonomische Mündigkeit anstreben. Aber fragen Sie einmal Lehrer, was sie von Börsen halten! »Reines Spekulationsinstrument«, »Irrsinn der Börse«, »die Börse ist verrückt geworden« sind gängige Statements. Der Kleinanleger habe keine Chance. Was mich irritiert: Auch manche meiner Professorenkollegen reden über Börsen nicht viel anders als die meisten Lehrer und scheinen auch nicht besser zu agieren als die aufgeregten Kleinanleger.

Börsen als Instrument für die Kleinen?

Wie kann man Kleinbauern in Entwicklungsländern helfen, sich aus der Abhängigkeit von Großhändlern und ihren Aufkäufern zu lösen? Ein erster Schritt besteht darin, dass man sie über die im Moment am Markt erzielbaren Preise informiert. Jetzt wissen die Bauern immerhin, welche Preise sie fordern müssten. Aber was tun, wenn der Aufkäufer den Preis nicht bezahlen will? Der nächste folgerichtige Schritt ist daher, einen Handelsplatz anzubieten, wo man diesen Preis auch tatsächlich erzielt. Also eine Börse für Kleinbauern einrichten. Das ist der Gedanke, den Maritta Koch-Weser für die Kleinbauern in der Amazonasregion vorschlägt.[35]

Andere, anspruchsvollere Arbeitsplätze

Der postindustriellen Gesellschaft geht die industrielle Arbeit aus. Schon heute macht der industrielle Sektor nur noch etwa zehn bis 15 Prozent der Arbeitsplätze aus. Selbst wenn man Dienstleistungen, die dem industriellen Sektor zuarbeiten oder mit ihm verbunden sind, in die Statistik mit einbezieht, werden nicht mehr als 30 Prozent daraus.

Die spannende Frage heißt: Womit wollen wir uns beschäftigen, wenn die Arbeitsplätze alter Art wegfallen? Ich sage dies so nachdrücklich, weil viele Politiker und Kommentatoren das Thema Entrepreneurship unter dem Blickwinkel betrachten, dass damit viele neue Arbeitsplätze generiert würden, die dem Wegfall alter Arbeitsplätze entgegenwirken. In der Tat zeigt die Statistik – und dies nicht nur in Deutschland, dass seit Beginn der 1980er-Jahre die Großbetriebe Arbeit freisetzen und neue Arbeitsplätze nur in kleinen und mittleren Unternehmen und in Start-ups entstehen.

Bei näherem Hinsehen zeigt sich aber, dass dies eine gewagte, möglicherweise sogar eine falsche These ist. Start-ups beziehen ja ihre Stärke gerade daraus, dass sie bessere Prozesse, bessere Produkte oder Dienstleistungen anbieten. Es ist nicht unplausibel, anzunehmen, dass die Zahl der neu geschaffenen Arbeitsplätze geringer ist als die Zahl derjenigen, die in bestehenden Unternehmen aufgrund der Konkurrenz mit den neu gegründeten Unternehmen wegfallen. Die Hoffnung auf mehr Arbeitsplätze ist also trügerisch und bleibt im alten Denken haften. Die These, dass der technische Fortschritt zwar Arbeitsplätze wegrationalisiere, aber in der Summe mehr Arbeitsplätze schaffe, ist für die Vergangenheit unbestritten zutreffend. Ob dies auch in Zukunft so sein wird, ist völlig offen.

Wir plädieren also nicht für Entrepreneurship als Mittel zur Schaffung neuer zusätzlicher Arbeitsplätze. Wir argumentieren stattdessen, dass es die *qualitativ besseren* Arbeitsplätze sind, die entstehen. Tätigkeiten, in kleinen, überschaubaren, unbürokratischen Strukturen, die mehr mit der Person im Einklang stehen, die weniger repetitiv und mehr kreativ-schöpferische Arbeit ermöglichen. Und die vor allem Selbstbestimmung, Erkennen der eigenen Fähigkeiten und Selbstorganisation in den Mittelpunkt rücken. Doch lauschen wir einer berühmten Persönlichkeit aus dem letzten Jahrhundert:

Bekenntnis zum selbstbestimmten Leben

Ich will unter keinen Umständen ein Allerweltsmensch sein.
Ich habe ein Recht darauf, aus dem Rahmen zu fallen – wenn ich es kann.
Ich wünsche mir Chancen, nicht Sicherheiten.
Ich will kein ausgehaltener Bürger sein, gedemütigt und abgestumpft, weil der Staat für mich sorgt.
Ich will dem Risiko begegnen, mich nach etwas sehnen und es verwirklichen, Schiffbruch erleiden und Erfolg haben.
Ich lehne es ab, mir den eigenen Antrieb mit einem Trinkgeld abkaufen zu lassen.
Lieber will ich den Schwierigkeiten des Lebens entgegentreten als ein gesichertes Dasein führen: lieber die gespannte Erregung des eigenen Erfolgs statt die dumpfe Ruhe Utopiens.
Ich will weder meine Freiheit gegen Wohltaten abgeben noch meine Menschenwürde gegen milde Gaben.
Ich habe gelernt, selbst für mich zu denken und zu handeln, der Welt gerade ins Gesicht zu sehen und zu bekennen, dies ist mein Werk.

Vom wem, glauben Sie, stammt dieses Zitat? Von Milton Friedman? Von Otto Graf Lambsdorff? Das Bekenntnis wird Albert Schweitzer[36] zugeschrieben. Heute würde man den Arzt, der seine Krankenstation in Lambarene mit eigenen Orgelkonzerten finanzierte, einen Social Entrepreneur nennen.

Und wie halten wir es mit dem Gewinn?

Hat nicht, wer etwas Neues ausprobiert und damit Risiken eingeht, ein Recht darauf, für seinen Einsatz belohnt zu werden? Für Pioniere mit besonders hohem Risiko gilt das in besonderem Maße. Eine Gesellschaft, die dem Gründer solche Belohnung nicht gönnt, begeht einen schweren Fehler. Sie verengt den Türspalt für mehr Initiative, statt ihn zu erweitern. Wenn Gewinne verdächtig sind und Scheitern als Versagen interpretiert wird, bleibt nicht viel übrig. Die Bandbreite zwischen Misserfolg bei Scheitern und Missgunst bei Erfolg macht den Spielraum für Gründer, innerhalb dessen sie Anerkennung finden können, zu einem außergewöhnlich schmalen Grat.

Eine Ökonomie, die sich am Gemeinwohl statt an privatem Gewinn orientiert, klingt gut. Und wünschenswert. Man wird sich auch gut darüber verständigen können, welche Ziele eine solche Ökonomie verfolgen sollte. Eine Sammlung aus Verbots- und Gebotsschildern ist schnell bei der Hand. Eine ganz andere Frage ist jedoch, wie sich solche gut gemeinten Systeme in der Praxis verhalten.

Hier ein vielleicht ausgefallenes, aber doch nicht ganz untypisches Beispiel. Es sind oft die kleinen, scheinbar nebensächlichen Dinge, die so etwas wie Früherkennungswert haben.

In Rauch aufgegangen

Zu Beginn der 1980er-Jahre gab es eine Zeit, da machte der birmanische Sozialismus von sich reden. Eine Lehre, wonach die Verbindung von buddhistischer Religion und undogmatischem Sozialismus die Erlösung von kapitalistischen Übeln bringen würde. Wie manche damals machte ich mich auf den Weg – und stellte fest, dass die Wiesen von Weitem grüner aussehen, als sie wirklich sind.

Und dass scheinbar Nebensächliches manchmal erhellender ist als viele Postulate.

Ich rauchte damals Zigarren. Solche, die vorne und hinten abgeschnitten sind. Man nennt sie Stumpen. In Birma waren sie preiswert. Fast jeder rauchte diese Dinger. Ein Produkt fürs Volk. Für nicht so begüterte Menschen. Es war ein staatliches Unternehmen, das sie produzierte. Ich rauchte also diese Stumpen, in großer Zahl sogar. Normalerweise vertrug ich sie. In Birma war es anders. Nach einigen wurde mir mulmig im Magen. Irgendwann kam mir ein Verdacht. Ich rollte einen Stumpen auf, um zu inspizieren, was im Innern sei. Und siehe da, nach wenigen Lagen von Tabakblättern zeigte sich klein geriffeltes Zeitungspapier. So, wie Papier aussieht, das man durch einen Schredder schickt. Hier lag das Geheimnis: Tabakrauch aus Zeitungspapier und Druckerschwärze. Ich habe noch viele dieser Zigarren gekauft. Nicht mehr, um sie zu rauchen. Sondern zur Illustration. »Seeing is believing.« Sie können sich vorstellen, wie es in meiner Umgebung allmählich stiller wurde – um den gelobten dritten Weg ins ökonomische Paradies.

Die Sehnsucht nach dem »Wir« ist groß, aber das Funktionieren in der Praxis eher klein. Was das bedeutet? Mehr experimentieren, mehr brauchbare, lebensfähige Lösungen suchen, statt Schilder hochzuhalten. Sich den Mühen der Ebene zu unterziehen, statt theoretische Höhenflüge zu veranstalten. Werte fordern ist nicht schwer, sie zu leben dagegen sehr. Eine kleine gehässige Nachbemerkung sei erlaubt: Wäre es nicht eine gute Idee, ein Land wie Kuba als Museum zu erhalten – als Anschauungsmaterial für ein in Theorie und Praxis unterschiedlich faszinierendes Gesellschaftsmodell?

Hier ein weiteres Beispiel für die Differenz zwischen gut gemeintem Anspruch und Wirklichkeit.

»Exportorientierung ist schlecht«

Bei Lehrveranstaltungen in Asien hatte ich häufig Studenten vor mir, die der Exportorientierung ihres Landes kritisch gegenüberstanden. Ihr Augenmerk galt vor allem den ausländischen Unternehmen, denen die offizielle Wirtschaftspolitik eine wichtige Rolle zuwies, von denen die Kritiker aber behaupteten, dass sie die preiswerten Rohstoffe und billigen Arbeitskräfte nur benutzten, den eigenen Profit zu erhöhen. Es sei doch viel besser, mit einheimischen Firmen für den einheimischen Markt zu produzieren. Wäre als Argument durchaus sympathisch gewesen, hätten nicht einige Fakten dagegen gesprochen. Denn nicht nur mir war aufgefallen, dass die Arbeitsbedingungen bei den »bösen Ausländern« deutlich besser waren als bei den einheimischen Firmen. Auch die Qualität der für den Export produzierten Waren war höher als die der vergleichbaren einheimischen Produkte.

In Thailand stieß ich auf einen Wasserkocher. Ein Standardmodell aus einheimischer Produktion. Fast jede Familie besaß dieses Kochgerät. Allerdings: Wenn er eingeschaltet war und man ihn mit etwas feuchten Händen anfasste, spürte man ein leichtes Kribbeln. Mich erinnerte es an die Zeit, in der wir als Kinder mit der Zunge an einer Batterie leckten. Ich besorgte mir einen Spannungsprüfer. Und in der Tat: Das kleine Lämpchen am Schraubenzieher leuchtete rot auf. Es war also Strom auf der Außenhaut des Wasserkochers. Auf der Außenhaut! Induktionsstrom, wie mir ein Elektriker erklärte, hervorgerufen durch ungenügende Isolierung. Schwacher Strom also. Nicht schlimm, wenn man erwachsen ist. Anders aber für ein Kind, wenn es in der Regenzeit mit den Füßen im Wasser steht. Dann wird ein elektrischer Schlag daraus, lebensgefährlich.

Von nun an brachte ich den Wasserkocher in meine Veranstaltungen mit und forderte einen Studenten auf, nach vorne zu kommen. Für feuchte Hände sorgte schon die Nervosität, etwas ausprobieren zu sollen. Ich bat ihn, zu sagen, was er fühle. Und legte mit meinem Spannungsprüfer nach. Was ein kleines rotes Lämpchen doch bewirken kann! Mit einem Schlag, ganz unelektrisch, wich das Gerede von den bösen profitorientierten Ausländern und den guten, vom Kapitalismus noch unverdorbenen einheimischen Unternehmern einer differenzierteren Sichtweise.

Ja, wir sollten unbedingt differenzieren. Es ist eine Tatsache, dass es Unternehmen gibt, die trotz Gewinnerzielungsabsicht vorbildlich handeln. Wir sollten ihre Existenz nicht beiseiteschieben. Nur weil es nicht in unsere Gesellschaftstheorie passt. Es gibt sie aber, die Duttweilers unserer Zeit. Unternehmen, die Gewinne erzielen wollen und trotzdem hervorragende Leistungen erbringen. Leistungen, die sie freiwillig erbringen, die ihnen nicht vom Markt und der Konkurrenz abgerungen werden.

Die Frage »Gewinnorientierung oder nicht?« scheint also nicht unbedingt den Ausschlag zu geben.

Muss man nicht genau andersherum argumentieren? Unternehmen *müssen* Gewinne erzielen, sonst überleben sie nicht. Ohne Gewinne können Sie keine Rücklagen bilden, nicht genügend Eigenkapital aufbauen und sind ständig von Banken oder anderen Finanzquellen abhängig. Ihre Rücklagen müssen hoch genug sein, um unerwartete Kosten oder Einnahmeausfälle abzufangen und die nächste Krise zu überstehen. Gewinne sind notwendig und gut.

Gewinnmaximierung

Ganz anders verhält es sich, wenn die Gewinn*orientierung* in Gewinn*maximierung* umschlägt. Wenn die Nebenbedingung, Gewinne zu machen, zur Hauptsache wird. Wenn die Qualität des Produkts, Arbeitskräfte und Kunden nur noch Variablen sind, die dem Zweck der Gewinnmaximierung dienen. Wenn die Hauptfaktoren in den Hintergrund treten und alles nur noch unter dem Blickwinkel der Gewinnmaximierung passiert.

Wenn der Bauer die Kuh nur unter dem Aspekt der maximalen Milchproduktion hält – großartig für ihn. Kurzfristig jedenfalls. Man kann Prozesse maximieren, näher an die Grenzen des Systems gehen, auftretende Engpässe beseitigen. Kuh und Bauer werden zum Milchbetrieb. Das natürliche Futter reicht nicht mehr, Kraftfutter muss her, Mineralien und andere Zusätze werden notwendig, vorbeugende Medikamente gegen Gesundheitsschäden gegeben. Erste Negativschlagzeilen machen die Runde: Pestizid- und Medikamentenrückstände, Stresshormone in Lebensmitteln! Alles Übertreibung, sagt die PR-Abteilung des Interessenverbands. Doch allmählich werden die Nachteile des Systems erkennbar: Die Kosten steigen, die Anfälligkeit des Systems wird größer. Die Kuh ist eben ein lebendiges Tier, keine Maschine.

Eine disruptive Innovation liegt nahe: die Milch konsequent in einer Maschine herzustellen. Aus welchen Bestandteilen setzt sich Milch zusammen? Kein Problem. Kann man alle auch ohne Kuh herstellen. Und zu Milch mischen. Ohne Stall, 24 Stunden lang. Keine kranke Kuh mehr, keine behördlichen Vorschriften und Tierschützer am Hals. Mit den eingesparten Kosten kann man Lobbyisten in Brüssel bezahlen, damit die neue »Milch« auch wirklich Milch heißen darf. Noch ein paar Mineralien und Vitamine hinein, und schon ist die neue Milch sogar besonders wertvoll. Braucht es nur noch den Kreativdirektor und seine Mannschaft, und die Milch bekommt paradiesische Attribute. Alles wunderbar, wären da nicht Foodwatch, Slow Food und andere Menschen, die wie Asterix im gallischen Dorf Widerstand organisieren, Aufklärung fordern und Qualitätsstandards hochhalten.

Ich habe nie verstanden, warum sich die Ökonomie als wissenschaftliche Disziplin freiwillig auf so schwachen Boden begeben hat: gewinnmaximierendes Verhalten der Wirtschaftssubjekte. Dabei ist die Annahme der Gewinnmaximierung keineswegs naheliegend. Wir können uns auch andere Grundpfeiler der Wirtschaftswissenschaft denken. Man muss nicht Systemtheoretiker sein, um zu erkennen, dass man nicht eine einzige Funktion maximieren kann, ohne an anderer Stelle Schaden anzurichten. Es rächt sich, andere Aspekte hintanzustellen. Besser – und auch ökonomisch ergiebiger – wäre es, alle Aspekte mit in das Design eines Projekts einzubeziehen. Also die bestmögliche Gesamtleistung *aller Faktoren* anzustreben.

Unternehmen Wir

Wenn ich nur an den eigenen Gewinn denke und wie ich ihn maximieren kann, bleibe ich ein Einzelkämpfer. Mache mir meine Mitarbeiter und die anderen Stakeholder zu Gegnern. Wenn ich dagegen alle Stakeholder einbeziehe, ist es plausibel, anzunehmen, dass das Gesamtergebnis meiner Unternehmung größer wird. Weil sich *alle* für meine Sache einsetzen, weil mein Ideenkind auch ein Stück weit ihr Kind ist. Ziemlich sicher, dass dann mehr für den Gründer übrig bleibt, weil der Kuchen, der zur Verteilung gelangt, insgesamt größer wird.

Schon Eugen Schmalenbach, einer der Väter der deutschen Betriebswirtschaftslehre, wies darauf hin, dass eine nur auf den Einzelnen abstellende Gewinnmaximierung im Grunde zu eng greife. Es bedürfe auch eines gemeinwirtschaftlichen Aspekts. Dabei hatte Schmalenbach vor allem die sogenannten externen Effekte – Kosten, die ein Betrieb der Allgemeinheit verursacht – im Auge. Er prägte den Begriff »gemeinwirtschaftliche Wirtschaftlichkeit«.[37] Ein Wortungetüm – vielleicht ein Grund, warum der Gedanke zunächst nicht aufgegriffen wurde.

Ihre Chancen sind viel besser, wenn Sie die Stakeholder zu Ihren Verbündeten machen. Ihre Mitarbeiter besser kennenlernen, ihre Individualität schätzen und ihnen Wege aufzeigen, aus ihrem Berufsleben mehr als nur abgeleistete Zeit zu machen. Jedes Mannschaftsspiel baut auf diesen Effekt. Zufriedene, ja begeisterte Kunden schaffen. Aber auch deutlich machen, dass Sie als Gründer der Spielführer sind, Risiken tragen, nicht zu allen immer nur nett sein können, sondern gewissenhaften Einsatz und hohe Leistungsstandards verlangen. Wie der Spielführer oder Trainer im Spiel auch.

Es ist ziemlich einleuchtend, dass ein solches Vorgehen mit einer kleinen Mannschaft einfacher herzustellen ist als in einer großen. Will sagen, dass es in einem kleinen oder mindestens überschaubaren eigentümergeführten Unternehmen einfacher ist als in einem großen Konzern. Dass Sie sich als Eigentümer Ihres Unternehmens leichter aus dem Korsett der Gewinnmaximierung lösen können als ein CEO, also ein Angestellter eines Konzerns, und dessen auf hohe Verzinsung des eingesetzten Kapitals pochende Shareholder. Ich deute die enorme Zahl der Bücher zu Mitarbeitermotivation nicht als Indiz dafür, dass das Problem mit der richtigen Anleitung zu lösen wäre, sondern als Hinweis auf den *Mangel* an Motivation und die verzweifelten Versuche dieser Großorganisationen, das Problem in den Griff zu bekommen.

Es ist an dieser Stelle verführerisch, eine Art ökonomische Gesamtvernunft gegen ökonomische Partialvernunft zu setzen. Die Gesamtvernunft würde langfristiger denken, ginge nicht das Risiko ein, bei der Manipulation erwischt zu werden; setzte auf langfristig wirksame Trends wie höhere Bildung und zunehmende Transparenz.

Mir geht jedoch eine andere Überlegung nicht aus dem Kopf, eine, wenn man so will, außerökonomische Erklärung von, wie ich meine, einfacher, aber überzeugender Art.

Einer alten Frau die Handtasche zu entreißen und wegzurennen, ist kein Kunststück. Eine eher gefahrlose Methode, sich schnell zu bereichern und, um im obigen Sprachgebrauch zu bleiben, Gewinne zu maximieren. Trotzdem tun es die meisten von uns nicht. Warum nicht? Weil uns schon der Gedanke empört, weil uns ein Grundanstand verbietet, so zu handeln. Wir sind deswegen noch lange keine edlen Menschen oder besonders wertvoll, sondern nehmen eine Haltung ein, die selbstverständlich und völlig normal ist.

Sie müssen nicht den Theoriestreit großer Denker wie von Hayek, Keynes oder Polanyi zurückverfolgen, um zu verstehen, dass soziale Normen und gesellschaftliche Prozesse in die Ökonomie hineinwirken. In der Wirtschaftsgeschichte war der Austausch von Waren stets eingebettet in ein Gerüst aus Normen und Regeln. Meist hatten soziale Normen sogar Priorität vor wirtschaftlichen Prozessen.

Was ist heute anders? Und warum?

Die Antwort, wenn überhaupt, würde ein eigenes Buch füllen. Aber zwei Aspekte seien genannt: Sicher spielt die Anonymisierung von Strukturen – über Arbeitsteilung, industrielle Verfahren, Bürokratisierung – eine Rolle. Es macht den Charme von Konzepten wie Re-Regionalisierung aus, dass sie überschaubarer, transparenter operieren, dass Menschen sich begegnen und erleben, mit wem sie es zu tun haben.

Der zweite Aspekt ist ein neues Verständnis dessen, was wir Markt nennen. Zunächst: Markt, und vor allem der freie Zugang dazu, sind historische Errungenschaften. Das System Markt trug, wie Technologie, Arbeitsteilung und Profitstreben, zur Entfaltung der Produktivkräfte bei. Auch ein Markt lebt von sozialen Normen, braucht Regeln, sonst wird er zur Veranstaltung der Trickser und Gauner.

Etwas ganz anderes wird aber daraus, wenn wir Markt, wie die Chicagoer Schule, zum »freien Spiel der Kräfte« erklären. Es leuchtet jedem Kind ein, dass es bei einem solchen Spiel auf die Kräfte ankommt – der Stärkere also gewinnt. Klar, dass sich dann diese Spezies angezogen fühlt. Und dass Kraft, Ellenbogen und Durchsetzungswillen entscheidend zählen. Und alle anderen, die nicht so gestrickt sind, tendenziell abgestoßen werden.

Erlauben Sie mir eine Analogie. Wir wissen, dass Fußball klare Regeln und einen Schiedsrichter braucht. Schon eine schwache Schiedsrichterleistung genügt, und das Spiel gerät, trotz klarer Regeln, außer Kontrolle.

Wir brauchen uns also nicht zu wundern, dass eine Ökonomie ohne starke Schiedsrichter und von ihren sozialen Normen »befreit«, ihre eigene Spielart entwickelt. Und auch dies ist nicht verwunderlich: Wenn das Spielergebnis den Stärksten zufällt, werden eben diese versuchen, die gewonnenen Mittel als Macht einzusetzen. Sie werden versuchen, Änderungen der Spielart zu verhindern, und werden sich auch über das ökonomische Spielfeld hinaus gegen politische Vorgaben einsetzen. Was es der Politik schwermacht, dagegenzuhalten.

Welche Konsequenz sollen wir aus solchen Überlegungen ziehen?
Auf die Einsicht der Starken setzen? Auf die Änderung der Regeln hoffen? Oder gar auf ein neues Wirtschaftssystem?

Liegt es nicht näher, darauf zu bauen, dass eine große Mehrheit die gegenwärtige Spielart der Ökonomie ablehnt, sich andere Formen wünscht, ja zunehmend erkennt, dass die eingeschlagene Richtung in ökologische und soziale Katastrophen führt?
Worauf warten? Haben die Demokraten darauf gewartet, dass die Monarchien abdanken würden? Haben die Umweltschützer auf die Einsicht der Umweltverschmutzer gewartet?
Wir müssen *im* System anfangen. Nicht nur darüber klagen, dass es uns behindert. Natürlich tut es das – und wird es weiter versuchen. Unser Vorteil ist, dass wir über Beispiele verfügen, die sympathischer sind, die intelligenter sind – und die funktionieren.

Du musst kein Schwein sein

Originalton einer Studentin, nennen wir sie Sonja, aus meiner Lehrveranstaltung:

> »Ihre Argumente sind ja überzeugend. Aber *mich* kriegen Sie nicht zum Gründen!«
>
> »Warum nicht?«, frage ich.
>
> »Dann werde ich ja auch so ein Schwein.«
>
> »Ein Schwein? Wieso werden Sie ein Schwein?«
>
> »Na ist doch klar«, sagt sie.
>
> »Was ist klar?«
>
> »Man braucht Ellenbogen, Rücksichtslosigkeit. Man muss alle Register ziehen, um sich durchzusetzen.«

Was Sonja drastisch formuliert, ist die Grundüberzeugung vieler Menschen. »Wer sich anständiger, wer sich sozialer verhält als andere, scheidet aus.« Die Annahme hinter diesem Satz lautet: »Es herrscht knallharter Wettbewerb. Irgendwelche Extrakosten, etwa für bessere Behandlung der Mitarbeiter oder für einen verantwortungsvolleren Umgang mit der Natur, sind nicht tragbar und führen zum Unterliegen im Wettbewerb.«

Wir haben schon an früherer Stelle erfahren, dass diese Annahme nicht stimmt.

Wir haben viel zu wenig Unternehmen und diese viel zu wenig Wettbewerbsbewusstsein, als dass in der Wirklichkeit einigermaßen vollständige Konkurrenz entstünde. Die schumpeterschen »Angreifer« – man kann es nicht oft genug betonen – sind die Ausnahme. Die Mehrzahl der Unternehmen versucht, sich dem Wettbewerb zu entziehen. Und es herrscht auch viel zu wenig Transparenz, als dass man Produkte wirklich miteinander vergleichen könnte. Dass es eine gern gebrauchte Redeweise von Wirtschaftsvertretern ist, über gnadenlosen Wettbewerb zu klagen, ist noch kein Beleg für den Wahrheitsgehalt der Aussage. Das sah schon

Walther Rathenau so: »Die Klage über die Schärfe des Wettbewerbs ist in Wirklichkeit meist nur eine Klage über den Mangel an Einfällen.« Dass in den Lehrbüchern der Wirtschaftswissenschaften und ihren Modellen die Rede von vollständiger Konkurrenz geführt wird, ist ungefähr so wirklichkeitsnah wie die Modellannahme vom »Homo oeconomicus«.

Mir ist völlig bewusst, und ich habe es oft leidvoll erfahren, dass eine Position, die behauptet, man könne auch im real existierenden Kapitalismus vernünftige Ökonomie betreiben, von Kapitalismuskritikern als naiv abgetan wird. Mit einer Du-hast-noch-nicht-begriffen-wie-Kapitalismus-funktioniert-Attitüde. Ganz ähnlich aber auch die Kapitalismusbefürworter. Von Gutmensch, romantischem Denken und Realitätsferne ist dann die Rede.

In der Tat setzt man sich mit einer solchen Positionierung zwischen alle Stühle. Die Kapitalismuskritiker sehen in der Gewinnmaximierung – und, wie sie meist argumentieren, dem *Zwang* zur Gewinnmaximierung – die Ursache, warum Ökonomie zur Peitsche gerät. Die Verfechter einer kapitalistischen Wirtschaftsordnung dagegen sehen gerade im Gewinnstreben einen entscheidenden Anreiz zur Entwicklung der Produktivkräfte.

Keine einfache Position, zwischen den Lagern zu sein. Das hat schon Gottlieb Duttweiler erfahren. Sein Engagement für Produktwahrheit und das günstige Preis-Leistungs-Verhältnis seiner Waren machten ihm in den verfeindeten Lagern keine Freunde. Die Unternehmer griffen ihn an, weil er ihnen die Preise verdarb. Die Kapitalismuskritiker dagegen sahen in seiner Vorgehensweise eine Gefahr für ihre Ideologie: Wenn man schon im Kapitalismus gute Ökonomie machen kann, wozu braucht man dann noch ein neues System?

Wer heute gute Produkte herstellt, verantwortungsvoll mit den Menschen und der Natur handelt sowie Einsparungen dort vornimmt und ausdrücklich propagiert, wo sie sinnvoll sind, und dies auch überzeugend und transparent kommunizieren kann, hat gute Chancen, im Wettbewerb zu bestehen.

Man könnte es als kleines Manifest formulieren: Ich *will* Gewinne nicht durch Manipulation erzielen, ich *will* meine Kunden nicht übers Ohr hauen. Nicht, weil ich ein edler Mensch oder etwas Besonderes wäre, sondern weil es ganz normal ist, so zu denken. Schon Kinder träumen davon, kleine Helden zu sein und etwas Gutes zu bewirken. Sie träumen nicht davon, Kleingauner oder verschlagene Trickser zu werden.

Emanzipation durch Teilhabe

Stimmen aus allen Lagern warnen vor der wachsenden Kluft zwischen Arm und Reich in den Ländern der westlichen Welt. Mit Thomas Piketty[38] wurde die Diskussion um die Einkommens- und Vermögensverteilung neu aufgeworfen. Piketty argumentiert nicht grundsätzlich gegen den Kapitalismus. »Ich bin lebenslänglich geimpft gegen einen gedankenlosen antikapitalistischen Diskurs«, sagte er dem *Spiegel*.[39]

Uns geht es hier nicht um die Frage, ob die Formel von Piketty, dass die Kapitalrendite höher liege als das Wirtschaftswachstum (und dies die Ursache für das stärkere Wachstum der Einkommen und Vermögen von Kapitalbesitzern sei), richtig ist oder nicht. Die heftig geführte Diskussion um die Formel lenkt davon ab, dass das Problem der Vermögensverteilung auf großen Konsens stößt.

Das Phänomen ist unbestritten. Es herrscht Übereinstimmung darüber, dass unser Wohlstand zunehmend ungleich verteilt wird. Sehr ungleich sogar. Auch von konservativen Vertretern wird dies nicht bestritten und mit Sorge beobachtet. Es ist ein grundsätzliches Problem für die Legitimation einer marktwirtschaftlichen Ordnung.

Der aktuelle Armuts- und Reichtumsbericht der Bundesregierung besagt, dass 2008[40] die reichsten zehn Prozent der Bevölkerung 53 Prozent des Vermögens besaßen, während auf die untere Hälfte der Haushalte zusammen nur gut ein Prozent fiel. Die Zahlen sind für die USA noch krasser, vor allem, wenn man das obere ein Prozent oder gar die obersten 0,1 und 0,01 Prozent der reichsten Vermögensbesitzer betrachtet. Die Schere gilt übrigens auch international. »In China werden nur die Reichen reich«, sagen die chinesischen Bauern.

Ist pauschal das kapitalistische System verantwortlich zu machen? Sehen wir genauer hin.

Eine der Ursachen der Ungleichverteilung ist klar benennbar. Nur wenige Menschen gründeten in der Vergangenheit ein Unternehmen. Noch weniger waren damit erfolgreich. Kein Wunder, dass daraus eine extrem ungleiche Verteilung von Vermögen entstand. Und weiter entsteht. Unternehmensvermögen wachsen auch rascher als Sparguthaben. Schon eine einfache Überlegung verdeutlicht dies. Kleinverdiener legen Geld – wenn überhaupt – auf einem Sparbuch an. Die Bank verleiht das Geld zu höheren Zinsen an Unternehmen. Diese nehmen nur dann solche Kredite auf, wenn sie selbst mehr damit verdienen können, als sie der Bank an Kreditzinsen zahlen müssen. Kapital in Unternehmen verzinst sich also deutlich höher als die Sparbücher der Kleinverdiener.

Schon Ludwig Erhard sah dies als Problem und forderte mehr Beteiligung am Produktivvermögen. Mehr und breitere Beteiligung dort, wo Gewinneinkommen anfallen, also, grob gesagt, solche Einkommen, die aus der Beteiligung an Unternehmen stammen. Und es gab Anläufe dazu. Die Volksaktien waren ein Projekt in diese Richtung. Halbherzig durchgeführt. Wenig verstanden von der breiten Mehrheit der Bevölkerung.

Die Ungleichverteilung wird sich nicht durch Appelle ändern. Auch nicht durch arbeitnehmerfreundliche Politikversuche einer höheren Lohnquote am Volkseinkommen oder höherer Steuern auf Unternehmergewinne. Solche Forderungen halten die meisten Ökonomen für unrealistisch: Dafür sei die Position der Unternehmer als Arbeitsplatzbeschaffer viel zu stark und der Wettbewerb der Länder untereinander um die Ansiedlung von Unternehmen zu heftig.

Es führt kein Weg vorbei an einer breiteren Partizipation am unternehmerischen Handeln. Es wäre doch schon ein Fortschritt, wenigstens einen der Katalysatoren für wachsende Ungleichheit ein Stück zurückzufahren.

The European Paradox oder:
Warum Patente nicht der Schlüssel
zum Entrepreneurship sind

Patente, so heißt es, seien der Königsweg für Innovation und Entrepreneurship. Heißt das, in den Patentschriften zu schnüffeln? Meine Wahl wäre es nicht.

Patentschriften sind recht schwer lesbar, kein fantasieanregendes Elixier. Außerdem ist die Konkurrenz groß: Viele Unternehmen beobachten die Patenteinreichungen sehr aufmerksam. Für uns Normalmenschen ist die Chance, uns in diesem Metier erfolgreich betätigen zu können, eher gering. Wenn schon, dann sollte man an einen *Catwalk of Patents* organisieren – so etwas wie »Deutschland sucht den Superstart«. Dazu müsste man aus schwer verständlichen Patentschriften den Kern der Erfindung herausarbeiten. Und die Erfindung in einer Weise beschreiben und vorführen, die mehr Menschen als nur Forscher und Ingenieure verstehen. Die Patente sichtbar machen. Aus Patentschriften lesbare, nachvollziehbare Präsentationen machen. Wie bei einer Modenschau könnten sich die Patente – verständlich auch für Nicht-Technologen – einer Auswahl von Entrepreneuren vorstellen. Auf diese Weise könnte man wenigstens die Bandbreite der Akteure und ihrer Sichtweisen erweitern. Auch das Phänomen der Schwarmkreativität könnte so besser genutzt werden. Ein Apple-Smartphone zu denken und zu entwickeln, dafür brauchte es die Ausnahmeerscheinung eines Steve Jobs. Sich Apps auszudenken dagegen, gelang Zehntausenden. Und es gelang auch solchen Menschen, die keine Programmierkenntnisse oder technisches Know-how haben. Weil sie durch Arbeitsteilung und Komponenten ihre fehlenden Qualifikationen ausgleichen konnten.

Forschung ist *eine* Sache. Am Markt erfolgreich zu sein eine ganz *andere*. In seinem Buch *The Innovator's Dilemma* beschreibt Clayton Christensen den Bruch zwischen dem, was in der Forschung erfunden wird, und dem, was im Markt ankommt. Auf Europa übertragen, wird das Problem neuerdings als *European Paradox* bezeichnet: Es gibt Berge von Forschungsergebnissen und Patenten, aber nur eine Handvoll tatsächlicher Gründungen, die diese Forschungsergebnisse und Patente im Markt auch umsetzen. Der vorherrschende Glaube war, dass das wie von selbst passiert. Ist erst einmal ein Forschungsergebnis da, ist der Weg in die Umsetzung bereits geebnet. In Wirklichkeit ist es jedoch anders.

Markt- und Forschungslogik sind grundverschieden. Um eine Erfindung oder ein Patent auch praktisch zu nutzen, braucht es Intuition, ein Gefühl dafür, ob die Sache am Markt Anklang findet oder nicht. Es braucht Trüffelschweine – eine Nase dafür, das Unbekannte, noch nicht Sichtbare zu erspüren.

Forschung und Patente sind *nicht* der Engpass. Es ist eine konventionelle Denkweise, die Innovation wie selbstverständlich mit Forschung und Patenten in Verbindung bringt. Der Begriff »Innovation« wird zu eng gefasst. Während in den Abteilungen der Ministerien Zukunft vor allem als technologische Angelegenheit gesehen wird, findet Wandel vor allem im Kopf statt und ist eine gesamtgesellschaftliche, kulturelle Kompetenz – so der Zukunftsforscher Matthias Horx.

Technischer Fortschritt hat etwas Spektakuläres, Zukunftweisendes und verkörpert für den modernen Menschen so etwas wie den Kern des Fortschrittglaubens überhaupt. Es gibt aber nicht nur Technologie als treibende Kraft. Wir können Fortschritte auf vielen Ebenen erzielen: organisatorischer Fortschritt, Neukombinieren vorhandener Ressourcen, Mehrfachnutzung, bessere interkulturelle Zusammenarbeit, Vorurteile erkennen, Konventionen auf den Prüfstand stellen. Wir müssen nicht alle wie gebannt auf die Neuentwicklungen im Bereich der Technologie starren.

Studenten reagieren auf das Stichwort »Innovation« meist mit der Frage »Was gibt es denn noch nicht? Was könnte ich Neues anbieten, das einen Markt findet?«. Meine langjährige Erfahrung dazu ist, dass es nicht viel bringt, so vorzugehen. Weil die Antwort schnell heißt: Es gibt bereits alles. Sich auf die Suche nach etwas gänzlich Neuem zu begeben, endet meist in kuriosen Ideen. Das Handy mit eingebautem Korkenzieher und der Korkenzieher mit eingebautem Handy. Oder grandiose Ideen: das fliegende Auto. Leider gibt es meistens einen Grund, warum dieses Neue noch nicht den Durchbruch geschafft hat. Oder die Innovationen wirken krampfhaft: der Superservice, der Ihnen ausgefallene Geschenke in einer halben Stunde liefert. Der angestrengte Blick auf das mögliche Produkt oder die Dienstleistung verhindert, mit etwas mehr Abstand auf das Thema Innovation zu sehen.

Neue Anordnungen von Wissen wie auch neue Kombinationen aus vorhandenem Wissen sind Elemente für Innovationen. Schumpeter hat deshalb seinen Innovationsbegriff ausdrücklich von dem der Erfindung abgehoben. Facebook ist das bekannteste Beispiel einer Neuanordnung von Wissen. Zuckerberg hat nichts Neues erfunden, hat keine bahnbrechenden Forschungsergebnisse vorgelegt, sondern er hat von den Usern her gedacht und neu kombiniert.

Hier liegt die Chance für den *Einzelnen*, innovativ zu sein, auch wenn er nicht in einer Forschungseinrichtung arbeitet. Und hier liegt die Chance für eine *Gesellschaft*, die erkennt, dass das Potenzial für Innovationen viel höher ist als konventionell angenommen. Wir brauchen eine Kultur des Unternehmerischen, die Menschen einbezieht, auch Außenseiter, die bisher in der Welt der Wirtschaft kaum Handlungschancen sahen. Es ist dieses Verständnis von Entrepreneurship, das Türen öffnet. Für weit mehr Partizipation, als wir uns heute vorstellen können.

Entrepreneurship ist *die* Chance für Außenseiter. Die Geschichte bietet viele Beispiele dafür. Da den Einwanderern der Zugang zu Staatsdienst und Militär oft verwehrt war, schafften sie den Aufstieg im Feld der Wirtschaft. Dass so viele erfolgreiche Entrepreneure Studienabbrecher sind, ist kein Zufall. Die Anpassung an vorgegebene Bildungsinhalte scheint ihnen schwerer zu fallen; mit einem unangepassten Blick erkennen sie die Chancen einer unternehmerischen Initiative früher als ihre Bildungsgenossen und nehmen sie auch zielstrebiger wahr.

Viele Gründungen basieren in der Tat nicht auf einer technologischen Innovation, sondern auf einer konzept-kreativen Vorgehensweise. Erfinder und Trüffelschwein sind völlig unterschiedlich gestrickt. Innovation wird viel zu schnell mit neuen Produkten oder Dienstleistungen gleichgesetzt. Man muss von den Bedürfnissen der Menschen her denken und nicht von der Logik von Forschungsdisziplinen und ihren Ergebnissen.

Die Teekampagne hat mit zwei Innovationen den Markt für Darjeeling an sich gezogen: Direkteinkauf und Großpackungen. Beides längst bekannte Prinzipien. Die Innovation bestand darin, die beiden Elemente in ein Feld zu übertragen, Tee, in dem sie vorher noch nicht angewandt wurden. Keine große Sache, finden Sie nicht auch? Machte bloß keiner – das ist der Punkt.

Möglich wurde der Direkteinkauf durch die Beschränkung auf nur eine einzige Teesorte. Erst dadurch wurden die Einkaufsmengen groß genug, um direkt – am Zwischenhandel vorbei – im Erzeugerland einkaufen zu können. »Update an industry« wäre eine passende Beschreibung dafür. Viele der Konventionen stammen schließlich noch aus der Zeit, in der die Briten den Kolonialhandel mit Tee beherrschten.

Wir sind also in unseren Möglichkeiten, innovativ zu sein, keineswegs auf Erfindungen oder Forschungsergebnisse angewiesen. Die Vorstellung, dass im Grunde genommen jeder Mensch die Gabe der Innovation besitzt, drücken das Potsdamer Hasso-Plattner-Institut und der Berliner Vision Summit mit dem Motto aus: »Don't wait. Innovate!«

Was bedeutet Innovation für den Gründer? Eben nicht zwangsläufig *technologische* Innovation. Wenn wir vom European Paradox ausgehen, sind Forschung und die daraus folgenden Ergebnisse *nicht* die entscheidenden Voraussetzungen für erfolgreiches Entrepreneurship. Und selbst wenn wir Patente zur Verfügung hätten – das zeigt das European Paradox –, ist noch lange nicht ausgemacht, dass daraus eine brauchbare Verkörperung entsteht, die im Markt auch Bestand hat.

Es ist unter diesem Gesichtspunkt keineswegs überzeugend, dass Patente der Königsweg zum Gründen sind. Hinzu kommt, dass die meisten Menschen ohnehin keinen Zugang zu Forschungseinrichtungen haben oder Patente erarbeiten können. Der Weg des Entrepreneurship über Erfinden oder Erforschen schließt die ganz große Mehrheit der Bevölkerung von Entrepreneurship von vornherein aus. Dass es ein Weg war, mit dem in der Vergangenheit Deutschland höchst erfolgreich an der industriellen Revolution teilnahm, sollte nicht dazu verleiten (wie dies nicht wenige tun), darin auch für die Zukunft den einzig erfolgversprechenden Weg zu sehen.

Sie glauben dennoch, das Thema Innovation lege die Latte zu hoch für Sie? Innovation sei eine Angelegenheit für hoch spezialisierte Forschungseinrichtungen, für Diplom-Ingenieure und Naturwissenschaftler?

Innovation ist heute vor allem »Business Modell Innovation«. Das Entrepreneurial Design gibt den Ausschlag. Selbst dort, wo es um technische Neuerungen geht, ist nicht die Technologie der Engpass, sondern die Fähigkeit, die Anwendung vom potenziellen Kunden her zu denken. In der Adaptation der Technologie liegt die Leistung des Entrepreneurs. Steve Jobs war ein Visionär der Anwendung. Auch Skype und Facebook sind Artisten der Anwendung, sprich der Neukombination, der Intuition, was Kunden sich wünschten, wenn sie nur wüssten, was möglich wäre. Darin vor allem liegt die Leistung der Gründer. Die Transformationsleistung besteht in der Adaptation. Technologie*entwicklung* als Voraussetzung für eine erfolgreiche Unternehmensgründung ist – wie wir eingangs mit dem European Paradox feststellten – eher die Ausnahmeerscheinung.

Wissenschaftler zu Gründern ausbilden?

»Nicht selten stoßen Wissenschaftler auf zukunftsträchtige Technologien. Das Einzige, was ihnen fehlt, ist Managementwissen.« Es ist eine Auffassung, die viele Gründerzentren prägt. Also Wissenschaftlern beibringen, wie Buchhaltung funktioniert, wie man Businesspläne erstellt.
Die ketzerische Frage sei erlaubt: Ist es wirklich vernünftig, Forscher zum Gründen zu motivieren? Erfordert Gründen nicht einen anderen Mindset, als ihn Forschung braucht? Und ist es nicht auch eine Verschwendung jener volkswirtschaftlichen Investitionen, die bereits in die Ausbildung der Forscher getätigt wurden? Warum die Wissenschaftler nicht am wirtschaftlichen Erfolg ihrer Forschung beteiligen, statt sie zu Gründern umfunktionieren zu wollen oder sie mit einer Gründung von ihrem Hauptberuf abzulenken? Die Frage ist leider anders, nämlich zugunsten sogenannter Ausgründungen von Wissenschaftlern entschieden worden. Es gehört sogar zu den Exzellenzkriterien einer Universität, viele solcher Gründungen vorweisen zu können. Was für Studenten und Absolventen absolut einleuchtend und wünschenswert ist, wurde kurzerhand auch auf Wissenschaftler übertragen.

Ein zweiter Fragenkomplex drängt sich auf.

Wenn man schon der Meinung ist, Forscher zu Gründern ausbilden zu müssen, ist es dann sinnvoll, ihnen Managementwissen und Buchhaltung beizubringen? Warum nicht auf Arbeitsteilung setzen? Basiert unser technischer und organisatorischer Fortschritt nicht auf Arbeitsteilung? Würde Arbeitsteilung nicht die Kosten senken, wenn man aufhört, Wissenschaftler an der falschen Stelle einzusetzen?

Natürlich braucht man in jedem Unternehmen Rechnungswesen. Die Frage ist doch nur, *wer* diese Aufgabe übernehmen soll. Auf jeden Fall jemand, der das Gebiet professionell beherrscht. Schließlich ist es eine wichtige Aufgabe des Rechnungswesens, rechtzeitig Alarm zu schlagen. Dass rote Zahlen geschrieben werden. Dass einzelne Produkte Verluste bringen. Und vor allem, wann die Liquidität zu versiegen droht. Was ich damit sagen will: Auch die Buchhaltung muss von Profis erledigt werden, nicht von Dilettanten und kurz angelernten Wissenschaftlern, deren zentrales Interesse doch auf einem ganz anderen Gebiet liegt.

Nicht jeder Wissenschaftler ist auch Trüffelschwein, nicht jedes Trüffelschwein auch ein guter Manager. Wir müssen arbeitsteilig vorgehen; die Zukunft des Entrepreneurship liegt an dieser Stelle in intelligenter Arbeitsteilung.

Den eigenen Weg suchen, statt den breiten Straßen zu folgen: Die trügerische Sicherheit der Bildungsangebote

»Bildung ist nicht das Befüllen von Fässern, sondern das Entzünden von Flammen.«
Heraklit (griechischer Philosoph, circa 460 bis 520 vor Christus)

Katja Borns war nach der Schule ein Jahr in Südamerika. Sie hat viel Armut gesehen. Und dann das Fach Volkswirtschaftslehre studiert. Die 36-Jährige sagt: »Wenn man Armut sieht, weiß man, dass Geld und Wirtschaft die treibenden Kräfte auf dieser Welt sind.«[41] Eine Studentin, motiviert und engagiert, wie sie sich Hochschullehrer besser nicht wünschen können.

Die Realität an der Universität war für sie ernüchternd: Sie sei mit großen Fragen ins Studium gegangen und enttäuscht worden. Einem beträchtlichen Teil der Wirtschaftselite mangele es offenbar an ethischem Bewusstsein. Deshalb werde von allen Seiten ein anderer Managementtyp gefordert. Einer, der nicht nur für kurzfristige Gewinne seines Unternehmens alles abholzt, sondern der den Acker bestellt, von dem er ernten will.

Ein paar Stunden Ethik im Studiengang. Das bringe nichts, so Lutz von Rosenstiel. Der ehemalige Professor für Arbeits- und Organisationspsychologie der Universität München: »Idealisten mit ethischem Bewusstsein können Sie damit nicht locken.«[42]

Drei Menschentypen in der Arbeitswelt hat der Wissenschaftler identifiziert: die Idealisten, die Freizeitorientierten, die ihren Job in erster Linie als Geldquelle sehen, und die Karrieristen. Von letzterem Typus gäbe es in den Wirtschaftswissenschaften außerordentlich viele. Moral spiele bei den Karrieristen keine große Rolle, so von Rosenstiel. Moralisch denkende Menschen finden Sie eher bei den Idealisten. Das Problem sei, dass die gar nicht erst Wirtschaftswissenschaften studieren würden oder sich in der Wirtschaft engagieren wollen. Womit ihr Unternehmen Geld verdiene, sei den Karrieristen schnuppe. Wer nicht mindestens 70 Stunden in der Woche an seiner Karriere bastle, den halten sie für einen *low performer*.[43]

Katja Borns ist nicht die Einzige, die die Wirtschaftswissenschaften methodisch infrage stellt. In einem internationalen Aufruf fordern 40 Studentenvereinigungen aus 19 Ländern neue Lehrpläne für Ökonomie, fordern mehr Pluralität – einen Wettstreit von verschiedenen Ideen, Erklärungsansätzen und Methoden.[44] Die Zusammenhänge von Wirtschaft, Politik und Gesellschaft kämen zu kurz. Zu den Kritikern zählt auch Nobelpreisträger Reinhard Selten. Als Ökonom und Mathematiker hatte er sich an der Mathematisierung der Wirtschaftswissenschaften beteiligt. Nun übt er Kritik an der Methodik seines Fachs. Die Wirtschaftstheorie sei immer mehr von der Betrachtung des Menschen abgekommen. Birger Priddat, Ökonom und Philosoph an der Universität Witten-Herdecke, schlägt vor, Ökonomie nur noch zusammen mit anderen Fächern zu studieren. An der Zeppelin-Universität in Friedrichshafen achtet man schon beim Auswahlverfahren der Studenten darauf, sich nicht nur Karrieristen ins Haus zu holen.[45] Ihnen werden Fragen gestellt, die philosophischen Charakter haben, wie zum Beispiel: »Gibt es eine Idee, die größer ist, als Sie selbst?«

Aber solche Versuche sind Ausnahmen, nicht die Regel. Die Verschulung auch des Universitätsstudiums geht weiter.

Wissensanhäufung oder Potenzialentfaltung?

Wie kann man das Verständnis für wirtschaftliche Zusammenhänge in die Schulen tragen? Sicher nicht dadurch, dass man mit Buchhaltung und Rechnungswesen beginnt. Entrepreneurship dürfen wir nicht mit Business Administration gleichsetzen.

Mein Name ist Olga Fuhrmann. Ich bin 17 Jahre alt und gehe in die zwölfte Klasse des Gymnasiums an der Jörg-Ratgeb-Schule in Stuttgart-Neugereut. Schon vor einiger Zeit habe ich Ihr Buch *Kopf schlägt Kapital* gelesen und war darüber außerordentlich begeistert und sofort mit Ihnen einer Meinung. Ich war darüber so begeistert, dass ich sofort mein eigenes Unternehmen gründen wollte. Deshalb entschloss ich mich, im Oktober 2010 am JUNIOR-Projekt im Rahmen eines Seminarkurses teilzunehmen, welches bis Juni 2011 dauert.
Da mich die Wirtschaft sehr interessiert und ich mehr über Unternehmen erfahren wollte, sah ich dieses Projekt als ideale Chance, um Erfahrungen in der Praxis zu sammeln. Im Rahmen des JUNIOR-Projekts erhalten Schüler die Möglichkeit, ein eigenes Unternehmen zu gründen und wirtschaftlich tätig zu sein. Mit Motivation und Zuversicht habe ich anfangs an diesem Projekt teilgenommen, doch schon nach halbjähriger Praxis muss ich zugestehen, dass es nicht das ist, was ich mir erhofft habe. Zu dem ganzen Schulstress, den wir mit Klausuren tagtäglich haben, kam noch weiterer Stress hinzu, der durch unser eigenes Unternehmen entstanden ist. Ich musste mich in den sehr komplexen Bereich der Buch-

führung einarbeiten und diese selber für das ganze Unternehmen monatlich anfertigen. Ich war anfangs sehr überfordert mit den Finanzen des Unternehmens. Nach einiger Zeit verlor ich auch den Spaß an der ganzen Sache.

Ich hatte gehofft, durch die Praxis, ein eigenes Unternehmen zu gründen und zu führen, einen lehrreichen Einblick in die heutige Wirtschaft zu bekommen. In der Tat habe ich einen Einblick bekommen. Dieser ist jedoch nicht lehrreich und motivierend, sondern sehr negativ und abschreckend! Unser Unternehmen ist, wie Sie sich sicher vorstellen können, nicht so erfolgreich, und wir haben einen enormen Verlust erwirtschaftet. [...]

Es wird verlangt, eine Geschäftsidee in kürzester Zeit zu entwickeln, und überhaupt muss alles schnell gehen. Wir Schüler stehen ständig unter Zeitdruck. [...]

Ich bin einfach sehr enttäuscht von dem ganzen Projekt und habe mir Gedanken darüber gemacht, wie man Schüler mehr für Unternehmensgründungen motivieren könnte. Dabei ist mir die Idee gekommen, dass Schüler die Möglichkeit besitzen sollten, ein Unternehmen auf Basis des Entrepreneurship gründen zu können. Das Motto wäre dann »Schüler als Entrepreneure« und nicht, wie es noch momentan heißt »Schüler als Manager«. Wir können keine Manager sein und sind es auch nicht, zumindest noch nicht. Aber ich finde, dass wir Schüler das Potenzial haben, Entrepreneure zu sein. [...]

Ich möchte unsere Bildung in eine andere Richtung lenken. In eine, die uns Schülern die Augen öffnen soll, so, dass wir von alten Konzepten wegkommen und für eine bessere Zukunft im Bereich der Wirtschaft sorgen können.

Ja, wunderbar. Schade nur, dass so wenig in diese Richtung passiert. Wirklich schade, weil es viel an Potenzial, an Chancen, an Kreativität und Innovation erstickt, sich gar nicht erst entwickeln lässt. Olga, die Briefschreiberin, hat gemerkt, dass da etwas ausgebremst wird – die meisten Schüler spüren ja gar nicht, was ihnen entgeht.

Verschulung des Lernens, abfragbares Wissen produzieren, möglichst viel Stoff im Curriculum unterbringen und dann von hohen Leistungsstandards sprechen – eine Vorbereitung auf Entrepreneurship ist das jedenfalls nicht. Ist Wikipedia schon in der Pädagogik angekommen? Oder füllen wir immer noch Fässer, statt Flammen zu entzünden?

Wenn in der Bürokratie der Gründergeist weht

Ich sitze mit einer Vertreterin aus dem Wissenschaftsministerium Brandenburg auf dem Podium. Sie erklärt, wie das Ministerium sich bemüht, die Studenten zu mehr Selbständigkeit oder zur Gründung eines Unternehmens zu motivieren. Sehr freundlich und eindringlich gesprochen. Wirklich gut gemeint. Aber trifft es den richtigen Punkt? Nun, ich will es höflich ausdrücken: Es könnte immerhin sein, dass Ideenreichtum, unternehmerische Initiative, Mut zum Risiko nicht unbedingt in beamteten Großorganisationen wie einem Ministerium zu Hause sind. Und von dort in die Universitäten ausgestrahlt werden müssen. Sondern dass es gerade umgekehrt ist. Wir können von der bei Jugendlichen noch ausgeprägten Unternehmungslust und der Kritik an eingefahrenen Denkweisen ausgehen, oder zumindest von dem, was davon in einem zunehmend verschulten Schul- oder Universitätssystem noch übrig geblieben ist. Der Versuch, aus einer bürokratischen Organisation heraus Initiative und Unternehmergeist anzufachen, auch wenn man mit Fördermitteln winken kann (was der Grund ist, warum überhaupt eine gewisse Beachtung für solcherlei Handeln entsteht), ist, als wolle der Schwanz mit dem Hund wedeln.

Ein anderes Beispiel:
»Gründungszuschuss 2012: Bloß nicht gleich zu viel verdienen«, so textet *Spiegel online* unmissverständlich im Januar 2012. Es geht um die Beratung angehender Gründer. Sie sollen mit den geänderten Richtlinien dieser häufig genutzten Gründersubvention geschickt umgehen. *Bloß nicht gleich zu viel verdienen.* Diesen Satz muss man sich auf der Zunge zergehen lassen.
Fakt ist, dass die meisten scheiternden Gründer gleich am Anfang scheitern. Es ist also wichtig, möglichst schnell Geld zu verdienen. Eine Subven-

tion, die genau zum Gegenteil motiviert, ist falsch konzipiert. Abgesehen davon, dass wir uns angewöhnen sollten, Subventionen grundsätzlich sehr viel kritischer zu betrachten.

Und: Statt das Risiko des Verlustes des Gründerzuschusses im Auge zu haben, ist es doch wohl wichtiger, das (viel höhere) Risiko des *Scheiterns der Gründung überhaupt* in den Vordergrund der Überlegungen zu stellen. Sei es aus mangelnder Vorbereitung oder mangelnder Qualität des Gründungskonzepts.

Dabei sind die deutschen Ministerien noch harmlos im Vergleich zur Bürokratie der Europäischen Union. Wer sich aufmacht, Fördermittel der EU zu beantragen, stellt am besten gleich jemanden mit ein – so hat sich herumgesprochen –, der die bürokratischen Anforderungen bewältigt.

Folgerichtig gibt es auch schon eine »Qualifizierung zum EU-Fundraiser«. »Erfolgreiche EU-Antragstellung ist erlernbar.« Das hätten Sie nicht gedacht, oder?

Der Kurs, der von der Akademie emcra angeboten wird, hat fünf Präsenzphasen à drei Tage, dauert also 15 Tage. Online-Module gibt es außerdem. Seit 2005 bildet emcra Experten für EU-Fördergelder aus. »Während der berufsbegleitenden Weiterbildung Qualifizierung zum EU-Fundraiser vermitteln wir Ihnen praxisnah das notwendige Knowhow zur Beschaffung und Abrechnung von EU-Fördermitteln«, verrät uns die Website der Akademie. Vermittelt wird in zehn Qualifikationsmodulen, die beginnen mit: »Erste Schritte im europäischen Förderdschungel – Struktur der EU-Förderlandschaft 2014–2020.« Der Kurs kostet happige 5450 Euro. »Die Teilnahmegebühr«, verrät uns die Akademie weiter, »kann durch verschiedene Förderprogramme komplett finanziert werden.« Die Zertifizierung der Maßnahme erfolgt nach AZWV. »Hinter der Abkürzung AZWV versteckt sich die sogenannte Anerkennungs- und Zulassungsverordnung. [...] Aufgrund der Zertifizierung nach AZWV können Sie sich als Arbeitnehmer oder als Arbeitsuchender über einen Bildungsgutschein die Kosten der ›Qualifizierung zum EU-Fundraiser‹ fördern lassen. Unsere AZWV-Maßnahmennummern lauten für Berlin 955-378-2011 und für München 843-1047-2012.

Für Düsseldorf liegen wechselnde Maßnahmenummern vor. Die jeweils aktuelle teilen wir Ihnen gerne auf Anfrage mit.«[46]

Gründergeist ahoi!
Da sprüht die Kreativität nur so.

Sicher – ein extremes Beispiel. Eine Sumpfblüte am Rande von Subventionspolitik. Niemand will so etwas. Schon gar nicht diejenigen Politiker, die sich mit großem Engagement für Gründer einsetzen wollen. Der Teufel steckt in der inneren Logik von Förderprogrammen. Steckt in der Logik von Bürokratie. Staatliche Ausgaben sind rechenschaftspflichtig, müssen Missbrauch verhindern, unterliegen daher einer Vielfalt von Durchführungsverordnungen und Detailvorschriften. Die Bürokratie kommt zwangsläufig – über die Hintertür zwar, aber sie kommt, und nachhaltig. »Well-meaning governments are killing the continent's startups with kindness«, so beschreibt es das angesehene Wirtschaftsmagazin *Economist*.[47]

Zum Thema Eigeninitiative und Fördermentalität kann ich eine eigene Geschichte aus der Freien Universität Berlin beisteuern. Auf Drängen einer wissenschaftlichen Mitarbeiterin, die über Projektmittel eine eigene Stelle finanzieren wollte, hatte ich mich bereit erklärt, einen Projektantrag zu unterstützen. Es war monatelange Arbeit, aber wenig inhaltlicher Art. Der Aufwand bestand vielmehr darin, das Anliegen an die Formalitäten der Antragsstellung und Antragsbewilligung anzupassen. Immer wieder schrieb die Mitarbeiterin um. Immer wieder wurde vertröstet, dass die letztendliche Bewilligung nur noch eine Formalität sei. Um nicht weiter unendlich warten zu müssen, fing ich an, die ersten Arbeiten aus eigener Tasche zu bezahlen. Noch immer zog sich die letztendliche Bewilligung hin. Immer nur eine kleine Formalität, inhaltlich längst bewilligt, hieß es. Dann der Paukenschlag. Die Berliner Senatsverwaltung teilte mit, die Mittel würden gar nicht ausreichen, um die vorgesehenen Anträge zu finanzieren. Die »kleine Formalität« entpuppte sich als K.-o.-Schlag für uns. Und was ist, bitte schön, mit den von mir privat verauslagten Geldern? Pech gehabt. Und noch eins obendrauf. Originalton aus der Verwaltung: »Ja, wie kann man denn so blöd sein, eigenes Geld vorzuschießen, bevor die endgültige Genehmigung vorliegt!« Fassungsloses Kopfschütteln in der Bürokratie. Selber initiativ werden, bevor die Fördermittel fließen? Ja, so einem ist wirklich nicht mehr zu helfen.

Es ist an der Zeit, die Hypothese zu prüfen, ob Förderprogramme nicht auch kontraproduktiv für die Gründungslandschaft sein können. Pflanzen, die man künstlich beschleunigt, sei es mit mehr Licht oder mehr Düngemitteln, werden selten stabil. Mir scheint, dass auch ihre Schönheit, ihr Duft, ihre Gestalt und auch ihre Ausstrahlung darunter leiden. Gott sei Dank, kann man sagen, dass ein nicht geringer Teil der Gründerszene, so wie ich sie kenne, von diesen Programmen keine Notiz nimmt. Mein Kollege Norbert Szyperski[48] rät Studenten: »Bemüht euch nicht um öffentliche Förderung. Wenn ihr die Zeit, die ihr für Formalien wie Anträge, Zwischen- und Endberichte aufbringen müsst, dafür einsetzt, eure Idee im Austausch mit Kunden weiterzuentwickeln, kommt ihr besser weg. Schneller und erfolgreicher.«

Unsere Energie und unsere Gedanken sollten wir besser dafür verwenden, wie wir mit mehr Lebensqualität und vor allem nachhaltig überleben. Dafür brauchen wir ein Ökosystem für Entrepreneurship, kreative Räume, die neue Ideen und Experimente ermutigen. Dafür lohnt es sich, unsere Möglichkeiten einzusetzen. Wegbereiter besserer Lebensentwürfe sein. Postindustrielle Geschäftsmodelle denken. Konsum dematerialisieren. Das zarte Pflänzchen einer Kultur des Unternehmerischen im Wachstum zu fördern, ist etwas anderes, als es die Instrumente der Antragsverfahren, der Vergabe, der Mittelverwaltung und der Rechenschaftsberichte für Fördergelder sind. Die, die Eigeninitiative zeigen und nicht als Antragsvirtuosen enden wollen, sind die Verlierer. Aber mit ihnen verlieren wir alle.

Sie spüren, manchmal überkommt mich die Wut. Wenn einer der sogenannten Gründer anruft und mich bittet, alle die Förderprogramme zugänglich zu machen, die es im Gründungsbereich gibt. Ich frage ihn dann, was er gründen will, und er antwortet, er wolle erst einmal die Förderprogramme studieren. Gibt es einen Verrückten, der glaubt, dass daraus jemals ein Gründer entsteht, einer, der ein eigenes Unternehmen gründet, mit einem guten Konzept und am Ende, hoffentlich, der Gemeinschaft damit mehr zurückgibt, als er an Fördermitteln bekommen hat?

Oder wenn zwei frischgebackene Diplom-Pädagogen in meine Sprechstunde kommen und mir erzählen, dass sie Fördermittel bekommen hätten, um Arbeitslose zu Unternehmern zu machen. Sie wüssten, so geben sie zu verstehen, dass man das gar nicht mit Erfolg machen könne. Aber jetzt hätten sie die Fördermittel und fragen, wie ich so ein Programm angehen würde. Im Gespräch stellt sich heraus, dass sie die bei nicht wenigen Pädagogen immer noch vorhandenen anti-ökonomischen und anti-unternehmerischen Einstellungen pflegen. Sie sind richtig zynisch gegenüber dem Vorhaben und sehen für sich und die Arbeitslosen eigentlich nur die Möglichkeit, ein wenig aus der Staatskasse abzuzocken. Ja, dann packt mich die Wut, und ich würde ihnen am liebsten an die Gurgel springen, sie würgen und zur Tür hinauswerfen.

Es ist vielleicht nicht ganz zufällig, dass viele dieser Programme aus dem *Sozial*fonds der EU finanziert werden, und meine Befürchtung ist es, dass es in den Köpfen der EU-Beamten, die diese Programme entwerfen und verwalten,[49] so ähnlich aussehen könnte wie in den Köpfen der zwei Diplom-Pädagogen.

Der folgende Brief war eine spontane Reaktion auf ein neu aufgelegtes Programm der Europäischen Union zur Förderung einer Kultur des Unternehmerischen. Sozusagen meine Antwort auf den Aufruf, Anträge zu stellen. Briefe, die man mit Wut im Bauch schreibt, soll man nicht abschicken. Eine im Prinzip gute Regel. Heute denke ich, es war ein Fehler, den Brief nicht abzuschicken. Ich finde den Inhalt aktueller denn je.

Ein offener Brief

An die Europäische Kommission, Abteilung Enterprise and Industry Directorate-General.

Ihr »Call for Proposals for an ›Entrepreneurial Culture of Young People, Entrepreneurial Education‹«

Mit wachsender Begeisterung habe ich Ihr Programm zur Förderung einer Culture of Entrepreneurship in Europa gelesen. Ihr Engagement für unternehmerische Initiative, Gründergeist und Eigeninitiative beeindruckt mich zutiefst. In der Tat ist es an der Zeit, von oben, mit einer mächtigen Bürokratie ausgestattet, Schwung in die brachliegende Gründerlandschaft zu bringen.

Endlich erkennt jemand, dass die vielen kleinen Initiativen und Aktivitäten auf nicht subventionierter Basis mit hohem Engagement der Beteiligten im Grunde wenig bedeutungsvoll und viel zu sehr im Klein-Klein-Denken befangen sind. Es bedarf des großen Wurfs. Nichts kann glaubhafter eine Gründerkultur stimulieren und repräsentieren als Ihre Behörde.

Es ist in der Tat an der Zeit, dass die Kultur der Verwaltung endlich auch in das Unternehmerische einzieht, dass die Fähigkeit zu Erwirtschaftung von Mitteln durch die Aussicht auf Subventionen belebt wird und dass Antragsformalitäten als der richtige Weg erkannt werden, auf die unternehmerische Praxis vorzubereiten. Wer sich als Antragsartist ausgezeichnet hat, der schafft eine Unternehmensgründung allemal. Schließlich ist es die Praxis, die zählt, und nicht abgehobene Ideen von Idealisten, Spinnern und anderen Weltverbesserern.

Diejenigen, die mit geringem Kapitalaufwand und dem Charme von Garagengründungen an den Start gehen, sind viel zu naiv, als dass sie zur Zukunft Europas beitragen könnten. Gute Konzepte, Kenntnis der potenziellen Kunden und Ausdauer im Verfolgen des Ziels bedeuten wenig, wenn es darum geht, große Unternehmen hervorzubringen. Schließlich brauchen wir Gründungen wie Microsoft, Google und Facebook, um Europa zu angemessener Größe und Bedeutung zu verhelfen. Gründungen mit Bodenhaftung und kleinen realistischen Zielen bringen uns da nicht weiter. Der Typ des zähen, ausdauernden Gründers, der eine Idee fast aus dem Nichts zum Erfolg führt, hat ausgedient.

Treten Sie Kritikern Ihrer Behörde entgegen und zeigen Sie, wie Sie Ihre eigene Behörde nach Prinzipien einer Kultur des Unternehmerischen gestalten. Wie Ihre Mitarbeiter Gründungsinitiative und Risikobereitschaft zeigen oder entsprechende Initiativen in der Praxis begleiten. Wie Sie helfen, den Schaden zu begrenzen, den eine ausufernde Bürokratie bei der Behinderung von Gründungen verursacht, die in informellen Strukturen arbeiten (sogenannte Garagengründungen). Wie Sie Ihre Beamten bewegen, Initiativen respektvoller zu begegnen, die mit eigenen Mitteln und hohem, aber unbezahltem Engagement die Sache des Entrepreneurship vorantreiben.

Die Zukunft Europas liegt bei Ihnen in den besten Händen.

Prof. Dr. Günter Faltin
Stiftung Entrepreneurship, Berlin

Ich bin nicht grundsätzlich gegen Förderung. Unterstützung für Gründer ist gut. Sie könnte ja auch heißen: weniger bürokratische Anforderungen, mehr Mut zu und Vertrauen in Garagengründungen. Statt die Arbeitsstättenaufsicht auf Gründer loszulassen. Mehr Verständnis für die Situation von Gründern aufbringen. Im Kern: Eigeninitiative und Experiment durch – gut gemeinte – Bürokratie nicht erschlagen. Meine Sorge an dieser Stelle ist, dass unbeabsichtigt die Anreize und Auswahlmechanismen falsch gesetzt, und damit die falschen Personen angezogen werden.

Arrogant, machthungrig, skrupellos

Die Entrepreneurship-Forschung hat bisher vor allem versucht, diejenigen (positiven) Charaktereigenschaften herauszuarbeiten, die Personen in die Lage versetzen, erfolgreich eine Gründung anzugehen. Charaktermerkmale wie: selbst initiativ zu werden und zu gestalten, Risiken bewerten und abschätzen zu können, auch in Krisensituationen einen klaren Kopf zu bewahren, ausdauernd sein Ziel zu verfolgen.

Matthias Kramer und Dominik Schwarzinger haben die dunkle Seite von Firmengründern erforscht.[50] Für ein differenzierteres Bild müsse man auch die negativen Eigenschaften ausleuchten, so die beiden Forscher. Sie identifizieren hierbei drei Typen: Narzissten, Machiavellisten, subklinische Psychopaten.

Die Narzissten zeichne in erster Linie überzogene Selbstwertschätzung aus; sie halten sich für die Besten, wollen bestätigt und bewundert werden. Eine gewisse Empathielosigkeit und Arroganz vereinen sie mit einer starken Anspruchshaltung: Sie glauben, sie hätten mehr verdient als ihre Mitmenschen – ein höheres Einkommen etwa oder generell einen Platz auf der Sonnenseite des Lebens.

Machiavellisten seien manipulative Machtmenschen. Sie verfügten über Strategien, um Gegner unter Druck zu setzen. Anders als die Narzissten können sie sich selbst eher realistisch einschätzen und gehen pragmatisch vor. Ihre emotionale Distanziertheit lässt Machiavellisten komplett ausblenden, was andere von ihnen halten mögen. Dies könne in Wettbewerbssituationen von Vorteil sein, so die beiden Forscher, dann, wenn man sich ganz auf Sieg konzentriert.

Subklinische Psychopathen hätten, wie Narzissten, ein übermäßiges Selbstwertgefühl. Noch ausgeprägter als bei den Machiavellisten sei ihre emotionale Kälte und Bereitschaft, ohne Rücksicht und Schuldbewusstsein für das eigene Wohl zu lügen und zu betrügen. Auf andere wirkten sie oft intelligent, unterhaltsam, auch charmant. Aber es sei ein glatter, oberflächlicher und oft aggressiver Charme. Der kanadische Kriminalpsychologe Robert Hare spricht in diesem Zusammenhang auch von »sozialen Raubtieren«. Ihnen würden genau die Dinge fehlen, die wichtig sind für ein gutes Zusammenleben in der Gesellschaft – ein Gewissen und Achtsamkeit gegenüber Mitmenschen. Ein dritter Aspekt sei ein Lebensstil, der gekennzeichnet sei von Reizhunger, Impulsivität und dem Fehlen langfristiger Pläne.

Kramer und Schwarzinger streifen noch einen anderen interessanten Punkt. Sie argumentieren, dass sich eine starke Überzeugung von sich selbst positiv auf den Umgang mit Risiken auswirken könne. Gründer plage stets die Unsicherheit, wie gut die eigene Idee sei und ob sie auf ein wirklich geeignetes Marktumfeld treffe. Und die Schlussfolgerung der beiden Forscher: Wer mehr Chancen sehe als Bedenken, setze seine Geschäftsidee schneller und entschlossener um als andere.

Meine eigene Erfahrung sagt allerdings das genaue Gegenteil. Die meisten Gründer sind viel zu positiv von ihrer eigenen Idee überzeugt, unterschätzen die Risiken und gründen vor allem viel zu schnell. Zwar ist rasches Agieren manchmal notwendig, das gilt aber nur in wenigen Bereichen, etwa im IT-Sektor.

In den meisten Fällen ist es besser, sich gründlicher vorzubereiten und die Risiken so realistisch wie möglich, ja eher höher einzuschätzen, als sie im ersten Moment aussehen. Erinnern wir uns: 80 Prozent der Neugründungen sind nach fünf Jahren nicht mehr vorhanden. Wer *nicht* zu den »Grandiosen«, so nenne ich diesen Gründertypus, gehört, hat nach meiner Erfahrung viel größere Chancen. Die Selbstverliebtheit und die Verliebtheit in die eigene Idee sind in meinen Augen *keine* guten Gründungsvoraussetzungen. Es ist ein wichtiger Punkt, weil es die Chancen für viel mehr Menschen zur Partizipation eröffnet, nämlich für die Vorsichtigen, die sorgfältig Planenden, die Realistischen, die die Risiken abwägen, und die moderateren Charaktere, die gut in ihrer Gemeinschaft eingebunden sind.

Herr oder Sklave?

Kramer und Schwarzinger beschreiben bestimmte *Charaktermerkmale*. Werfen wir im Folgenden einen Blick auf *Arbeitsformen* und *neue Abhängigkeiten* und stellen die Frage, ob es neben den positiven, emanzipatorischen Aspekten auch rundweg negative Entwicklungen im Bereich des Entrepreneurship gibt.

Kurzum: Bist Du Herr oder Sklave in Deinem Start-up?

»Get shit done« kann man bei Warner Yard lesen, einem Coworking Space in London. Und ein anderes Schild sagt: »Wasting two out of seven days is not an option.« Überhaupt wird der ganze Raum von einer Uhr dominiert, welche die Zeit bis zur nächsten Präsentation vor Augen führt. »That clock is basically your life«, sagt Laurence Aderemi, der CEO von Moni, einem Dienstleistungsunternehmen, das es leicht machen soll, Geld ins Ausland zu schicken. Er saß ursprünglich genau vor dieser Uhr, aber hat sich woanders hingesetzt, als die Uhr ihm nachts in einem Albtraum erschien.[51]

Was es für diese Art von Gründern besonders stressig macht, ist der Umstand, dass sie emotional eigentlich ständig in einer Achterbahn unterwegs sind. Meistens ist die laufende Finanzierung das Problem, wenn sich die Gründer von Finanzinvestoren abhängig gemacht haben. Es ist immer nur so viel Geld da, dass die laufenden Ausgaben bestritten werden können. Um die Ausgaben niedrig zu halten und sicherzustellen, dass die Angestellten bezahlt werden, nehmen sie so wenig wie möglich

Geld selbst aus dem Unternehmen und leben finanziell auf so niedrigem Niveau wie nur irgend möglich.

Viele Gründer führen praktisch kein Leben außerhalb ihres Unternehmens und betrachten das Unternehmen quasi als ihre Familie. Das führt zu traumatischen Umständen, wenn ein vertrauter Angestellter oder, schlimmer noch, ein Mitgründer das Unternehmen verlässt. »It's like getting divorced«, sagt Daan Weddepohl, Chief Executive von Peerby, einem Dienstleistungsunternehmen in Amsterdam, das hilft, sich Sachen von Nachbarn auszuleihen – den Rasenmäher oder eine Eismaschine zum Beispiel –, und das innerhalb einer halben Stunde.[52]

Wer so arbeitet, dem bleibt wenig für ein Leben jenseits seiner Arbeit. Das könnte der Grund sein, warum nur etwa zehn Prozent der Gründer Frauen sind, für die solche Arbeitsbedingungen offenbar recht unattraktiv sind.

Allerdings: Verwechseln wir nicht die Regeln in manchen Teilen der sogenannten Techie-Szene mit dem, was Entrepreneurship für uns sein kann. Wenn ich höre, dass viele Gründer in einer Tretmühle arbeiten, greife ich mich an den Kopf. Warum sich das antun? Freiwillig.

Was ursprünglich wie ein Befreiungsschlag aussah – nämlich sich aus den Zwängen vorgegebener abhängiger Arbeit zu lösen –, gibt inzwischen Anlass zu einer ganz anderen Art der Interpretation. »Entrepreneurs are the new labour«, deutet Venkatesh Rao (von Ribbonfarm, einer Beratungsgesellschaft) dieses Phänomen. Nicht nur leben diese Art von Gründern in einer erheblichen Unsicherheit und unter großer Belastung, sie sind auch die neue Form dessen, was in der Industriegeschichte Proletariat hieß. Rao zieht einen Vergleich zwischen den heutigen Entrepreneuren und den aus der Handwerkstradition kommenden Stahlarbeitern des späten 19. Jahrhunderts. Als sich die Fertigung immer mehr industrialisierte, so erklärt er, seien das Wissen und die handwerklichen Fähigkeiten jener Stahlarbeiter immer unwichtiger geworden, und sie wurden so der Nukleus der neuen Arbeiterklasse. Heute, so behauptet Rao, würde etwas Ähnliches mit den Gründern passieren.

Das Wissen und die Voraussetzung, ein Start-up in Gang zu bringen, seien in der Welt des Internets immer mehr standardisiert. Und das hätte die Machtverhältnisse zwischen Investoren und Entrepreneuren verschoben. Die Investoren hätten gewonnen. Der Umgang mit der Entrepreneursklasse sähe heute immer stärker aus wie der Umgang zwischen Management und Beschäftigten.[53]

»Getting up to speed« – die Gründung beschleunigen ist ein weiteres Thema in diesem Zusammenhang. Bei Internetgründungen ist Geschwindigkeit in der Tat wichtig. Das ist der Punkt, an dem die sogenannten Akzelleratoren einsetzen. Sie verkürzen die Anlaufzeit, eröffnen den Zugang zu ihren Netzwerken und geben dem Gründungsteam eine Art Gütesiegel, dass ihr Konzept tatsächlich etwas taugt.

Dafür haben sich diese Institutionen rigorose Auswahlverfahren ausgedacht. Nur ein Bruchteil der Bewerber hat eine Chance, aufgenommen zu werden. Die Akzelleratoren sind oft auch die Ersten, die den von ihnen geförderten Teams eine Finanzierung zur Verfügung stellen. Befürworter dieser Einrichtungen sagen, sie seien die neuen Business Schools. »I'd rather get 100 000 US-Dollar and be a case study than pay 100 000 US-Dollar to read case studies«, sagt Dave McClure, der Gründer von 500 Startups, einem Akzellerator im Silicon Valley.[54] Eigentlich ein guter Satz, der mir gefällt.

Allerdings wird auch scharfe Kritik an solchen Verfahren laut. Zyniker sagen, es sei eigentlich eine Form intensiver Prüfung mit der Absicht, die besten Teams ausfindig zu machen und eine Beteiligung einzugehen, bevor die Konkurrenz aufmerksam wird. »You know what I'm tired of? Rich guys launching startup accelerators so they can rip off new startup founders«, sagt Ryan Carson, ein britischer Entrepreneur, in seinem Blog.[55]

Schließlich das Scheitern. Trotz aller gegenseitigen Beteuerungen ist das Aus für eine Gründung für den Betroffenen mit dramatischen Begleitumständen verbunden. Am Ende der harten Arbeit, dem völligen Aufgehen im Start-up ohne Privatleben, nach wenig Schlaf, erleben viele das Ende als völlig deprimierend.

Manche Beobachter sehen bereits einen Entrepreneurship-Hype. Es seien Bilder wie in einer fortgeschrittenen Aktien-Hausse, die zum Selbstläufer wird, weil immer mehr darüber geschrieben wird und immer mehr Menschen ihr Geld in Aktien investieren. Irgendwann erkennt auch der Dümmste, dass er ja *nur* sein Geld an die Börse tragen muss, um über Nacht reich zu werden.

Die Neuen verstehen meist nicht viel von Wirtschaft, auch nicht von den Unternehmen, die sie kaufen. Sie sehen nur, wie die Kurse jeden Tag steigen. Es scheint kinderleicht. Während erfahrene Anleger die Ampeln von Gelb auf Rot wechseln sehen, kommt es den Anfängern grün vor. Sind wir beim Entrepreneurship mittlerweile in einer solchen Situation?

Wahrscheinlich ist es für eine sachgerechte Einschätzung noch zu früh. Allerdings sollten wir vor den hier beschriebenen Erscheinungsformen nicht die Augen verschließen.

Alle diejenigen, die wollen, dass das Thema Entrepreneurship die Beachtung erfährt, die es verdient, an Bedeutung gewinnt und in der Gesellschaft akzeptiert wird – und zwar auf Dauer –, mögen bedenken, dass das Thema zu einem Gewinn für die Gesellschaft werden muss, soll es nicht an Akzeptanz wieder einbüßen.

Kann es angehen, dass es nur ein Spiel für besonders Clevere ist, die schneller als andere Chancen erkennen, schnelle Jungs, die egal auf welchem Feld, mit welchem Produkt und einem »Hoppla jetzt komm ich«-Gehabe sich die niedrig hängenden Kirschen pflücken? Es mag Menschen geben, die das akzeptieren.

Im Moment scheint dies sogar die Mehrheit so zu sehen. Das heißt in der Konsequenz, wer nicht die Augen offen habe und auf diesem Feld spiele, sei ökonomisch eben ein Mensch zweiter Klasse. So, als verdiene er es auch nicht anders. Wenn er so dumm sei, seinen Platz in der Gesellschaft als Lehrer, Künstler, Wissenschaftler, Bücherfreund, Theaterbesucher oder Slow-Food-Mensch zu wählen, dann geschähe es ihm recht, wenn er nie zu Geld komme. Ob eine solche Betrachtung gesellschaftlich Bestand haben kann, wage ich zu bezweifeln. Wenn man diesen Bereich auch noch subventioniert, wird Widerstand noch schneller aufkommen.

Fragen wir uns lieber, wie wir Entrepreneurship auf eine zukunftsfähige, viel mehr Menschen einladende Grundlage stellen können.

Democratize Innovation – die Chance, Innovation aus der Expertenecke zu lösen

Innovation, so die verbreitete Auffassung, sei etwas für Spezialisten, für Experten, die in ihrem Fach ganz vorne sind, für Exzellenzuniversitäten oder leistungsfähige Forschungseinrichtungen. Dabei gibt es gute Beispiele, wie es auch anders geht.

Hanny van Arkel ist Lehrerin in Holland und interessiert sich in ihrer Freizeit für Astronomie. Sie hat keine formelle Ausbildung in diesem Fach. In ihrer Freizeit studierte sie die Website von Galaxy Zoo. Nach einer Woche fiel ihr etwas im Foto IC 2497 auf, einer kleineren Galaxie im Sternbild Kleiner Löwe. Sie hatte sich mit Tausenden anderen Hobbyastronomen engagiert, dabei zu helfen, die Millionen von Fotografien von Deep-Space-Teleskopen zu sichten. Verblüfft von einer ungewöhnlichen Aufnahme, die auf ihrem Computer erschien, kontaktierte sie die Experten des Projekts. Diese waren genauso verblüfft. Hanny hatte ein neues Phänomen gefunden, das jetzt unter den Astronomen weltweit als Hanny's Voorwerp (holländisch für »Objekt«) geführt wird. »It was a strange thing«, erinnert sie sich. Eine enorme Gaswolke, die wie ein Geist vor der Galaxie schwebte.[56] Beiträge wie die von Hanny gibt es immer häufiger, seit das Internet eine Fülle von Möglichkeiten für sogenannte *citizen scientists* bietet. Und da sich zeigt, dass sich Millionen von Menschen an solchen partizipatorischen Projekten beteiligen, denken Wissenschaftler darüber nach, wie sie den Enthusiasmus der Amateure am besten einbinden können. »Wie still wäre es im Wald, wenn nur die begabtesten Vögel sängen?«, könnte man mit Puschkin hinzufügen.

Ich bin auf diesen Punkt einer breiteren Möglichkeit der Partizipation zum ersten Mal gestoßen, als ich von der Geschichte eines Archäologieprofessors hörte, der für seine Ausgrabungen Laien engagiert hatte. Er berichtete, wie hoch motiviert diese trotz der anstrengenden Arbeit gewesen seien, weil es ihnen möglich war, an einem wissenschaftlichen Ausgrabungsprojekt mitzuwirken. Andere solche partizipatorischen Wissenschaftsprojekte lassen die Hobbywissenschaftler Daten sammeln, laden sie ein, unter Anleitung Feldforschung zu betreiben, meteorologische Daten zu sammeln oder Tiere in freier Wildbahn zu beobachten.

Wenn es möglich ist, selbst an so etwas Anspruchsvollem wie Wissenschaft teilzuhaben, wie viel leichter sollte es da sein, im Bereich des Entrepreneurship zu partizipieren. Schließlich geht es nicht um wissenschaftliches Arbeiten mit hohen akademischen Ansprüchen, sondern um Markt und Kunden – Dinge, die viel weniger auf strengen wissenschaftlichen Standards beruhen, sondern eher Intuition und Einfühlungsvermögen verlangen.

In Analogie zu den *citizen scientists* können wir den Gedanken einer viel breiteren Partizipation zu unternehmerischem Handeln als *citizen entrepreneurship* bezeichnen.[57]

Innovation verlangt Mut – und Risikoabwägung

»Courage ist die erste der menschlichen Qualitäten, denn sie ist die Voraussetzung aller anderen«, sagt Aristoteles. Ohne Courage keine Kreativität, kein Praktisch-Tätigwerden, keine Innovation. »Courage is resistance to fear, mastery of fear – not absence of fear«, so Mark Twain. Auf Entrepreneurship übertragen heißt mutig sein, sich in unbekanntem Terrain zu bewegen, aber kalkulierbare, vernünftige Risiken statt tollkühne Schritte zu wagen oder blanke Wetten einzugehen. »Ich war mutig, aber nicht töricht. Natürlich war es ein Risiko, eine Airline zu gründen, aber die Chancen waren auf meiner Seite«, so Richard Branson. Sein Rat: Gehe Risiken ein, aber sei dabei nicht leichtsinnig.[58]

Was wir brauchen, sagt Gerd Gigerenzer vom Max-Planck-Institut für Bildungsforschung, ist »Risikokompetenz«. Dabei gehe es nicht allein um den richtigen Umgang mit Daten und der analytischen Einschätzung von Risiken, sondern auch darum, die Intelligenz des Unbewussten und die Macht der Intuition einzubeziehen. *Jeder* könne den Umgang mit Risiko und Ungewissheit lernen.[59] (Die konservative Position ist, Entrepreneurship sei für die meisten Menschen viel zu risikobehaftet.) Sie sollen also ein unbekanntes Gewässer nicht überqueren, indem Sie von Krokodil zu Krokodil springen, was zweifellos Ihren Mut beweisen würde, sondern eine Passage suchen, bei der Sie möglichst *kein* Risiko eingehen oder, wenn Sie Risiko nicht vermeiden können, es überschaubar und kalkulierbar bleibt. Die Fähigkeit zur Risikoeinschätzung beziehungsweise das Erkennen unakzeptabel hoher Risiken ist daher ein wichtiges Thema für die Frage, wie viele Menschen einer Gesellschaft für ein Entrepreneurship tauglich seien.

Im Modell funktionierender Marktwirtschaft: Bei Transparenz, vollständiger Information und rationalen Verhaltens aller Beteiligten gewinnt das beste und preisgünstigste Produkt. Die Wirklichkeit, wie wir alle wissen, ist oft anders.

Erinnern wir uns an die Abbruchkante der Qualität und die Versuchung, Wasser in den Wein zu schütten. Die eingesparten Kosten bezahlen nicht nur den Tester, sondern erhöhen auch den Gewinn. Arbeiten alle Unternehmen so? Nein. Kann man eine Aussage darüber machen, welche Unternehmen eher zur einen und welche zur anderen Seite neigen? Ich würde die These wagen, dass Gründer, also Menschen aus Fleisch und Blut, die ein Ideenkind zur Welt gebracht haben und stolz auf ihr Kind sind, auch stolz auf ihr Produkt sein wollen. Sind alle so? Sicher nicht. Aber es macht einen Unterschied, ob ich als Manager unter dem Druck von Vierteljahresbilanzen stehe oder als Gründer mein Ideenkind begleite. Ich kenne Gründer, die ein Vermögen geschaffen haben, das weit jenseits der Ausgaben liegt, die für den Rest ihres Lebens anfallen. Und ich finde es immer wieder erstaunlich, wie selbst solche hocherfolgreichen Gründer mit nur bescheidenem Konsum leben und ihre Energie und auch Gratifikation aus der Art und dem Inhalt ihrer Tätigkeit ziehen: das bessere Produkt anbieten; sich auch für Belange einsetzen, die nicht der Gewinnmaximierung dienen.

Zugegeben: Oft gewinnen nicht die Qualitätsfanatiker, sondern die Geschäftemacher. Damit immer die Qualität gewinnt, müsste man einen hohen Aufwand an neuen Vorschriften und Kontrollen einführen. Jedes Produkt im Detail beschreiben und Qualitätsstandards festlegen, vor allem aber diese Vorschriften und Standards auch effektiv überwachen. Keine sehr attraktive Vorstellung und nicht förderlich für eine Kultur des Unternehmerischen. Und selbst wenn alle diese Vorschriften und Kontrollen existierten, fänden sich immer besonders Geschickte, die dennoch ein Schlupfloch finden, die Vorschriften und Verfahren zu ihrem Vorteil auszuhebeln.

Ist das Ganze moralisierend gemeint? Die Antwort ist wieder: Nein. Es soll nur ein leises Plädoyer dafür sein, den Wert von Entrepreneuren als »kreative Zerstörung« zugunsten besserer Qualität und besserer Preise zu schätzen. Richard Branson bringt es auf den Punkt mit dem Satz: »Etwas Originelles schaffen, das aus der Masse herausragt, bleibenden Wert hat und hoffentlich auch einem nützlichen Zweck dient. Vor allem möchte man aber stolz auf sein Produkt sein. Das war immer meine Geschäftsphilosophie.« Er sagt wohlgemerkt nicht, er sei der moralisch Bessere. Er spricht über sich selbst und das, was ihm Spaß macht. Und was für ihn eine hohe Befriedigung darstellt. Gerade deswegen wirkt es glaubhaft und wirklichkeitsnah.

Innovation und Überfluss

Der Marktanteil von Premium- und Luxusprodukten werde in Zukunft schrumpfen, nicht wachsen. Das althergebrachte Innovationsmodell drohe unterzugehen – und mit ihm diejenigen Firmen, denen es nicht gelänge, sich umzustellen, so C. K. Prahalad und R. A. Mashelkar.[60] Krisengeschüttelte Verbraucher in den USA und Europa wünschten sich heute in erster Linie kostengünstigere Produkte und Dienstleistungen oder zumindest solche mit einem besseren Preis-Leistungs-Verhältnis. Das stetige Wirtschaftswachstum in Schwellenländern wie Indien und China sorge dafür, dass dort in den nächsten zehn Jahren zwei bis drei Milliarden Menschen in die Mittelschicht aufsteigen werden. Und viele der neuen Verbraucher würden sich nur niedrigpreisige Produkte leisten können. Aber nicht nur in den Entwicklungsländern, sondern auch in den Industrieländern suchten Verbraucher preisgünstige, umweltfreundliche Angebote – unabhängig davon, ob sie alt oder jung sind, arm oder reich. Günstige Preise und Nachhaltigkeit seien die modernen Innovationstrends, nicht Premiumprodukte und Überfluss. Vielen Unternehmen in westlichen Ländern mögen diese neuen Rahmenbedingungen wie ein Albtraum vorkommen.[61]

Firmen in Ländern wie Indien fehlten Kapital, Technologie und Personal. Also bliebe ihnen keine andere Wahl, als traditionelle Ansätze über

Bord zu werfen. Sie hätten eine neue Klasse von Innovationen hervorgebracht. Alternativen entwickeln, improvisieren, mit kreativen Ideen den Mangel an Ressourcen ausgleichen und damit scheinbar unlösbare Probleme bewältigen. Ohne dass man Abstriche bei der Qualität machen muss. Prahalad und sein Kollege nennen dies Gandhi-Innovationen, und sie verbinden das mit dem Satz von Gandhi: »Die Erde bietet genug, um jedermanns Bedarf zu decken, aber nicht jedermanns Gier!«

Vor 60 Jahren waren erschwingliche Preise und Nachhaltigkeit Gandhis Leitsätze. Heute entdeckten wir wieder, wie aktuell diese Prinzipien seien.

Einfache, praktische Innovationen

Die Geschichte vom heiligen Sankt Martin kommt mir in den Sinn. Mit seinem Schwert, so die Legende, teilt er seinen Purpurmantel in zwei Teile und schenkt die eine Hälfte einem Bettler. Eine beispielhaft edle Tat, hilfreich und gut. Wir Schulbuben, in der katholischen Kleinstadt nicht ganz so fromm und gläubig, wie der Herr Pfarrer es gerne gehabt hätte, machten uns ein paar unfromme Gedanken. Wenn zwei sich einen Mantel teilen, jeder also nur eine Hälfte hat, frieren dann nicht beide? Wir Kinder in der Nachkriegszeit wussten noch, was es heißt, zu frieren. Wir hatten unzureichende Kleidung, und Winter hieß: frieren. Und weiter: Lief Sankt Martin für den Rest seines Lebens mit einem halben Mantel herum? Hatte er vielleicht zu Hause einen zweiten Mantel? Oder ließ er sich schnell wieder einen neuen machen? Also, so krittelten wir Kinder, war der heilige Sankt Martin überhaupt so heilig, wie uns der Herr Pfarrer erklären wollte?

Gesucht wird der Entrepreneur, der Mäntel in Luxusqualität – wenn auch ohne Purpur – in gutem, aber zeitlosem Design herstellt und unter Verzicht auf teures Marketing preiswert anbietet. Mäntel, denen Regen nichts ausmacht, die haltbar sind. Keine Billigware, sondern ein Meisterwerk an Funktionen, Materialien, Design und Preis.

Und gesucht sind Menschen, die diese Aufgabe unterstützen und begleiten, nicht zuletzt, indem sie einen solchen Mantel mit Stolz tragen. Die den Markendummköpfen um sie herum freundlich begegnen und sie mit trefflichen Argumenten für eine gute Sache gewinnen.

Sie haben Angst, Ihre Mitmenschen könnten glauben, Sie könnten sich einen modischen, teuren Mantel nicht mehr leisten? Ja, der Wechsel in den Widerstand macht Angst. Außenseiter zu sein, ist keine leichte Sache. Ihre Angst ist berechtigt. Ich habe keine rasche Antwort auf Ihre Sorge.

Ist es nicht auch eine gute Tat, ist es nicht auch Social Entrepreneurship, wirklich gute Mäntel preiswert zu machen? Ist es nicht wert, zwei Geschichten zu erzählen? Die des heiligen Sankt Martin als die vorbildlich edle Tat und die des tüchtigen und sozial denkenden Entrepreneurs, der vielen Menschen hilft?

Den Innovationsbegriff weiter fassen

In der Innovationsliteratur stehen vor allem zwei Innovationsarten im Blickpunkt: die inkrementelle Innovation, die ein Produkt marginal verbessert, und die disruptive Innovation, die einen völlig neuen Entwicklungspfad eröffnet. Wobei letzterer Begriff mit der schöpferischen Zerstörung Schumpeters am engsten verbunden ist.

Aber disruptive Innovation allein verengt das Blickfeld. Sie suggeriert, dass es jeweils um etwas völlig Neues, den bisherigen Rahmen Sprengendes gehen muss. Aber so ist es ja gar nicht, zumindest nicht immer. Wenn beispielsweise jemand es schafft, Kindern (und Erwachsenen) auf spannende und verständliche Weise Philosophie zu erklären[62], dann ist auch dies Innovation. Eine sehr wertvolle sogar. Bisher haben die Kinder es nicht verstanden – jetzt begreifen sie es. Und wenn derjenige, der so erklären kann, auch noch einen Weg findet, das global millionenfach zu verbreiten, dann handelt es sich sogar um eine Innovation, die die Bildung und den Horizont der Menschen weltweit verändern kann. Aber nichts daran ist disruptiv.

Ich glaube, dass wir für die gewaltigen Aufgaben, vor denen wir stehen, nicht nur intelligente neue Innovationen brauchen, sondern auch einen erweiterten Innovationsbegriff. Ein Verständnis von Innovation, das Konzepte einbezieht, die uns helfen, mit weniger Konsum auszukommen, ohne dass wir dies als schmerzhaften Verzicht erleben. Nennen wir es

»Suffizienzinnovation«. Das, was wir bisher als Innovation einsortieren, ob inkrementell oder disruptiv, lässt sich in dieser Sicht als Effizienzinnovation zusammenfassen. Die Suffizienzinnovation steht dem gegenüber.

Damit lehnen wir uns an einen Begriff aus der ökologischen Debatte an, der in Deutschland 1993 von Wolfgang Sachs geprägt wurde: die Suffizienzrevolution. Ihr Grundgedanke ist zu hinterfragen, welche persönlichen, sozialen und politischen Bedingungen einer Orientierung an maßvollem Verbrauch im Weg stehen und wie sich diese Hemmnisse überwinden lassen. »Einer naturverträglichen Gesellschaft«, so Sachs, »kann man in der Tat nur auf zwei Beinen näherkommen: durch eine intelligente Rationalisierung der Mittel wie durch eine kluge Beschränkung der Ziele. Mit anderen Worten: Die Effizienzrevolution bleibt richtungsblind, wenn sie nicht von einer Suffizienzrevolution begleitet wird.«[63]

Sparsamer, effizienter zu produzieren ist eine Sache. Heute ist das Schwierige nicht mehr, Produkte herzustellen, sondern die Bedingungen zu schaffen, unter denen man auf Dinge verzichten kann.

In diesem Kapitel haben wir versucht, die Chancen der »Innovationen von unten« auszuloten. Nicht in Konkurrenz, sondern in Ergänzung zu Hightech. Es ging darum, andernfalls verschüttetes, ungenutztes Potenzial zu erkennen. Nicht nur des Potenzials wegen, sondern auch, um breitere Partizipation zu ermöglichen.

Begeben wir uns also mit etwas weniger Respekt, aber mehr Mut zur Innovation auf den Weg, selbst neue Lösungen zu finden und in unternehmerisches Handeln zu gießen. Nutzen wir den Rohstoff Kreativität, und formen wir daraus – mit Methode – überzeugende Unternehmenskonzepte.

Kapitel 3

Die Methode des Entrepreneurial Design. Wie Sie ein überzeugendes Unternehmenskonzept entwickeln

Dieses Kapitel soll Sie befähigen, ein tragfähiges Ideenkonzept für Ihre Gründung auszuarbeiten. Dabei ist die systematische Vorgehensweise entscheidend. Sie fallen sonst allzu leicht in Konventionen und Stereotypen zurück, stellen immer wieder die gleichen Fragen: Was gibt es denn noch nicht? Womit lässt sich Geld verdienen? Damit kommen Sie aber nicht weiter.

Die hier dargelegte Methode des Entrepreneurial Design ist aus meiner jahrzehntelangen Beschäftigung mit Unternehmensgründungen entstanden. In *Kopf schlägt Kapital* wurde sie 2008 in ihren Grundzügen eingeführt.

Das Faszinierende am Entrepreneurial Design ist, dass man mit einem guten Konzept fast aus dem Nichts heraus ein erfolgreiches Unternehmen zusammenstellen kann. So wie Brian Chesky und Joe Gebbia. Sie machten etwas, was viele von uns kennen: eine Luftmatratze im Wohnzimmer auslegen, damit dort jemand übernachten kann. Aber sie machten daraus etwas, was niemand von uns vorher gemacht hat – ein großes Unternehmen. Es heißt Airbnb, ist inzwischen weltbekannt und führend in der kurzzeitigen privaten Zimmer- und Wohnungsvermietung.

Der Einfall: Die eigene Wohnung auch für Fremde zur Verfügung zu stellen. Eine Idee, die viele Menschen haben. Noch ist nichts Wertvolles daran.

Dann beginnt die Arbeit am Konzept: Kann man kurzfristige Vermietung skalieren? Also so organisieren, dass viele davon Gebrauch machen? Wie den Vermieter beurteilen, ob er ein seriöses Angebot macht? Und den Mieter, ob er sich angemessen in fremdem Eigentum bewegt? Eine zunächst unlösbar erscheinende Aufgabe. Individuelles Ermessen und lange Berufserfahrung scheinen notwendig. Eine kostenintensive Sache. Oder kann man ganz anders herangehen? Recherchieren, ob es nicht anderswo Verfahren gibt, die man übertragen kann. Und siehe da: Es gibt bereits Bewertungssysteme, die dafür taugen. Die Gründer brauchen sie nicht neu zu erfinden, sondern können sie adaptieren.

Aber machen wir uns nichts vor, es sind sehr viele solcher Überlegungen nötig, bis ein Konzept rund und ausgereift ist. Den Weg vom ersten Einfall zum überzeugenden Konzept zu gehen, ist die Aufgabe, der wir uns im folgenden Kapitel stellen wollen.

Was macht eine Unternehmensgründung erfolgreich?

Ist es die Qualität des Konzepts? Oder die Ausführung der Idee? Oder das hervorragende Team? Oder ist es nicht doch die gute Kapitalausstattung? Für jede der Annahmen wird man Beispiele finden.

Sind die Fragen gut gestellt?

Nun, ich würde sie anders stellen: Was sind Ihre Stärken? Und würde von den Stärken ausgehen. Alles andere, in dem ich nicht so kompetent bin, versuche ich, zu delegieren oder Lösungen zu finden, die mir Dinge abnehmen, die mir nicht leichtfallen und in denen ich nicht gut bin. Wenn man in einer Disziplin sehr gut ist, kann man es sich leisten, in den anderen Disziplinen nicht so gut sein zu müssen. Wir Menschen sind in körperlichen Disziplinen Tieren unterlegen. Beim Springen, Klettern,

Schwimmen oder Fliegen. Nur in einer Disziplin – dem Denkvermögen – sind wir Menschen überlegen. Und es ist diese einzige Disziplin, die ausreicht, uns den entscheidenden Vorteil zu bringen. Es ist mein Ergebnis aus über 30 Jahren Beschäftigung mit dem Thema Entrepreneurship, dass auch auf diesem Feld Analysevermögen, Kombinationsfähigkeit und planvolles, Risiko abwägendes Handeln den Ausschlag geben, selbst wenn wir in anderen Bereichen (zum Beispiel Kapital oder Managementqualifikationen) weniger gut als Mitwettbewerber ausgestattet sind.

Wenn Sie über viel Kapital verfügen – wunderbar. Das erleichtert Ihnen natürlich vieles. Sie nehmen rascher Fahrt auf, wenn Geschwindigkeit für Ihr Konzept wichtig ist. So können Sie beispielsweise eine teure Werbeagentur buchen oder einen Werbefeldzug planen und durchführen. Masse hat auch Gewicht. Die Frage ist nur: Wer von uns hat so umfangreiche Mittel, dass er sie als Kapital für eine Unternehmensgründung einsetzen kann? Also fremdes Geld aufnehmen? Seien Sie vorsichtig. Sie riskieren den Vorteil, unabhängig zu sein, schneller, als Ihnen lieb sein kann.

Wenn Sie ein gutes Team haben – vorzüglich. Das erleichtert ebenfalls vieles. Manche Beobachter behaupten sogar: »Das Team ist wichtiger als das Konzept.« Ich wünschte, ich könnte dieser Überzeugung folgen, denn fast jeder Gründer möchte lieber im Team als allein arbeiten. Und Teams haben einen *honeymoon*. Am Anfang scheint alles rosig und vielversprechend. Aber danach? Sprengstoff ist reichlich vorhanden. Das zeitliche Engagement der Teammitglieder variiert, die tatsächlich eingebrachten Beiträge werden unterschiedlich beurteilt. Richtungskämpfe tun sich auf. Persönliche Animositäten werden virulent, Egomanen werden sichtbar. Wer schon öfter in Teams gearbeitet hat, weiß, dass Teams alles andere als immer gute Teamarbeit und Synergien hervorbringen. Und nicht selten in bitteren Zerwürfnissen enden.

Wenn Sie gut organisieren können – großartig. Gutes Management ist wertvoll. Selbst eine schwache Idee kann man mit hervorragendem Management zu einem Erfolg machen. Nur, wer von uns ist ein hervorragender Manager, und wem macht es obendrein auch noch Spaß?

Warum ich das alles sage: Weil ich glaube, dass für uns normale Menschen der geeignetste Weg und daher die eigentliche Aufgabenstellung darin besteht, sich von einer Anfangsidee oder noch besser von vielen Anfangsideen zu einem wirklich gut durchdachten und überzeugenden Konzept durchzuarbeiten. Auch bei einem Film bauen Sie ja den Ablauf nicht auf einer schwachen Geschichte auf, sondern auf einem möglichst elaborierten Konzept. Nur dann sind Kameramann und das gesamte Team, das zur Herstellung eines Films notwendig ist, wirklich gut eingesetzt.

Vor 20 Jahren war es noch eine krasse Außenseitermeinung, auf die Bedeutung des Ideenkonzepts zu pochen. Kapital sei ausschlaggebend – und Management. Ideen gäbe es wie Sand am Meer, auf die Umsetzung käme es an. »Ideas are a dime for a dozen, execution is what matters« – so ein Kernsatz in der amerikanischen Fachliteratur jener Zeit. Heute gibt es Ideenwettbewerbe, Ideenworkshops und ganze Bücher über Konzeptentwicklung. *Business Model Innovation* ist in aller Munde. Das ist gut so, weil es die Bedeutung auf das lenkt, was die meisten Menschen zur Verfügung haben: einen kreativen Kopf. Daher plädiere ich mit Nachdruck, sich auf die Ausarbeitung eines wirklich guten Konzepts zu konzentrieren.[64]

Der Begriff Entrepreneurial Design

Begriffe sind Instrumente, sind Werkzeuge. Sie helfen, zu *begreifen*, machen es einfacher, ein Problem in den *Griff* zu bekommen. Aus diesem Grund habe ich den Begriff des »Entrepreneurial Design« eingeführt. Darunter verstehe ich ein Konzept, das mehrere Elemente in sich vereinigt. Der Prozess, der vor Ihnen liegt, hat viele Facetten. Daher kann man die Aufgabe als *Gesamtkunstwerk* benennen. Kunstwerk, weil es um schöpferisches, gestalterisches Arbeiten geht, um einen Entwicklungsprozess und ein innovatives Ergebnis. Gesamt, weil mehrere Ebenen zu einer Komposition verschmelzen und ein gutes Entrepreneurial Design auf mehr als nur einem Bein steht.

Zugegeben, das Wort »Gesamtkunstwerk« klingt ein bisschen ambitioniert. Aber es trifft den Sachverhalt. Ein gutes Konzept muss viele Aspekte berücksichtigen, fällt einem keineswegs wie ein Einfall in den Schoß, sondern braucht Zeit, Recherchen, auch Gewitztheit und ein gerüttelt Maß an Hartnäckigkeit.

Natürlich, es gibt einen großen, sofort ins Auge springenden Unterschied zwischen Kunst und Entrepreneurship: den Markt. Kunst soll sich nicht am Markt orientieren, sonst wird sie zum Kunsthandwerk oder zur *tourist art*. Ein Künstler ist im Prinzip völlig frei in der Frage, ob er die Reaktionen der Außenwelt auf seine Arbeit gar nicht, ein wenig oder völlig zur Kenntnis nehmen will; und ob, beziehungsweise wie sehr er sich von diesem Feedback beeinflussen lassen will. Vincent van Gogh ist nicht deshalb ein schlechterer Maler als Pablo Picasso, weil zu seinen Lebzeiten niemand seine Bilder kaufen wollte – aber deswegen auch kein besserer.

Entrepreneure hingegen können nicht anders, als das Feedback der Außenwelt mit in ihre Arbeit einzubeziehen. Das muss nicht unbedingt das sein, was der Markt heute braucht. Man kann auch Produkte anbieten, die es bislang noch überhaupt nicht auf dem Markt gibt. Aber die Annahme, dass es für das, was man machen will, einen Markt geben sollte, ist unverzichtbarer Bestandteil jedes Entrepreneurial Design. Wodurch für den Entrepreneur die Aufgabe eher schwieriger als für den Künstler ist.

Die Kunst der Innovation besteht darin, die Menschen dort abzuholen, wo sie sind. Das heißt, Brücken zu bauen. Es heißt nicht, dass Sie sich die Spitzen des Neuen abschneiden lassen müssen, nur weil sie nicht dem Mehrheitsgeschmack entsprechen. Wenn Ihre Innovationen vernünftig und notwendig sind, heißt es, die Argumente zu schärfen, um Verständnis zu werben, an den Fantasien und der Neugier der Menschen anzusetzen. Statt zu glauben, ihren Konventionen und Glaubenssätzen folgen zu müssen. Ein Künstler kann sich auf die Position zurückziehen, zu provozieren, kann in seinem Atelier bleiben und die Menschen gegen sich aufbringen. Ein Entrepreneur muss Brücken bauen.[65]
Die wichtigste Brücke führt zum Nutzer. Was wie selbstverständlich klingt, ist es aber in der Praxis keineswegs. Die Nutzerorientierung steht oft *gerade nicht* im Mittelpunkt. Wer von Patenten ausgeht und deren Verwertung anstrebt, orientiert sich an Technologie. »Wir haben eine Lösung, wo ist das Problem dafür?« Die Technologie, das Patent, scheinen das Wertvolle zu sein, sie sind der Ausgangspunkt. Wäre doch gelacht, wenn wir nicht auch eine Verwendung und Nutzer dafür fänden.

Auch bei der Profitorientierung steht der Nutzer nicht im Mittelpunkt. »Was kann ich anbieten, um damit Geld zu verdienen?« Welches neue Produkt, welche Marktlücke, welche Nische könnte gewinnbringend angegangen werden? Wie viel Marketingaufwand muss ich treiben, um ausreichend Käufer zu finden? Der Nutzer ist hier die notwendige Bedingung, die Restriktion, nicht der Ausgangspunkt.

Die Definition des Entrepreneurial Design hebt sich also von anderen Vorgehensweisen ab, die die Technologie- oder die Profitorientierung in den Mittelpunkt stellen. Im Begriff »Design« schwingt von vornherein die Nähe zur praktischen Anwendung mit. Für Designer ist die Orientierung am Nutzer selbstverständlich. Der Begriff macht zudem deutlich, dass er mehr als nur die technologisch-ingenieurwissenschaftliche Dimension umfasst. Er beinhaltet auch mehr als die nur wirtschaftliche Dimension, auf die sich Businesspläne fokussieren. »Design« hat auch eine ästhetische und künstlerische Dimension. Der Begriff verweist auf die Möglichkeiten und Chancen, im eigenen Konzept auch ästhetischen und künstlerischen Elementen Raum zu geben.

Wie komme ich zu einem stimmigen Entrepreneurial Design?

Warten Sie nicht auf den genialen Einfall.

Über Moshé Feldenkrais, den Erfinder der gleichnamigen Bewegungstherapie, wird die Geschichte erzählt: Als kleiner Junge beobachtete er, wie sein Vater jeden Abend die Kuh in den Stall zerrte. Das Tier stemmte sich mit allen Kräften gegen den Strick, der ihn in den ungeliebten Stall ziehen sollte. Der Vater schaffte es nur mit gewaltiger Kraftanstrengung. Jeden Abend das gleiche Theater. Eines Tages sagt der Bub: »Lass mich das machen!« Der Vater winkt ab. Was soll der Junge ausrichten, wenn er es als erwachsener Mann kaum schafft? Der Sohn lässt nicht locker. Schließlich gibt der Vater nach. Was macht der Junge anders? Er zieht die Kuh am Schwanz. Mit einem Satz nach vorn ist sie im Stall.

Ist es nicht ganz einfach, kreative Lösungen zu finden?

So einfach ist es nicht. Denn solche Beispiele sind selten. So selten wie die Erfindung des Post-its, jene gelben Zettel, die man so schön an die Wand kleben kann. Das Post-it des 3M-Konzerns wird immer wieder zitiert, weil es nicht viel andere solcher Beispiele gibt. Auch die Geschichte des kleinen Feldenkrais kann nicht verallgemeinert werden. Jedenfalls nicht die Nachhaltigkeit der Lösung. Wird die Kuh nicht lernen, statt mit einem Sprung nach vorn mit einem Tritt nach hinten zu antworten? Geniale Einfälle sind selten. Darauf zu warten, ist wenig ergiebig. Besser ist es, systematisch zu arbeiten, statt auf den großen Einfall zu warten. Seien Sie vorsichtig, wenn Ihnen Schnellschüsse versprochen werden. »In 14 Tagen zum Unternehmensstart«. Es gibt kein einfaches Rezept, wie man das Ziel eines guten Gründungskonzepts erreicht. Wer das verspricht, ist in meinen Augen ein Scharlatan. Die Aufgabe ist zu komplex. Es geht um *Sie* als Persönlichkeit. Es geht darum, das Potenzial, das in Ihnen steckt, zur Entfaltung zu bringen. Aber natürlich nicht nur darum. Es geht überdies um die Bedürfnisse der Menschen. Sie gilt es zu verstehen. Und wiederum nicht nur diese. Wir wollen mehr, wenn wir stolz auf unsere Arbeit sein wollen. Wir wollen etwas finden und entwickeln, das Sinn hat und ökologisch vertretbar ist, ja vielleicht sogar vorbildlich sein kann. Sozial verträglich soll es auch sein. Am Ende soll noch ein Überschuss für Sie erwirtschaftet werden; einer, der auskömmlich ist und Ihnen den Aufbau einer ökonomischen Existenz erlaubt. Und zufrieden und glücklich wollen Sie zu guter Letzt auch werden.

Überhaupt nicht einfach.

Hören Sie auf, auf einen Einfall zu warten, der wie mit einem Zauberstab alle diese Erfordernisse mit einer Bewegung erfüllt. Einen solchen Einfall gibt es nicht.
Sie arbeiten an einer anspruchsvollen Aufgabe. Dazu brauchen Sie Begeisterung, Handwerkszeug, Experimente, Ausdauer, Leidenschaft, Ambiguitätstoleranz, Liebe zum Ganzen und zum Detail – und viel Zeit. Entrepreneurial Design, das diesen Namen verdient, entsteht nicht über Nacht.

Eine Idee muss man ausbrüten. Also auf dem Ei sitzen bleiben und nicht nur Eier (= Einfälle) produzieren. »Gut Ding will Weile haben« – das gilt auch bei der Konzeptentwicklung.

Ja, auch die Betriebswirtschaftslehre brauchen wir. Zuallererst aber brauchen wir Fantasie. Dazu müssen wir uns öffnen, bereit sein, Neues aufzunehmen. Auch das ist nicht leicht und keineswegs selbstverständlich. Leonardo da Vinci sagt: »Der Durchschnittsmensch schaut, ohne zu sehen, lauscht, ohne zu hören, bewegt sich ohne Körperbewusstsein, atmet ohne Bewusstsein von Duft und Parfum, und redet, ohne zu denken.«

Das folgende Schaubild soll Ihnen die Orientierung erleichtern, welche Elemente in Ihr Konzept eingehen sollten.

Dieses Schaubild stellt keinen Fahrplan oder keine zeitliche Abfolge dar. Sie können nicht oben bei der Stimmigkeit zu Ihrer Person beginnen und dann alle Bausteine in einem Durchlauf nach unten bis zur Stimmigkeit auf dem Markt bearbeiten.

Kein direkter Weg

Es handelt sich also nicht um einen geradlinigen Weg, sondern um Schleifen, um Vor- und Zurückspringen, um einen Prozess also, der dem Ringen eines Künstlers um seinen Stil ähnelt. Eine Erfahrung, die Sie machen werden, kann ich Ihnen vorweg sagen: Kaum glauben Sie, einen Inhalt für einen der Bausteine gefunden zu haben, werden Sie feststellen, dass dieser Inhalt Probleme bei anderen Bausteinen aufwirft.

Gerade weil es sich um einen konzept-kreativen Weg handelt, wird es für Sie eine Reise mit *vielen* Schleifen werden, weil wir uns dem besten Konzept iterativ nähern. Auf dieser Reise müssen Sie immer bereit sein, sich zu öffnen, Kontrolle aufzugeben und zu lernen, Neues zuzulassen. Konzept-kreatives Denken setzt voraus, dass Sie Ideen, Möglichkeiten und Wege kreieren. Außerdem müssen Sie bereit sein, aus der Vielfalt Ihrer Ideen, Konzepte und Möglichkeiten eine Auswahl zu treffen, vieles zu verwerfen und zu lernen, sich auf das Wesentliche zu fokussieren.

Der lange und beschwerliche Weg hin zum ausgereiften Konzept lohnt sich. Das Gewinnlos einer Lotterie mit systematischer Arbeit finden zu können – ich würde ein solches Versprechen nicht in den Raum stellen,

Die Bausteine des Entrepreneurial Design

Stimmig zur Person

Ökonomisch denken	**Ökologisch denken**	**Sozial denken**

Entrepreneurial Design als künstlerischer Prozess

Dreaming, Analyzing, Composing	**Kombinieren, Verwerfen, Re-Kombinieren**

Ökonomie der Sympathie	**Ökonomie der Aufmerksamkeit**	**Ökonomie der Authentizität**

Von der Funktion ausgehen	**Neue Sichtachsen legen**	**Auf mehr als nur einem Bein stehen**

Weglassen

Mehr Fantasie wagen

Mit der Ambiguität leben

Mehrfachnutzungen suchen

In Komponenten denken

Proof of Concept, unter Ernstbedingungen testen

Stimmig zum Markt

hätte ich das Gelingen nicht schon des Öfteren erlebt. »Kein Problem widersteht lange dem Angriff beharrlichen Denkens«, erkannte schon Voltaire. Lange bevor Sie zum ersten Mal Gewinne machen oder gar ausschütten können, hat Ihr Unternehmen schon einen Wert. Genau genommen vom ersten Tag an, an dem Sie Ihr Konzept entwickeln. Dieser Unternehmenswert wächst sprunghaft, wenn Sie Kunden vorweisen können, also einen Proof of Concept in der Hand halten. Der Wert steigt noch mehr, wenn Sie den *break even* erreichen, den Punkt, von dem ab Ihre laufenden Operationen Überschüsse erwirtschaften. Noch schütten Sie keine Gewinne aus – aus der Anlaufzeit haben Sie Verluste angehäuft –, dennoch ist Ihr kleines Unternehmen zu diesem Zeitpunkt schon ein attraktives Wesen, sprich ein Unternehmen, das einen nicht mehr unbedeutenden Wert hat.

Während die meisten von uns ein Leben lang von ihrem Gehalt sparen, ohne auch nur entfernt in die Höhe eines Lotteriegewinns zu kommen, ist dies mit einem guten Entrepreneurial Design durchaus realistisch. Und es reicht ein einziges Mal. »You only have to get rich once«, sagt Warren Buffett. Sie können sich also fast ein Leben lang Zeit lassen. Und es lohnt die Anstrengung.

Entrepreneurial Design als konzeptkreativer Prozess

Gehen wir zum Ursprung des Begriffs »Methode« zurück. Das griechische *methodos* bedeutet: »der Weg«. Wenn im Folgenden von Methode die Rede ist, geht es um den Weg, um *Ihren* Weg, ein Entrepreneurial Design zu erarbeiten, das etwas mit Ihrer Person und mit anderen Menschen zu tun hat und im Markt Resonanz erzeugt.

Es geht dabei auch um den Prozess, herauszufinden, wie Sie Ihre eigenen Voraussetzungen, Ideen, Wünsche, Neigungen und Talente mit den Bedürfnissen und Wünschen anderer Menschen, zumindest teilweise, zur Deckung bringen.

Überlegen wir zunächst, welches die beiden wichtigsten Grundprinzipien sind, denen wir bei der Erarbeitung eines Konzepts folgen sollten.

Das Konzept muss erstens stimmig zur Person sein. Und zweitens auch stimmig zum Markt.

Fangen wir ausdrücklich mit der Person an. Auch deshalb, weil die *Persönlichkeit* des Gründers in den meisten Methoden *nicht* oder nur am Rande in Erscheinung tritt.

Stimmig zur Person

Der Gedanke, dass das Entrepreneurial Design stimmig zu Ihrer Person sein sollte, ist keineswegs selbstverständlich.

Das Prinzip der *opportunity recognition*, das die amerikanischen Lehrbücher zu Entrepreneurship dominiert, hat wenig oder überhaupt nichts mit der Person des Gründers zu tun. Die Frage »Passt die sich abzeichnende Gelegenheit auch zu meiner Person?« wird gar nicht erst gestellt. Die Gelegenheit sei das Wertvolle, stehe im Mittelpunkt und nicht Sie als Person. Die Gelegenheit gelte es zu ergreifen, rasch, bevor andere es tun.

Auch bei den Förderprogrammen geht es nicht um Sie, Ihre Talente oder Ihre persönlichen Vorlieben. Die staatlichen Programme haben den Beschäftigungseffekt Ihrer Gründung im Auge. Sei es, weil man hofft, dass Sie als Arbeitsloser selbständig tätig werden, sei es, dass man hofft, dass durch Ihre Gründung weitere Arbeitsplätze entstehen.

Auch Kapitalgeber tragen nicht Ihre persönlichen Anliegen im Herzen. Sie wollen Erfolge sehen. Venture Capital setzt Ihnen *milestones*, die Ihnen den Takt vorgeben. Schnelles, hohes Wachstum ist das Ziel. Wehe, Sie schaffen es nicht. Dann wird der 110-Seiten-Vertrag, den gewiefte amerikanische Juristen aufgesetzt haben, gegen Sie exekutiert. Ich bedaure die Gründer, die mehr Zeit mit der Vorbereitung von Finanzierungsrunden verbringen als mit der Arbeit am Entrepreneurial Design.

Und die Gründer selbst? Gehen Sie von der eigenen Person aus? Keineswegs. Die Vorstellung, dass erfolgreiches Gründen mit einer zündenden Idee zu tun hat, ist tief verankert. So, als käme es auf den Einfall an, so, als würde ein genialer Blitz Licht ins Dunkel der Möglichkeiten bringen. Damit kommen Sie nicht weiter. Das, was wir über geniale Erfindungen oder bahnbrechende Ideen kennen, ist meist das Ergebnis langjährigen Bemühens und hartnäckig-konsequenten Bearbeitens eines Problems. Der Genieblitz steht, wenn überhaupt, am Ende, nicht am Anfang dieser Arbeit.

Eine Variante dieser Art von Fragen, etwa im IT-Sektor, heißt: »What's the next big thing?« Wie kann ich dabei sein? Nichts gegen den großen Traum. Träumen ist gut. Aber stimmt der Fokus? Ist es auch *mein* Traum? Sind *meine* Neigungen, Talente oder Wünsche darin enthalten? Statt in der großen Herde mitzurennen und deren Traum hinterherzulaufen? *Forget about the next big thing. Sie sind es – that's the big thing.*

An der Person des Gründers vorbeizudenken, wäre ein schwerer Fehler. Ja, ich weiß – man macht das beim Entrepreneurship nicht. Die Person in den Mittelpunkt rücken. Wo kämen wir da hin? Es geht doch um den Markt. Es geht darum, etwas anzubieten, was von den Marktteilnehmern gebraucht und nachgefragt wird.

Überlegen wir einen Augenblick. In der Tat ist es richtig, dass es auf den Markt ankommt. Aber widerspricht das notwendig der Auffassung, den Gründer und seine persönlichen Neigungen in die Betrachtung mit einzubeziehen? Wenn es um die Wahl des Berufs geht, gehen wir doch auch von der Person aus, auch wenn im Markt für andere Berufe momentan mehr Nachfrage besteht. In Sachen Berufswahl leuchtet uns unmittelbar ein, dass wir nicht den Menschen beiseiteschieben können. Warum also nicht auch bei der Wahl des Gebietes, auf dem ich mich als Gründer betätigen will? Entrepreneurship ist auch ein Beruf, allerdings mit der Chance, näher an der Vorstellung von »Berufung« zu sein als in abhängiger Beschäftigung.

Das Konzept muss stimmig zum Markt sein – richtig. Aber wenn es nicht auch stimmig zur Person des Gründers ist, laufen wir Gefahr, dass die Energie, die Leidenschaft und die Ausdauer nicht ausreichen, den langen Weg vom ersten Einfall zum ausgereiften Konzept, zur erfolgreichen Markteinführung und schließlich zum Aufbau und Wachstum eines erfolgreichen Unternehmens gehen zu können.

Von Malcolm Gladwell stammt die These, dass es mindestens 10 000 Stunden Beschäftigung mit einem Thema braucht, um Meisterschaft in einem Fachgebiet zu erreichen. So viele Stunden – wie soll man die Zielstrebigkeit und Selbstdisziplin aufbringen, wenn das gewählte Gebiet den eigenen Neigungen nicht wenigstens in Teilen entspricht und Freude macht? Überfordern wir uns nicht zwangsläufig?

Die meisten Menschen, die ich getroffen habe, glauben, dass man als Gründer eiserne Disziplin mitbringen müsse. Das ist nur halb richtig. Ja, Disziplin braucht es, aber noch wichtiger ist Begeisterung. Wenn es nur Disziplin ist, die uns zur Arbeit bringt, halten selbst willensstarke Menschen nicht lange durch. Begeisterung ist das bessere Element. Es lässt uns die Mühen und Anstrengungen – wie beim Sport – leichter wegstecken, ja oft gar nicht als solche empfinden. Ein Meister dieses Themas: Eberhard Wagemann, Steuerberater, Unternehmenssanierer und Extremmarathonläufer (270 Kilometer durch die Wüste). Wie wir aus Grenzerfahrungen lernen und unseren Körper und Geist besser verstehen können. Wagemann – nomen est omen.

Julia Cameron beschreibt in ihrem Buch *Der Weg des Künstlers*[66] dieses Phänomen am Beispiel der künstlerischen Arbeit. Begeisterung sei wichtiger als Disziplin. Enthusiasmus (das aus dem Griechischen stammende Fremdwort für Begeisterung) sei eine dauerhafte Energiequelle. Sie gründe sich auf Spiel, nicht auf Arbeit. Der Künstler in uns sei in Wirklichkeit unser inneres Kind, unser innerer Spielkamerad. Wie bei allen Spielkameraden sei es Freude und nicht Pflicht, die eine dauerhafte Bindung schaffe. Was andere Menschen vielleicht für Disziplin hielten, sei in Wirklichkeit eine Verabredung zum Spielen, die wir mit unserem »Künstler-Kind« getroffen hätten. Sie – Cameron – sei im Laufe ihrer Arbeit zu der Überzeugung gelangt, dass Kreativität unsere wahre Natur sei.

»Wenn Du das zu Deiner Aufgabe machst, was Dir Spaß macht, brauchst Du Dein Leben lang nicht zu arbeiten.«

Der Satz wird Konfuzius zugeschrieben. Eine Provokation für westliches Denken. »Im Schweiße Deines Angesichts sollst Du …«, klingt uns in den Ohren. Aber Konfuzius' Satz sollte auch für Sie von zentraler Bedeutung werden. Niemand, wirklich niemand kann Sie zwingen, einer Tätigkeit nachzugehen, die Ihnen nicht liegt, die Ihnen keine Befriedigung gibt. Lassen Sie sich nicht länger bestechen. Die Lohntüte ist ein schlechter Ersatz für ein fremdbestimmtes, vielleicht sogar nicht gelebtes Leben. Jedenfalls eines, welches das, was als Potenzial in Ihnen steckt, nicht ausschöpft.

So wie wir uns die eigene Wohnung nach den eigenen Bedürfnissen einrichten und einen Partner suchen, der zu uns passt, so müssen wir uns auch unser ureigenes Entrepreneurial Design zu formen versuchen. Jedenfalls sollten wir das als Idealkonstruktion vor Augen haben. Klar, dass wir Abstriche machen müssen. Schließlich finden wir im realen Leben auch nicht den idealen Partner, die zu 100 Prozent passende Wohnung, sind uns Einrichtungsgegenstände zu teuer.

Sei Du selbst – wage es, anders zu sein.
Es gibt keinen Grund, sich vom eigenen Weg abbringen zu lassen.

Über die Hälfte aller Beschäftigten, so heißt es in einschlägigen Studien, hätten innerlich gekündigt. Streiten wir nicht über die Zahl, sondern machen wir uns bewusst, dass hier eine massive Verschwendung von Potenzial stattfindet. Die einen sind überfordert, die meisten unterfordert. Vielen gefällt der Inhalt der Arbeit nicht; sie suchen vergebens, einen Sinn darin zu erkennen. Anderen gefällt die Art der Tätigkeit nicht. Über die Jahrzehnte hat sich daher eine umfangreiche Literatur rund um Motivation oder Humanisierung der Arbeit angesammelt.

In seinem bekanntesten Werk *Mythos Motivation*[67] sagt der Managementautor Reinhard K. Sprenger, Motivation müsse von innen kommen, und zwar aus dem Bewusstsein des Menschen, in jeder Beziehung frei entscheiden zu können. Er müsse bereit sein, Selbstverantwortung zu übernehmen – die innere Motivation stelle sich dann von alleine ein.

Können Sie sich irgendeinen Arbeitsplatz vorstellen, den jemand für Sie einrichtet, der genau Ihren Fähigkeiten und Talenten entspricht? Ihrem Wunsch nach zu Ihnen passenden Mitarbeitern, zur Form der Arbeit und zu den Inhalten, die Sie deutlich bejahen – kurz, dass jemand einen idealen Arbeitsplatz für Sie einrichtet? Ich kann es mir nicht vorstellen. Wer sollte das tun? Wie sollten der Zweck eines Unternehmens und seine Einzeltätigkeiten mit Ihren ganz individuellen Bedürfnissen in Einklang gebracht werden können? Ist das nicht eine höchst unrealistische Annahme? Liegt hier nicht ein gehöriges Ausmaß an Wunschdenken vor, geboren aus der natürlich gut gemeinten Absicht, für die fremdbestimmte Arbeit »begeistern« zu können? Und ist dies nicht ein Wunschdenken, das viel praxisferner ist als die Vorstellung, mehr Menschen für Entrepreneurship zu begeistern?

Was Sprenger seit Jahren den Managern der Großkonzerne ans Herz legt, verstehe ich als klares Plädoyer für Entrepreneurship. Denn *Sie* sind derjenige, der sein eigenes Tätigkeitsfeld zusammenstellt. *Sie* sind es, der die Mitarbeiter auswählt, und es ist Ihr gutes Recht – ja sogar Ihre Pflicht –, Mitarbeiter zu suchen, mit denen *Sie* gut zusammenarbeiten können und mit denen *Sie* gut harmonieren – inhaltlich und in der Art und Weise, wie *Sie* ein Unternehmen führen. Mitarbeiter, die Ihre Stärken unterstützen und Ihre Schwächen kompensieren und zu weiteren Stärken Ihres Unternehmens werden lassen. Natürlich muss die Chemie stimmen. Je mehr, desto besser. Für Ihr Unternehmensklima, Ihre Freude an der Arbeit und Ihre Energie, sich für Ihre Mitarbeiter, für den Teamgeist und die Innovationen Ihres Unternehmens einzusetzen.

Wenn Sie Ihr Unternehmenskonzept darüber hinaus im Einklang mit den Werten der Gesellschaft ausgedacht haben, sind die Chancen gut, eine von den Mitarbeitern auch tatsächlich gelebte Unternehmenskultur und ein im Vergleich zu den Großbürokratien anderer Einrichtungen beneidenswertes Betriebsklima hervorzubringen.

Sein eigenes Tätigkeitsfeld für sich gestalten zu können, öffnet eine Tür, die Ihnen sonst verschlossen bliebe. Ihre berufliche Tätigkeit wird positiv auf Ihre Lebensperspektiven und Ihr Lebensgefühl ausstrahlen. Bei innerer Kündigung ist ein positiver Transfer ins Privatleben gering. In einer interessanten Tätigkeit gelingt der Transfer viel eher. Sie werden Gefallen an Neuem finden, an Dingen, die Sie anregen. Sie werden Ihre eigene Kreativität als lustvoll erleben. Sie werden Gefallen an Neuem finden, die Ihnen neue Sichtweisen eröffnet. Sie werden andere Kulturen kennenlernen wollen. Sie werden wahrscheinlich fähiger, Konflikte besser zu lösen und Ihre Beziehungen besser zu gestalten. Und dies wieder wird auch positive Rückwirkung auf Ihre Fähigkeiten haben, neue Entwicklungen am Horizont zu erkennen und ihr Entrepreneurial Design weiterzuentwickeln.

Sie wissen nicht, was Ihnen liegt?
Wirklich nicht?

Der Maler Ernst Fuchs ließ anhalten, wenn er eine schöne Frau sah. Er sprach sie an, ob er sie malen dürfe. Nackt, natürlich. Sei es, weil der Rolls-Royce Eindruck machte; sei es, weil er als Malerfürst berühmt war – nicht wenige Frauen folgten dem Angebot. Malen ist seine Sache. Malen macht ihm Spaß, nicht zuletzt der schönen Frauen wegen.

»Der Spleen ist oft das Beste am Menschen«, sagt Arthur Schopenhauer, »sein kreativster Teil, mit dem große Energien freigesetzt werden können, ein Stück Utopie zu verwirklichen.«

Herbert Seckler verschlug es mit 25 nach Sylt. Es hat ihn dabehalten. Wo auf der Welt, sagt er, könne es angenehmer sein? Das ganze Jahr am Strand zu leben und schöne Frauen zu sehen? Die Holzbude im Süden der Insel, so sein Rückblick, kaufte er viel zu teuer. Obwohl der Start danebenging, blieb er. Heute ist die Holzbude »Sansibar«, sein Restaurant, weltberühmt.

Prüfen Sie übrigens einmal – mehr im Stillen – die Geschäftsmodelle von Männern, wie weit das Thema, dem anderen Geschlecht zu imponieren, offener oder heimlicher Bestandteil ist. Verstehen Sie mich nicht falsch. Ich meine das überhaupt nicht ironisch oder gar negativ. Nichts ist natürlicher als die Anziehungskraft des anderen Geschlechts. Ich will damit sagen, dass Sie gar nicht so weit suchen müssen, gar nicht in unbekannte, analytische Tiefen hinabsteigen müssen, um herauszufinden, was Ihnen wichtig ist. Die Nähe zu anderen Menschen vielleicht, die Nähe zur Natur, Verbundenheit mit Kunstschaffenden, Kunstbetrachtung, Nähe zu kreativen, experimentellen Räumen oder auch bewährten Pfaden folgend. Es geht um *Sie*, um *Ihr* geglücktes Leben.

Sie glauben, ein ganz und gar unkreativer Mensch zu sein?

»Mein Hobby sind Briefmarken.« Kreativeres hätten Sie nicht zu bieten. Das Thema sei zu banal. Sie hätten schon versucht, Frauen anzusprechen, und vorgeschlagen, ihnen Ihre Briefmarkensammlung zu zeigen. Aber das sei nicht gut angekommen.

Was Sie damit unternehmen könnten? Briefmarkenhändler sein? Ja – aber das liege Ihnen nicht. Das wollten Sie nicht.

Dabei gibt es so viele Möglichkeiten, sich eines scheinbar banalen Themas anzunehmen. Hier eine kleine Vorschlagsliste:

- Eine Reise organisieren – um die Blaue Mauritius im Museum für Kommunikation in Berlin zu sehen.
- Süchtige vom Sammlerwahn heilen oder auch die Sammler vom Perfektionswahn erlösen.
- Als Briefmarke oder als Briefmarkenalbum herumlaufen.
- Das Briefmarkenkleid designen. Briefmarken auf die Kreation kleben. Überhaupt: Aufkleber! Mit den Inhalten der Aufkleber, mit der Form, mit dem Material spielen. Die virtuelle Briefmarke im Internet.
- Briefmarkentapeten einführen.
- Die sprechende Briefmarke mit Sprechblasen oder als Video erfinden.
- Oder als Königsdisziplin: Selber Briefmarken drucken. Mit den Köpfen Ihrer Freunde.
- Ein Land erfinden und Briefmarken dafür drucken (der Schotte Gregor MacGregor hat im Jahre 1822 Staatsanleihen eines von ihm erfundenen Landes herausgegeben und erfolgreich verkauft. Es gilt als Meisterstück aller Schuldenmacher).
- Witzmarken erfinden.
- Briefmarkenmärchen ausdenken.
- Die Welt mit den Augen einer Briefmarke sehen.
- »Ich bin eine Briefmarke!« statt »Ich bin ein Berliner!«.

Ergebnis: Briefmarken können die ganze Welt bedeuten.

Sport als Modell für Entrepreneurship

Sport steht für Leistung und Fairness. Und Wettbewerb. Er gibt Feedback auf die Leistungsmessung, spornt an und hat, wie jedes Spiel, Unterhaltungswert. Aber, und hier ist der Vergleich zum Sport erhellend, der Wettbewerb ist nicht der Hauptpunkt. Der Kern ist vielmehr das Erlernen der Sportart, sprich trainieren und immer wieder trainieren. Aber

Spaß muss es auch machen. Wir haben also drei Eckpunkte: Wettbewerb, ausdauerndes Training und Spaß.

Bleiben wir einen Moment beim Spaß. Welche Sportart soll ich wählen? Sicherlich spielt dabei eine Rolle, welche Sportarten in meinem Umfeld angeboten werden. Aber wir werden uns sofort einig sein, dass zwar die zur Verfügung stehenden Möglichkeiten eine Rolle spielen, aber nicht die ausschlaggebende. Ich wähle als Person natürlich einen Sport, der mir liegt, den ich mag, mit dem ich positive Fantasien verbinde. Es steht also meine Person im Mittelpunkt der Entscheidung. Die vorhandenen Möglichkeiten, die Ressourcen, grenzen ein, aber den Ausschlag geben meine Wünsche, Fähigkeiten, Talente, geistigen und körperlichen Stärken. Am Beispiel Sport wird deutlich, dass ein Vorgehen entlang der vorhandenen Möglichkeiten – auf Entrepreneurship übertragen: *opportunity recognition* – Nachteile hätte, von Begrenzungen getragen wird, also keine optimale Entscheidung darstellt. Um die Ausdauer für hohe sportliche Leistungen aufzubringen, muss der Sport, bei aller körperlichen oder geistigen Anstrengung, auch Lust, Freude und Befriedigung bringen.

Beim Sport wird deutlich, wie selbstverständlich es ist, von den eigenen Stärken auszugehen und nicht etwa eine Sportart zu wählen, bei der man aufgrund körperlicher Gebrechen von vornherein Nachteile hätte. Ich lege Ihnen daher nahe, bei Ihren Überlegungen und den einzelnen Entscheidungsschritten sich das Phänomen Sport vor Augen zu halten. Es hilft uns, die vielen vorschnellen und oft rundweg unzutreffenden Vorstellungen von Unternehmensgründungen besser wahrzunehmen. Beim Sport geht es um Ausdauer, um Herausforderung, sehr viel Training und – um das alles zu bewältigen – um Spaß. Der Reiz etwa, Fußball zu spielen, muss die enorme körperliche Anstrengung, das Verletzungsrisiko, den Trainingsaufwand, die Kosten und den Zeitverlust aufwiegen.

Und noch ein Letztes ist bei diesem Vergleich aufschlussreich: Eine große Leistung wird belohnt, auch finanziell. Und dies wird im Sport auch akzeptiert.

Beim Sport setzt der Wettbewerb die Maßstäbe. Wenn ich bis nach Wimbledon kommen will, muss ich bestimmte, sehr hohe Qualitätsmaßstäbe erfüllen. Es ist unmittelbar einsichtig, dass ein weiter Weg vor mir liegt. Beim Entrepreneurship ist es nicht anders. Der Wettbewerb im

Markt entscheidet, und ich muss diesen Maßstäben genügen. Genügt nicht auch ein origineller Einfall? Beim Hochsprung mit dem Rücken zuerst über die Latte? Ja, es sieht wie ein Einfall aus. Richard Fosbury revolutionierte den Hochsprung durch die von ihm entwickelte Sprungtechnik, den Fosbury-Flop, bei dem der Springer die Latte rücklings überquert. Aber vom ersten Gedanken bis zur erfolgreichen Ausführung ist es ein langer Weg. Seine Technik wurde lange skeptisch beurteilt, ist heute aber in abgewandelter Form die Standardtechnik des Hochsprungs.

Wenn Ihr Entrepreneurial Design zu Ihrer Person, zu Ihren Bedürfnissen stimmig ist, haben Sie bereits eine gute Ausgangsposition. Sie werden sich mehr auf Ihre Stärken stützen, als Ihre Schwächen kompensieren zu wollen. Sie werden mehr Ausdauer und Durchhaltevermögen aufbringen, die Sie brauchen, um auch kritische Phasen durchstehen zu können. Sie werden sich nicht so leicht entmutigen lassen. Die Chance, dass die Arbeit Ihnen Befriedigung verschafft, ist größer. Wenn neben Ihren Hauptbedürfnissen auch noch andere Neigungen, andere Wünsche erfüllt werden, umso besser. Ihr Entrepreneurial Design bekommt damit auch auf der Ebene der Motivation zusätzliche Stützen. Es steht also auch von der Motivation her auf mehr als nur einem Bein. Und wenn es Beine sind, die Ihnen guttun – großartig!

Wer aus eigener Initiative lernt, ist frei von Bevormundung, von Lehrplänen und durch andere festgelegte Lernzeiten und -orte. Doch wie orientieren Sie sich, wie finden Sie aus dem großen Angebot heraus, was für Sie wichtig ist? Es gibt zwei Herangehensweisen – die den beiden unterschiedlichen Lernstilen entsprechen, mit denen sich Menschen Lerninhalte aneignen:

- Sie können intuitiv stöbern und surfen, bis sich für Sie Muster und Sinn ergeben (dann gehören Sie zu der Gruppe, die im angelsächsischen Raum »Grouper« genannt wird);
- Sie können sich für die systematische Herangehensweise »Schritt für Schritt« entscheiden (dann gehören Sie zur Gruppe der »Stringer«).

Entscheidend ist der bewusste Umgang mit den Inhalten, und den können Sie sich durch die Frage »Bin ich ein Grouper oder ein Stringer?« erschließen. Nutzen Sie diese Möglichkeit zur Optimierung Ihrer mentalen Kompetenz und Selbstmotivation.[68] Aber immer ist es unerlässlich, sich darüber im Klaren zu sein, *was* Sie wollen, *was* wichtig für Sie ist, *warum* Sie etwas hinzulernen wollen. Sobald Sie sich diese Basis verschafft haben, wird das Lernen sehr viel leichter gelingen, ja es kann sogar ein Sport daraus werden und richtig Spaß machen.

Die senkrechten Gärten

»Wenn Du glücklich werden willst, werde Gärtner«, sagt ein altes chinesisches Sprichwort.

Glücklich, die ein Stück Land besitzen und einen Garten anlegen können. Nicht jeder hat dieses Privileg. Wie wäre es denn, Gärten senkrecht anzulegen? An Hauswänden, hässlichen Mauern, Parkhäusern. Ein schöner Einfall. Flächen, die sonst keinen Nutzen haben, oft unansehnlich sind, mit Pflanzen bestücken. Kann so schwer nicht sein! Manche Pflanzen, wie Efeu, wachsen von selbst an einer Wand hoch, anderen muss man Kletterhilfen geben, Latten an die Wand nageln, eventuell Gitter daran befestigen. Wer aufmerksam durch eine Stadt läuft, wird hin und wieder eine solche bewachsene Wand sehen. Also worauf warten? Einfall nutzen, zügig entscheiden und loslegen?

Anders Patrick Blanc.
Ein senkrechter Garten ist für ihn weit mehr als eine bewachsene Wand.

Mit einem Aquarium fing es an. Im Warteraum des Doktors der Familie Blanc. Der kleine Patrick, fünf Jahre alt, war gefesselt von tropischen Pflanzen. Die Faszination für Natur blieb ihm. Er fing Kaulquappen und beobachtete ihre Metamorphose zu kleinen grünen Fröschen. Erfuhr so über ihr Habitat. Mit 15 begann er, das Filtersystem seines Aquariums genauer zu studieren, und stellte fest, dass Pflanzen nicht nur als Filter taugen können, sondern dass sie sogar in den Lagen des Filtersubstrats

Wurzeln schlagen und, wenn das Substrat außerhalb des Wassers liegt, dauerhaft überleben können. In diesen Jahren war es, sagt Blanc, »dass alles anfing, zusammenzupassen«.

Experimente mit einem kleinen Wasserfall, das Verhalten seiner Pflanzen entlang des vertikal strömenden Wassers, die Art, wie sie Wurzeln schlugen und sich anpassten. Mit 19 brach er zu einer Urlaubsreise nach Thailand auf und sah dort einen Teil seiner Pflanzen in ihrem natürlichen Habitat. Er erlebte, wie sich Pflanzen auf jeder Art von Untergrund ansiedeln und festhalten können. Er begann, das Verhalten von Pflanzen systematisch zu studieren; wie sie sich an Wasserfällen verhalten, an Uferbänken, an feuchten Felsen, an Klippen, in Höhlen. Kein natürliches Habitat, das er nicht erforscht hätte.

Blanc wurde zum universellen Experten für Pflanzen in vertikalem Terrain. »Ich glaube«, so sagt er heute, »dass die große Vielfalt der Pflanzen, aus der ich wählen kann, und die spezifischen Sequenzen, in denen ich sie anlege – und damit die Natur imitiere –, den Grund für die Begeisterung bilden, die meine senkrechten Gärten auslösen.« Wenn man Hunderte verschiedene Pflanzen in eine einzelne Wand setze, feuere das die Einbildungskraft der Menschen an. Man kann nur ahnen, welches Detailwissen sich Blanc im Laufe der Jahre angeeignet hat. Heute ist er einer der ganz Großen, wenn es um senkrechte Gärten geht.[69]

Auch das technische Verfahren ist höchst anspruchsvoll. Die Unterlage besteht aus einem Acrylfilz, der an eine Wand geheftet wird. Darüber wird ein grobmaschiges Gitter befestigt. In die Wand werden Bewässerungsrohre integriert, die jeden Tag für einige Minuten Wasser abgeben. In Schlitze, die in den Filz geschnitten sind, werden dann Setzlinge gepflanzt. Der Erfolg der Bepflanzung hängt von der Auswahl von Pflanzen ab, die an Lage, Sonneneinstrahlung, Himmelsrichtung und Klima angepasst sein müssen.

Patrick Blancs erster Einfall reifte zu einer Lebensaufgabe heran. Kindliche Begeisterung und Neugier spielen ebenso eine Rolle wie Liebe zur Natur und ausdauernde Beschäftigung mit dem Hobby. Niemand, so meine ich, der nicht eine große Passion zu seiner Aufgabe fühlt, vermag derart umfangreiche Recherchen zu bewältigen. Blancs senkrechte Gärten wirken, als seien sie natürlich gewachsene Kunstwerke. Der überwältigende Anblick nimmt den Betrachter für die Sache ein, begeistert erzählt er seinen Freunden und Bekannten davon. Es bedarf keiner Werbung. Die Brillanz eines Konzepts verwandelt Betrachter in Botschafter.

Stimmig zum Markt

Natürlich muss Ihr Entrepreneurial Design stimmig zum Markt sein. Das steht in jedem Lehrbuch über Unternehmensgründung, und stimmt auch. Aber wenn Sie *nur* vom Markt her denken, laufen Sie Gefahr, ähnlich fremdbestimmt zu werden wie als Angestellter. Wenn Sie aber nur von der *Person* her denken, laufen Sie Gefahr, eine Art Künstlerdasein zu führen, mit Elementen von Selbstverwirklichung zwar, aber wenig wirtschaftlichem Erfolg. Sie sollten also immer beide Perspektiven im Blick haben.

Der Markt ist das Kraftfeld, aus dem Ihr geplantes Unternehmen seine Energie bezieht. Ihre Kunden sind Ihre Energielieferanten. Damit sie mit ihrem Geld Ihr Unternehmen erfolgreich machen, sind Ihre Kunden das Lebenselixier Ihres Unternehmens. Die meisten Lehrbücher schließen daraus, dass der Kunde König sei. Dem würde ich nicht folgen. Der König sind Sie – und das haben Sie auch verdient. Der Kunde ist eher der Wähler, den Sie überzeugen müssen, aus vielen Alternativen dem Angebot Ihres Unternehmens seine Stimme zu geben.

Man kann diese Analogie weiterspielen und sagen: Wie in der Politik brauchen Sie ein gutes Programm. Hilfreich ist es, wenn eine Person dieses Programm glaubwürdig verkörpert. Wenn irgend möglich, sollten Sie diese Rolle, Ihr Angebot glaubwürdig zu repräsentieren, auch selbst übernehmen. Und es ist von Vorteil, wenn Ihr Programm nicht nur die gegenwärtigen Bedürfnisse Ihrer Kunden repräsentiert, sondern auch ein Stück in die Zukunft blickt.

»Irgendetwas, Hauptsache Gewinn«

Die meisten Gründungsaspiranten, die ich bisher kennengelernt habe, gehen die Suche nach einem Konzept konventionell an: Sie suchen etwas, womit sich Geld verdienen lässt. Irgendetwas, Hauptsache, es springt Gewinn dabei heraus. Der Inhalt ist beliebig. Einzige Bedingung: Am Ende muss ein Überschuss bleiben. Nennen wir diese Vorgehensweise, ein Konzept zu finden, »IHG« – *Irgendetwas, Hauptsache Gewinn.*

Waren verkaufen, Masse produzieren, Produkte verhökern. Egal in welcher Branche. *Business as usual.* Geschäfte machen. Um der Geschäfte willen. Gründen, um viel zu verkaufen. Da liegt folgerichtig der nächste Gedanke nahe, die eigene Firma ebenfalls zu verkaufen. Den Exit beim Gründen gleich mit zu planen.

Das wirft Fragen auf: Wer möchte mit Überzeugung für ein solches Unternehmen arbeiten? Wird es auf Dauer seine Mitarbeiter motivieren können? Werden die Kunden bei der Stange bleiben? Können wir da nicht besser sein? Viel besser sogar?

Es ist eine prinzipielle Frage. Geht es um Geld oder um Sinn?

Eine Ökonomie, die ihre Seele verloren hat, ist ein unsympathisches Wesen. Das gilt erst recht für Unternehmen. Sie werden im Wettbewerb auf Dauer unterliegen, wenn sie mit Menschen konkurrieren, denen es beim Wirtschaften um Inhalte geht. Die Profit als notwendig, aber nicht als primäres Ziel sehen. Die reich werden – als Nebenprodukt –, weil sie reich an Sinn, reich an Problemlösung sind. Weil sie sich in der Tradition der Ökonomie bewegen, weil sie den Menschen dienen wollen, statt sie zu übertölpeln. Weil sie an den Wurzeln dessen, wofür Ökonomie antrat, anknüpfen, und weil sie dadurch auf Dauer überzeugender auftreten können als ihre seelenlosen Mitbewerber.

Daher halte ich das Vorgehen, *Hauptsache, es springt ein Gewinn dabei heraus,* für wenig ergiebig. Ich bin fest davon überzeugt, dass Sie mehr im Köcher haben, über mehr Potenzial verfügen, als nur *irgendetwas* auszuwählen – etwas, das Ihnen gerade einfällt oder Ihnen über den Weg läuft.

Sich für ein Anliegen einsetzen

Der aussichtsreichere Weg besteht darin, sich für ein Anliegen einzusetzen. Sie werden mehr Energie, mehr Ausdauer aufbringen, wenn die Sache, um die es bei Ihrer Gründung gehen soll, mit Ihnen, also mit Ihren Werten und Wünschen verbunden ist. Und Sie haben die Chance, motivierte, ja begeisterte Mitstreiter zu finden.

In der Zeit, als die Eroberung der Arktis noch bevorstand, warb Ernest Shackleton in einer Anzeige für die Beteiligung an einer Expedition. Und zwar so, dass die Mühen und Gefahren hervorgehoben wurden. Extreme Strapazen und Eiseskälte seien zu erwarten. Die Expedition sei riskant bis lebensgefährlich.

Die Reaktion: Es meldeten sich Hunderte von Bewerbern.

Es ist ein Indiz dafür, welche Begeisterung ausgelöst werden kann, welche Strapazen Menschen auf sich nehmen, wenn es um ein *Anliegen,* wenn es um Anerkennung geht – und nicht nur um Geld und Gewinnmaximierung.

Stimmig zu Ihrer Person und stimmig zu den Werten und Wünschen Ihrer sozialen Umgebung – sich für ein Anliegen einsetzen, auch darin liegt das Geheimnis des Erfolgs. Es ist glaubwürdiger, wenn man selbst für eine Sache steht, als nur Gewinn machen zu wollen und seinen Kunden nach dem Mund zu reden.

Detlef Reis von der Mahidol-Universität in Bangkok sagt, wenn man eine Idee produziere oder überprüfe, müsse man sich fragen, ob diese Idee aus der Welt eine bessere mache, ob sie das Leben der Menschen verbessere und ob sie Sinn mache. Man solle erst später daran denken, ob man mit ihr Geld verdienen könne. Wenn man versuche, eine sinnvolle Idee zu entwickeln, sei es wahrscheinlich, dass die Ideen auch wertvoll seien. Wenn man jedoch damit beginne, sich zu überlegen, mit welcher Idee man Geld verdienen könne, würden die Ideen, eben weil sie nicht sinnvoll seien, ironischerweise wenig Wert haben.

Wir müssen diesen Gedanken noch ein ganzes Stück weiterführen. Es gibt nicht nur Business Entrepreneurship. Also solche Anliegen, bei denen es konstitutiv ist, dass am Ende ein Überschuss der Einnahmen zu den Kosten besteht und dieser Überschuss auch den individuellen Lebensunterhalt sichern soll. Es gibt eine Fülle von Anliegen, in denen die Aussicht auf einen solchen Überschuss entweder keine Rolle spielt oder auch gar nicht möglich ist. Sei es Social Entrepreneurship, Ecological Entrepreneurship oder Cultural Entrepreneurship, um nur einige Felder zu nennen – in diesen Fällen steht ein anderes Anliegen im Vordergrund. Oft ist ein Überschuss auch gar nicht rechenbar, gar nicht darstellbar. Wie soll ich zum Beispiel den Rückgang von Diskriminierung rechnerisch darstellen?

Entrepreneurship darf sich nicht nur auf Business Entrepreneurship reduzieren. »Etwas unternehmen« kann sich auf eine unendliche Zahl von Feldern erstrecken. So auch Ihr Anliegen. Wo wollen Sie aktiv werden? Was setzen Sie sich zum Ziel, was wollen Sie in Ihrem Umfeld verändern? Es ist die Idee des Initiativ-Werdens, des Nicht-länger-Hinnehmens, was Entrepreneurship im Kern ausmacht. *Go for a cause.* Gib Deinem Leben einen Sinn. Fokussiere. Verspüre das Gefühl, etwas bewirken zu können. Gründe ein Unternehmen, um Einfluss auf die Gestaltung der Gesellschaft zu nehmen.

Sie werden die Erfahrung machen, dass Sie, obwohl Sie sich für andere einsetzen, auch viel für sich selbst gewinnen. Sie werden an der Herausforderung wachsen, an Lebendigkeit gewinnen. Ihr Leben wird sich verändern, positiv, nicht nur das der anderen, für die Sie sich mit Ihrem Anliegen einsetzen.

Das mag für Sie so klingen, als ob Ökonomie nun keine Rolle mehr spiele. Keineswegs. Die Ökonomie muss Ihrem Anliegen nicht entgegenstehen.

Ökonomisch, ökologisch und sozial denken

Ökonomisches Denken heißt – man kann es nicht oft genug betonen –, sparsam mit Mitteln umgehen. Das ist der Urgedanke der Ökonomen und ein zeitlos gültiges Prinzip. Ökonomisches Denken, so verstanden, hat viel mit ökologischem Denken gemeinsam, steht also keineswegs im Widerspruch zur Ökologie.

Viele Menschen, weil sie ökonomischem Denken grundsätzlich misstrauen, machen sich gar nicht erst die Mühe, ökonomische Handlungsspielräume zu erkennen, auszuloten und zu nutzen. Bio-Qualität und fairer Handel müssten eben teuer bezahlt werden – basta! Billige Preise, das klingt nach Discounter, miesen Arbeitsbedingungen, rücksichtslosem Kampf um Marktanteile zulasten der Qualität oder Ausnutzung von Billiglöhnen in Entwicklungsländern. Das wollen wir doch nicht. Wer so mit Generalverdacht andere Möglichkeiten der Kostenersparnis beiseiteschiebt, tut uns allen einen schlechten Dienst. Er gibt denjenigen Argumente an die Hand, die Alternativen zu unserer verbreiteten Art des Wirtschaftens schnell als Gutmenschentum, unrealistischen Idealismus oder Dilettantismus abqualifizieren.

Nun wissen wir alle, dass es gute und nicht so gute Arten gibt, Kosten zu sparen. Wir können darauf setzen, unsere Mitarbeiter schlecht zu entlohnen, dem Arbeitsumfeld und den Arbeitsbedingungen wenig Aufmerksamkeit zu schenken, Stellen rabiat zu rationalisieren, ohne Rücksicht auf die Menschen dahinter. Wir können Effizienz durchsetzen, die den eigenen Betrieb entlastet und die Kosten auf die Umwelt oder die Gemeinschaft verlagert. Wir können auch an den Sicherheitsstandards knapsen.

Es gibt aber durchaus sinnvolle Formen, Kosten zu sparen. Wir können neue, kostensparende Technologien einsetzen. Bessere Vorausplanung hilft, uns besser zu organisieren. Wir können mit Konventionen brechen, die unnötige Kosten verursachen. Wir können am Marketing sparen. Wir können Convenience und Gewohnheiten daraufhin überprüfen, ob sie den Aufwand, den sie verursachen, wirklich wert sind. Käufer sind durchaus bereit, auf Vertrautes, etwa Verpackungsmaterial, zu verzichten, wenn ihnen die ökonomische und ökologische Ersparnis überzeugend dargelegt wird.

Niedrige Preise sind schlecht, wenn sie auf Kosten der Belegschaft, Sicherheit oder Ökologie gehen. Niedrige Preise sind gut, wenn sinnvolle Einsparungen dahinter stehen. Wenn wir unseren Kopf dafür einsetzen, intelligenter zu wirtschaften und Effizienzen ausfindig zu machen, die Unnötiges einsparen und nicht nur Kosten verlagern.

Der stationäre Einzelhandel verteuert heute die Waren ungemein. Steigende Mieten, steigende Nebenkosten, hohe Personalintensität, oft ungenügende Kapazitätsauslastung haben ihren Preis. Grünen Salat kann ich nicht anders handeln. Als Händler beim nächstgelegenen Lager des Großhändlers einzukaufen, ist bequem. Ob es ökonomisch und ökologisch sinnvoll ist, ist eine ganz andere Frage. Um wie viel steigen beim Direkteinkauf meine Risiken und mein Finanzierungsaufwand? Und wie sieht diese Rechnung unter ökologischen Gesichtspunkten aus? Wie viel an unnötigen Transportwegen, an Lagerhaltung, an Zwischenverpackungen wird dadurch eingespart? Wie viele Kosten entfallen bei mir und wie viele entfallen für die Gemeinschaft?

Wer sich in solche Rechnungen vertieft, ist *keine Krämerseele*, sondern handelt verantwortlich gegenüber seinen Kunden, Erzeugern und gegenüber der Umwelt.

Hohe Preise erzeugen Probleme an anderer Stelle; sie sind unsozial für Menschen mit niedrigen Einkommen, bieten skrupellosen Billigproduzenten Angriffsmöglichkeiten oder verzögern die Einführung wünschenswerter Verfahren (Bio-Qualität, fairer Handel).

Ich habe mich immer gewundert, wie wenig bei alternativen Ansätzen von Wirtschaft auf den einfallsreichen, sparsamen Umgang mit Mitteln geachtet wird. Wie oft völlig konventionelle Formen – wie etwa der stationäre Einzelhandel – unhinterfragt übernommen werden. Wie, statt in Kooperation und Mehrfachnutzung zu denken, das eigene Büro, der eigene Laden eingerichtet wird. Wie einem in Sachen Marketing nichts Besseres einfällt, als Anzeigen zu schalten. Und Flyer zu verteilen, die auf Ablagen ihr Dasein fristen und schließlich von der Putzfrau entsorgt werden. Wie die lange Dauer von Sitzungen mit Partizipationserfordernissen gerechtfertigt wird, statt die ungenügende Vorbereitung und unzureichende Moderation anzugehen. Wie die Chance für ehrenamtliche, nicht bezahlte Mitarbeit dazu führt, dass schlampig organisiert und gewirtschaftet wird.

Solche gut gemeinten, alternativen Versuche sind *nicht* Vorboten einer neuen Ökonomie, sondern Ausdruck unwirtschaftlichen Handelns. Sie helfen – ungewollt –, die Vorstellung zu zementieren, dass Wirtschaft ohne die vorfindbaren ökonomischen Formen eben nicht funktioniere.

Das Beispiel Waschkampagne

Ein Entrepreneurial Design, das für mich beispielhaft mit einfachen, aber überzeugenden Mitteln zu sparen vermag, ist die Waschkampagne. Sie begann damit, dass sich ein Münchner Rechtsanwalt über die Umweltbelastung durch Waschmittel Gedanken machte.

»Ich half meiner Frau gerade im Keller beim Wäschezusammenlegen«, sagt Wolfgang Kunz, »und fragte mich, warum Procter & Gamble, Henkel und Unilever nur standardisierte Waschpulver verkaufen, egal, ob das Wasser weich oder hart ist und man damit entweder zu viel Enthärter oder zu viel Tenside verwenden muss. Mir kam die Idee, ein eigenes Waschmittel herzustellen. Eines, das für den jeweiligen Härtegrad passt.«

So einfach das klingt, die großen Hersteller, die standardisierte Markenprodukte verkaufen, machen genau das nicht. Ihre Waschmittel halten nur eine einzige Mischung bereit, egal ob Sie weiches oder hartes Wasser haben. Da zum Waschen aber weiches Wasser benötigt wird, ist allen Waschmitteln Enthärter beigefügt. Je härter das Wasser ist, umso mehr Waschpulver muss also verwendet werden, um ausreichend Enthärter bereitzustellen. Dabei würde es völlig ausreichen, nur die Menge des Enthärters zu erhöhen. Weil aber herkömmliche Waschmittel hier nicht differenzieren, dosiert der Verbraucher automatisch auch die waschaktiven Substanzen zu hoch, obwohl gar keine höhere Menge gebraucht wird. Viele dieser sogenannten Tenside landen damit ungenutzt im Abwasser.

Bei Kunz ist das anders. Sein Waschmittel stimmt die Menge des Enthärters auf den jeweiligen Härtegrad des Wassers ab. Statt eines einzigen Waschmittels gibt es jetzt drei: eines für weiches Wasser, eines für mittlere Wasserhärte und eines für hartes Wasser. Weil man auf diese Weise die richtig dosierte Menge an Enthärter bekommt, verwendet man nur noch die tatsächlich benötigte Menge Waschmittel. Das spart bei hartem Wasser sage und schreibe 41 Prozent der Tenside.

Eine Kampagne, wie Ökonomie sein sollte. Ein Beispiel einer Ökonomie von unten. Weshalb ich mich bei Wolfgang Kunz' Waschkampagne auch als Business Angel beteiligt habe.

So weit der Einfall, die Ausgangssituation. Aber wie soll ein Rechtsanwalt Waschmittel herstellen, wenn doch Procter & Gamble und die anderen Konzerne riesige, effiziente Anlagen betreiben? Viel Geld auftreiben und eine große Fabrik errichten, um mit den Konzernen konkurrieren zu können? Hier kommt das Denken in Komponenten ins Spiel. Wir kommen darauf später noch zurück.

Im Beispiel der Waschkampagne passen »stimmig zur Person« und »stimmig zum Markt« gut zusammen. Das muss nicht immer so sein. Was stimmig zur Person ist, muss keineswegs bei anderen Anklang finden, so wie die Wünsche anderer bei einem selbst vielleicht auf Ablehnung stoßen. Es ist also durchaus ein Findungs- und Rechercheprozess, so lange zu suchen und zu experimentieren, bis man Felder guter Übereinstimmung findet. Der Wurm, wie es so schön heißt, muss dem Fisch schmecken, nicht dem Angler. Aber wenn sich der Angler vor Würmern ekelt, hat er das falsche Hobby.

Win-win-Situationen schaffen

Intelligente Ökonomie kann mehr sein, als nur in Sparen und Überschüssen zu denken.

Wenn Handel so angelegt ist, dass er den beteiligten Seiten nutzt, werden sich die Partner wohlgesonnen sein, sich gegenseitig schützen, jedenfalls sich nicht befeinden. Man wird versuchen, den Handelspartner zu verstehen, schon weil es Vorteile bringt.

Die türkischen Obsthändler in Berlin sind ein gutes Beispiel dafür. Natürlich versuchen sie, die deutschen Kunden zu verstehen, möglichst ihre Sprache zu sprechen und sich in ihre Kultur einzufühlen. Alles andere wäre schädlich fürs Geschäft. Ein Gerüst für Integration, ein gelungenes sogar, so könnte man es bezeichnen.

Ließe sich dieser Gedanke sogar als Friedenskonzept formulieren? Denken wir uns eine Plattform, auf der israelische und palästinensische Produzenten und Händler ihre Waren anbieten. Würde es nicht dem Frieden dienen, wenn beide Seiten voneinander profitieren? Fällt es dann den Beteiligten nicht leichter, sich gegenseitig das Existenzrecht zuzuerkennen? Wir, als Impuls von außen und als Initiatoren der Plattform, könnten uns zusätzlich als Kunden anbieten, um die ökonomische Attraktivität der Plattform zu erhöhen.

Wir haben an anderer Stelle beschrieben, dass die amerikanische Literatur bezüglich Entrepreneurship *opportunity recognition* als Ausgangspunkt herausarbeitet. Nun ist, was für den einen eine Gelegenheit darstellt, oft für den anderen, bevor er es richtig bemerkt, eine Verschlechterung seiner ökonomischen Lage.

Opportunity recognition, bayerische Variante:
Richter, in einer Gasthausschlägerei ermittelnd: »Angeklagter, warum haben Sie dem Gast einen Schlag versetzt?« Angeklagter: »Er stand gerade so günstig.«[70]

Gelungenes Entrepreneurship denkt in *Win-win-Situationen*. Am besten gleich mehrfach. Erstens für die Nutzer, zweitens für den Entrepreneur, der es sich ausgedacht und mit eigenem Risiko implementiert hat. Drittens für diejenigen, die etwas her- oder bereitstellen, die Erzeuger also, in den Fällen, in denen dies der Entrepreneur nicht selbst tut. Wenn das Entrepreneurial Design zeitgemäß ist, also unsere ökologischen und sozialen Problemlagen mit berücksichtigt, wird es auch für die Umwelt und für die Gesellschaft förderlich sein. Fast unnötig zu sagen, dass es auch die Stabilität des Konzepts erhöht, wenn es für möglichst viele Seiten, nicht nur für den Entrepreneur, einen Gewinn schafft.

Auf mehr als einem Bein stehen

Es mag Ihnen verfrüht erscheinen. Aber Sie sind auf der sichereren Seite, wenn Sie schon von Beginn der Entwicklung Ihres Entrepreneurial Design die spätere Stabilität Ihres Konzepts mitdenken. Ein Design, das gleich mehrere Vorteile im Markt gegenüber der Konkurrenz aufweist, also auf mehr als nur einem Bein steht, hat naturgemäß größere Überlebenschancen.

Was muss man überlegen, wenn man eine größere Feier vorbereitet? Die Leute. Die Nachbarn. Das Wetter. Das Essen. Die Stimmung. Ihre Party steht auf mehreren Beinen, und Sie wissen selbst, dass es sich lohnt, an diesen Beinen zu arbeiten. Wenn Sie sich nichts weiter einfallen lassen, werden sich die Gäste (wie meistens) an ihrem Glas Sekt festhalten und mit denjenigen Gästen sprechen, die sie ohnehin schon kennen. Ein gelungenes Fest lebt davon, dass der Gastgeber nicht von der Organisation erschlagen wird oder gehetzt zwischen Kühlschrank, Gästen und Herd herumspringt, sondern dies möglichst abgibt, um Zeit für das Gespräch mit dem Gast zu haben und Gäste miteinander zusammenzubringen, die ähnliche Interessen haben, aber von allein nicht zusammenfinden würden. Was kann ich tun, um die Stimmung nicht dem Zufall zu überlassen? Eine kurze Ansprache halten? Jemanden finden, der die Tischreden organisiert? (In Georgien gilt es als hohe Kultur, gute Tischreden zu halten – es gibt sogar die Funktion des Tafelmeisters, der für Ablauf und Organisation der Tischreden zuständig ist.)

Dabei ist das hier beschriebene Bein »Unterhaltung der Gäste« nur eines von mehreren. Musik und alles damit Zusammenhängende ist eine andere. Wie kann ich ein extravagantes künstlerisches Highlight organisieren? Eine Gruppe japanischer Trommler, eine Truppe von Clowns? Ein Event, das ausgefallen ist, aber bezahlbar bleibt! Recherche muss her, bei Freunden und Bekannten, bei Agenturen, im Internet. Bei Profis. Einen Künstler gewinnen, den ich für die Idee meines Fests begeistern kann? Künstlerische Einlagen wären ein weiteres Standbein. Auch ein Fotograf kann ein Erfolgsbestandteil Ihrer Einladung sein.

Man kann argumentieren, es reiche doch schon, wenn Sie in einem der hier skizzierten Felder Ihres Festes besonders gut sind, um Ihre Veranstaltung zu einem Erfolg zu machen. Gewiss, Sie können alles auf eine Karte setzen. Aber auf der sichereren Seite sind Sie, wenn Sie auf mehreren Beinen stehen, wenn Sie mehr als nur einen Trumpf in der Hand halten.

Hat Ihr Entrepreneurial Design ein zweites Bein und möglichst auch ein drittes? Oder steht es, wie bei einer Gründung, die auf einem Patent beruht, allein auf einem Bein? Ein Patent kann man umgehen. Sobald bekannt ist, dass es eine Lösung gibt, finden clevere Ingenieure auch einen Weg um ein Patent herum. Selbst wenn eine klare Verletzung des eigenen Patents vorliegt, ist es fraglich, ob man sich als kleines Start-up gegen den Patentverletzer durchsetzen kann, sei es, dass er viel größer ist und das Prozessrisiko länger durchstehen kann, sei es, dass er in einem Land residiert, dessen Rechtssystem die juristische Verfolgung des Patentverletzers erschwert. Auch dies ein Grund, warum konzept-kreative Gründungen keineswegs im Schatten technologiegeleiteter Gründungen stehen müssen.

Bei der Waschkampagne verhilft uns das Prinzip »Weglassen« zu einem weiteren Bein. Der Gedanke, Waschmittel für unterschiedliche Härtegrade anzubieten, ist nicht zu schützen, wir können kein Patent darauf anmelden. Man kann Namen schützen, Gebrauchs- oder Geschmacksmuster, aber nicht Ideen. Auch das Prinzip, unnötige Füllstoffe oder problematische Inhaltsstoffe, wie Duftstoffe, Bleichmittel und optische Aufheller, wegzulassen, ist nicht schützbar. Aber insbesondere der Verzicht auf Duftstoffe ist so weit von der Gedankenwelt der großen Wettbewerber entfernt, dass wir annehmen können, dass er den Konzernen schwerfallen wird.

Wir können das Prinzip, unser Entrepreneurial Design auf mehr als nur ein Bein zu stellen, um einen weiteren Gedanken ergänzen. Wenn Ihr Konzept nicht von Ihnen allein, sondern von mehreren Stakeholdern getragen oder wohlwollend begleitet wird, sind auch dies Beine, die die Stabilität und damit die Überlebensfähigkeit Ihres Konzepts erhöhen. Auch Wolfgang Kunz, der Gründer der Waschkampagne, hat sich Unterstützung gesucht: beim deutschen Interessenverband der Allergiker, die sich für Waschmittel starkmachen, die ohne Duftstoffe hergestellt werden – denn einige dieser Stoffe stehen im Verdacht, Allergien auszulösen.

Wettbewerbsvorteile für Gründer: Sympathie, Aufmerksamkeit, Authentizität

Die klassische Betriebswirtschaftslehre hat vor allem die *economies of scale* im Auge, also die Kosteneinsparungen bei Großserien. Wir können aber auch andere Sparpotenziale angehen. Als Gründer haben wir kaum eine Chance, mit unseren Produkten oder Dienstleistungen gleich große Serien aufzulegen. Wir sind zu klein, als dass wir mit dem Arsenal der Goliaths mithalten könnten. Dafür haben wir andere Pfeile im Köcher.

Großen, etablierten Unternehmen fällt es in der Regel schwer, Sympathie für ihre Organisation zu generieren. Obwohl sie große PR-Abteilungen unterhalten und viel Geld dafür ausgeben, schaffen sie es in aller Regel nicht, Journalisten zu gewinnen, mit Überzeugung Gutes über das Unternehmen zu berichten. Ganz im Gegenteil besteht für die Giganten eher das Risiko, dass bei geringer Sympathie für das Unternehmen schon vergleichsweise kleine Mängel zu heftigen negativen Reaktionen bei den Kunden und in den Medien führen und das Image nachhaltig beschädigen.

Merkwürdig.
Eigentlich machte er doch alles richtig. Die Rede ist von Anton Schlecker. Als echter Kapitalist musst Du Deine Angestellten möglichst niedrig bezahlen, musst Du Deine Ellenbogen einsetzen, Dich nach vorne drängeln, und Kritik muss Dir gleichgültig sein. Das ist das Erfolgskonzept des Kapitalisten, nicht wahr? So wird er reich.

Peinlich.
Januar 2012. Schlecker geht in Konkurs.
Wie das denn? Wo er doch alle Rezepte angewandt hat, wie man sich im Kapitalismus durchsetzt und erfolgreich wird. Es kann nicht sein. Irgendwas an der Geschichte muss falsch sein. Wie heißt es bei Wilhelm Busch so treffend: »… und daraus schloss er messerscharf, dass nicht sein kann, was nicht sein darf«. Es kann nicht sein, dass Schlecker pleitegeht. Unser Bild vom Kapitalismus ist in Gefahr.

Die Gegenspieler.
Die erfolgreichen deutschen Drogerie-Discounter heißen dm und Ross-mann. Ausgerechnet dm. Dahinter steht Götz Werner, dieser Idealist, der seine Leute gut behandelt und am liebsten allen Menschen ein Grund-einkommen zukommen lassen will. So ein Spinner. Solche Leute haben im Kapitalismus doch keine Chance. Keine! Eher geht ein Kamel durch ein Nadelöhr, als dass ich mir einreden lasse, im Kapitalismus hätten neuerdings die Idealisten die Oberhand.

Es gibt eine Ökonomie der Sympathie.
Schlecker war einfach auch zu unsympathisch.

Gründer gehen mit einem Sympathievorteil ins Rennen ...

Medien berichten in aller Regel positiv über die Person des Gründers oder der Gründerin, weil es als mutig und vorbildlich gilt, eine Grün-dung zu wagen. Medien leben von neuen Ereignissen und Geschichten, vor allem, wenn sie ein persönliches, emotionales Element mit beinhalten. Manchmal gibt Sympathie sogar den Ausschlag, wie in der Geschichte von Anton Schlecker und Götz Werner. Knallharter Kapitalist sein zahlt sich heute nicht mehr aus. Wir sollten den Sympathiefaktor nicht unter-schätzen. Ich würde sogar so weit gehen, zu sagen, dass der Gründer ausdrücklich auf *economies of sympathy* setzen kann. Eine Ökonomie der Sympathie schaffen vor allem kleine Unternehmen, in denen die Menschen und ihre Haltung sichtbar werden.
Ein aktuelles Beispiel dafür, wie man den Sympathievorteil verlieren kann, ist Uber. Die öffentliche Diskussion über dieses – durchaus inno-vative – Start-up wäre anders verlaufen, wären nicht im Hintergrund die 1,2 Milliarden US-Dollar gewesen, die das Unternehmen als Kapital-spritze erhielt. Preiswertere Taxis und eine bessere Nutzung der privaten Automobile wären zweifellos ein Segen für Berlin. Die Sympathie war zum Greifen nahe. Aber nicht, wenn Big Money hineinspielt. Und ein unsensibler Gründer. Dann kommt die Kritik sogar aus den eigenen Rei-hen. Der Gründer von Uber, Travis Kalanick, sei so unsympathisch, so

Sascha Lobo, dass er Mühe hätte, einen Sympathiewettbewerb gegen eine Landmine zu gewinnen.[71] Und Jan Ole Suhr, selbst Entrepreneur in der Berliner Techie-Szene, schreibt bei Twitter, dass man die disruptive Innovation von Uber abwägen müsse gegen 7600 Berliner Taxifahrer, von denen ungefähr 3000 Kleinunternehmer seien. Ein Argument, das bis in die *New York Times* Beachtung fand.[72]

You can stand out for your big mouth and oversize ego in Wall Street – in Europa funktioniert das nicht so gut.

Es geht auch anders.
Rote-Punkt-Aktion, Hannover 1969.
Eine Protestaktion gegen Preiserhöhungen im öffentlichen Nahverkehr. Spontan gestartet, ohne Geldmittel, schlicht mit dem Aufruf, Passanten im eigenen Auto mitzunehmen. Große Zustimmung in der Bevölkerung. Keine Proteste von Taxifahrern oder Versuche, die Mitfahrgelegenheiten gerichtlich zu verbieten.

... und finden mehr Aufmerksamkeit

Wenn Ihr Anliegen sympathisch ist, werden Sie eher positiv besprochen. Man wird Ihnen mehr Aufmerksamkeit schenken. Das ist etwas, das für Ihre Gründung von zentraler Bedeutung ist. Sie wollen und müssen ja bekannt werden, müssen genannt und empfohlen werden, um Interessenten für Ihr Angebot zu finden. Konventionelle Werbung dagegen ist teuer.

Anders denken, anders sein, das hat hohen Unterhaltungswert für die Zeitgenossen. Die französische Schriftstellerin George Sand (1804 bis 1876) trug Männeranzüge und rauchte Zigarren. Über ihr Liebesleben sprach sie offen: »Im Bett war er wie eine Leiche«, so ihr Urteil über Frédéric Chopin.[73] Nicht gerade das, was die Gesellschaft des 19. Jahrhunderts einer Frau als Rolle zugewiesen hatte. Über Mangel an Aufmerksamkeit konnte sie sich nicht beklagen.

Ihre Chance als Gründer liegt vor allem darin, Ihren Neuigkeitswert auszuspielen, um in die redaktionellen Teile der Medien zu kommen. Ich würde diesen Aspekt, der sich ja ebenfalls als Kostenvorteil auswirkt, *economies of attention* nennen.

Wer in konventionelle Werbung einsteigen muss, hat die wahrscheinlich größte Chance, die ein *Gründer* hat, nicht richtig genutzt. Der Aspekt »Aufmerksamkeit generieren« muss Teil der Erarbeitung eines guten Konzepts sein. Anders zu sein, hoffentlich besser zu sein, eine intelligentere Lösung anzubieten – *diese Vorteile* müssen Sie als Gründer in Szene setzen und für sich nutzen.

Ökonomie der Authentizität

Authentisch zu sein, sich nicht verbiegen zu lassen und dies auch zu leben – wer wollte das nicht? Die gute Botschaft: Es ist ein Wert, der sich auch ökonomisch auszahlen kann. Bei Gründungen, in denen die Person und das Anliegen des Gründers sichtbar werden, wird Authentizität zum wirtschaftlichen Faktor. Wir können also auch *economies of authenticity* ins Spiel bringen. Ein Beispiel:

Heini Staudinger – der widerborstige Schuhfabrikant

Es hat Zeiten gegeben, da hat er es verwünscht, sich mit Schuhen zu beschäftigen. Wo doch ringsherum in Mitteleuropa die Schuhfabriken schlossen. Wo jedes Kind weiß, dass Schuhe heute in Indonesien, Vietnam oder Bangladesch hergestellt werden. Staudinger aber stellt die Schuhe im Waldviertel in Österreich her. Eine Region, die offiziell als Krisenregion angesehen wird. Weshalb die Banken keine Kredite an Staudinger gaben. Krisenregionen sind nicht kreditfähig, gelten als nicht kreditwürdig. Der Unternehmer musste Freunde und Kunden für die Finanzierung gewinnen. Sie gaben ihm Geld, weil sie an ihn glaubten. Mittlerweile schreibt er mit der Schuhfabrikation schwarze Zahlen, sogar in Deutschlands Hauptstadt ist er mit drei Filialen vertreten. Wer ihn im Anzug mit Krawatte erwartet, wartet vergebens. Angepasst sein, die Erwartungen anderer erfüllen, seine Nase nach dem Wind richten ist seine Sache nicht. Gerade deswegen kennt ihn in seinem Heimatland mittlerweile jedes

Kind. Für Marketing, für Auf-sich-aufmerksam-Machen braucht er nicht viel Geld auszugeben.

Audimax der Freien Universität Berlin, Entrepreneurship Summit 2013. Der Saal ist voll besetzt. Staudinger erzählt, wie er zu einem Managerseminar eingeladen wurde, mit einem berühmten Sankt Galler Professor und einem Unternehmer auf dem Podium saß. Erst hätte der Professor gesprochen, als Nächstes der Unternehmer, dann sei der Moderator schwungvoll auf ihn zugekommen und hätte gesagt: »Na, Herr Staudinger, jetzt sagen Sie uns doch mal, was Ihr Erfolgsrezept ist.« Da sei ihm nichts eingefallen, was er flott hätte antworten können. Eigentlich habe er etwas ganz anderes sagen wollen. Und so sagte er lieber gar nichts. Eine Minute verging. In der zweiten Minute habe man gespürt, sagt er, wie die Stimmung im Saal anfing, in Mitleid mit ihm umzuschlagen. Da sei er aufgestanden und habe ein Stück aus einem Gedicht zitiert. Eines von Rilke:

Zufälle sind die Menschen, Stimmen, Stücke,
Alltage, Ängste, viele kleine Glücke,
verkleidet schon als Kinder, eingemummt,
als Masken mündig, als Gesicht – verstummt.[74]

Da sei es ganz still geworden im Saal. Und diesmal sei dem Professor und dem Unternehmer nichts mehr eingefallen.

Auch im Audimax der Freien Universität wird es ganz still. Es ist, als habe Staudinger an etwas erinnert, das verloren gegangen ist. Als habe er die Tür geöffnet, einen Spalt breit, und den Blick freigegeben auf einen längst versunkenen Schatz.

Und dann fährt Staudinger fort, Rilke zu zitieren:

Und wenn ich abends immer weiterginge
aus meinem Garten, drin ich müde bin, –
ich weiß: dann führen alle Wege hin
zum Arsenal der ungelebten Dinge.

Ein Arsenal, sagt Heini Staudinger, sei eine Waffenkammer. Und je größer die Portionen des Ungelebten sind, desto mehr richte sich das Potenzial der Waffenkammer gegen die Natur, gegen die Mitmenschen und gegen einen selbst.[75]

Ist Staudinger ein Spinner? Ein Original? Ein Urviech, wie man in Bayern sagen würde? Einer, über den man lacht und dann wieder zur Tagesordnung übergeht? Am Ende lacht an diesem Sonntagnachmittag niemand mehr. Staudinger hat einen Punkt getroffen, den wir alle noch spüren, ein Gefühl, das noch nicht tot ist, noch nicht ganz jedenfalls. Am Ende des Vortrags springen die Menschen auf, bringen Staudinger *standing ovations* entgegen, minutenlang.

Auch wenn Sie eine weniger charismatische Persönlichkeit sind als Heini Staudinger – Sie sind eine Persönlichkeit. Wenn Sie für eine Sache einstehen – glaubwürdig, mit innerer Überzeugung –, dann werden es die Menschen spüren. Und es honorieren. Man kann für seine Sache werben, ohne sich verkaufen oder verbiegen zu müssen.

Die Arbeit am Entrepreneurial Design als künstlerischer Prozess

Methoden und Ratgeber, wie man ein Unternehmen gründet, gibt es zuhauf. Sie haben viel mit formalen Abläufen zu tun, mit Kernkompetenzen und Kapital, aber wenig oder gar nichts mit dem Prozess der Suche nach einem in mehreren Dimensionen tragfähigen Konzept. Sie versuchen, dem amorphen, flüssigen, oft auch chaotischen Prozess, der in Kopf und Bauch abläuft, eine feste Struktur zu geben.[76]

Und genau hier liegt der Fehler. Denn Entrepreneurship lässt sich nicht in ein Korsett pressen. Es ist kein industrieller Produktionsprozess, planbar, optimierbar, lehrbar.

Entrepreneurship lässt sich nicht leicht erforschen. Es ist eines der Phänomene, ähnlich der Kunst, die sich dem Zugriff von Wissenschaft entziehen oder es zumindest sehr schwer machen, sie mit quantitativen Methoden einzufangen. Je länger man sich mit Entrepreneurship beschäftigt, desto undeutlicher werden die Konturen, welche speziellen Faktoren den Erfolg ausmachen. Zumindest gilt das für die Art und Weise, mit der

der Entrepreneur in der wirtschaftswissenschaftlichen Theorie bisher behandelt wird.

Wie alle komplexen sozialwissenschaftlichen Phänomene entzieht sich Entrepreneurship nicht nur der einzelnen fachdisziplinären Betrachtung, es ist auch in einer Weise facettenreich und unstrukturiert, welche die ohnehin schwierige interdisziplinäre Analyse zusätzlich verkompliziert.

Was also tun? Wenn man die Wahl hat zwischen *academic rigour and respectability* auf der einen Seite und einer unvoreingenommenen Betrachtung des Phänomens Entrepreneurship auf der anderen Seite, sollte man sich gerade um der wissenschaftlichen Respektabilität willen für eine vorsichtige, der Komplexität des Phänomens gerecht werdende Vorgehensweise entscheiden. Statt mit mittlerer Gewalt das Phänomen Entrepreneurship den Theorieformaten anzupassen, empfiehlt es sich eher, zunächst Material zu sammeln, dichte Beschreibungen anzufertigen, bevor man zu voreiligen Schlüssen gelangt.

So wie Schriftsteller häufig skeptisch der Literaturwissenschaft gegenüberstehen, ist es mit Firmengründern auch. Mit dem Unterschied, dass diese die Entrepreneurship-Forschung, die – sieht man einmal von Schumpeter ab – noch eine recht junge Disziplin ist, im Großen und Ganzen ignoriert haben.

Wahrscheinlich ist das Problem grundsätzlicher. Wir alle gehen wie selbstverständlich davon aus, dass wissenschaftliche Theorien als Anleitung für die praktische Anwendung dienen. Funktioniert das? Theorie und Praxis lassen sich nicht verbinden, hält Ralf Dahrendorf dagegen. In einem überzeugenden, aber viel zu wenig beachteten Beitrag zur Problematik des Transfers von Theorie in Praxis legt Dahrendorf dar, dass die beiden Teile schwer zusammenkommen. Die Theorie dürfe nicht hetzen, und die Praxis könne nicht warten, so das Hauptargument. Die Klärung von Vorfragen werfe immer neue Fragen auf.[77]

Der Weg zu einer Anfangsidee und von diesem Ausgangspunkt zu einem unternehmerischen Konzept ist eher dem Selbstfindungsprozess eines Künstlers vergleichbar. Was will ich, wohin will ich mich bewegen, was kann ich, welche Ausdrucksformen liegen mir, wie kann ich sie weiterentwickeln, wie werde ich verstanden, wie finde ich Resonanz?

Die Person des Künstlers und seine Aussagen bilden zwei Kraftfelder, mit denen zusammen und um sie herum mit schöpferischer Energie und handwerklichem Können im besten Fall ein Gesamtkunstwerk entsteht. Der Weg des Künstlers zu sich selbst und zu seiner Kunst hat sehr viel mit dem Weg des Entrepreneurs zu seinem Konzept gemeinsam – deutlich mehr jedenfalls als der Entrepreneur mit dem Business Administrator der Managementschulen.

Wie der Künstler, der einen eigenen Stil in die Welt setzen will, hat auch der Entrepreneur, der eine unkonventionelle Idee am Markt versucht, oft eine Phase sozialer Zurückweisung durchzustehen. Wir kennen solche Kapitel aus den Biografien großer Künstler und Schriftsteller ebenso wie aus denen berühmter Gründer.

Diese Phase, die oft genug mit persönlichen Opfern, waghalsigen Experimenten und dem bemitleidenden Lächeln der etablierten Mitwelt verbunden ist, macht den Reiz und das Risiko im Leben des Künstlers wie des Entrepreneurs aus.

Aber warum soll ich mir das alles antun? Die Quälerei. Den unklaren Ausgang. Die Zweifel.

Weil es sich lohnt, ein Design zu haben, das das Potenzial der eigenen Person berücksichtigt, das etwas Originales entwickelt, das die Bedürfnisse Ihrer Mitmenschen besser versteht als ein erster Einfall und das sich einem Anliegen widmet, das anerkennenswerter ist, als nur das Ego des Gründers und die grenzenlosen Konsumbedürfnisse der Kunden zu befriedigen.

Ein Einfall ist noch lange kein Konzept

Eines muss unmissverständlich klar sein. Einfälle gibt es viele. Ein Einfall ist noch lange kein Konzept.

Spannen Sie ein Betttuch in einen geöffneten Türrahmen. Brauen Sie einen Kaffee. Möglichst stark. Füllen Sie den Kaffee in eine Tasse. Schütten Sie den Kaffee mit Schwung auf das Betttuch.

Coffee Art.

Genial, nicht wahr? Jetzt sind Sie ein Coffee-Art-Künstler.

Ist das Kunst oder kann das weg?

Es kann weg.

Es ist ein Einfall. Ein witziger vielleicht, aber mehr nicht. Es ist nicht Kunst, sondern Spektakel. Sie können mit Leichtigkeit Hunderte solcher Einfälle produzieren. Nehmen Sie Tee, Orangensaft, rote Beete, flüssige Schokolade, frischen Kuhmist. Die Liste lässt sich beliebig verlängern. Kunst ist es nicht. Kunst wäre so etwas wie handwerkliche Meisterschaft plus persönlicher Ausdruck in überpersönlicher Gültigkeit.

Einen Pinsel mit dem richtigen Schwung zu bewegen, wie es etwa in der japanischen Kalligrafie geschieht, braucht jahrelange Übung. Picasso hat mit einer einzigen Linie, einem einzigen Schwung eine fliegende Taube gemalt. Wundervoll anzusehen. Aber nichts, was wir Normalmenschen auf Anhieb können. Auch Picasso konnte es nicht auf Anhieb.

Nicht dass Sie mit dem Einfall der Coffee Art nichts anfangen könnten. Beim Kindergeburtstag werden Sie damit Begeisterung auslösen. Als Unterhaltung bei Ihrer nächsten Party vielleicht auch. Oder beim nächsten Ehekrach, statt Wedgwood-Porzellan zu zertrümmern. Könnte man auch ein Entrepreneurial Design daraus entwickeln? Vielleicht. Ich weiß es nicht. Der erste Einfall, die Tasse und der Kaffee reichen dafür jedenfalls nicht aus.

»Darf ich Ihnen ganz kurz meine Idee vorstellen?« Ich werde oft in dieser Weise angesprochen. Inzwischen lehne ich es kategorisch ab, darauf einzugehen. Es sind fast immer Einfälle, keine Konzepte. Wie soll ich einen Einfall beurteilen? Ich kenne die Person hinter dem Einfall viel zu wenig. Ich kenne auch die Marktbedingungen nicht oder viel zu wenig. Ich kann auch nicht beurteilen, ob der Betreffende über die Ausdauer und Systematik verfügt, einen Einfall zur Reife zu treiben. Mein Rat: Nehmen Sie Ihren Einfall als *Ausgangspunkt* – und nicht nur diesen einen Einfall – für Ihren Weg, zu einem ausgereiften Konzept zu gelangen.

Eine Idee oder einen Einfall *hat* man, an einem Konzept muss man arbeiten.

Wer die Musik von Ludwig van Beethoven hört, besonders seine Symphonien und Klaviersonaten, etwa das erste Thema des ersten Satzes der fünften Symphonie, könnte den Eindruck gewinnen, die Themen seien dem Komponisten einfach zugefallen. In ihrer Klassizität und Prägnanz wirken viele von ihnen so, als seien sie immer schon da gewesen. Ein Blick in die Arbeitshefte des Meisters belehrt uns freilich eines Besseren. Hier enthüllt sich ein monatelanger Kampf mit den einzelnen musikalischen Themen. Vom ersten Einfall bis zur Ausführung erfuhr das Material vielfache und entscheidende Umarbeitungen. Die Natürlichkeit, die wir zu hören glauben, ist das Ergebnis konsequenter Arbeit.

Ja, es gibt Ausnahmen. Mozart, so heißt es, seien die musikalischen Themen nur so zugeflogen. Von den meisten Komponisten aber weiß man, dass sie hart arbeiten, an der Komposition feilen und immer wieder Überarbeitungen vornehmen.

Die Frage »Genie oder Schweiß?« stellt sich natürlich auch auf dem Gebiet des Entrepreneurship. Glaubt man den Erzählungen erfolgreicher Gründer, sieht es so aus, als hätten sie den richtigen Einfall zur richtigen Zeit mit Schwung und Beharrlichkeit zum Ziel geführt. Man müsse nur – so die Botschaft vor allem amerikanischer Erfolgsgeschichten – an sich und seine Idee glauben und mit Ausdauer daran arbeiten. Sieht man aber genauer hin, so scheint der Erfolg im Nachhinein die Zweifel und Verwerfungen, die Höhen und Tiefen des tatsächlichen Verlaufs glattzubügeln. Die Medien tun ein Übriges. Erfolgsgeschichten verkaufen sich besser als Zweifel, Niederlagen und Abbrüche. Leider helfen diese Art von Storys einem Gründer nicht weiter, wenn man die Schwierigkeiten meistern soll, die einem auf dem Weg zu einem tragfähigen Gründungskonzept zwangsläufig begegnen.

Dreaming. Analyzing. Composing

Die Überschrift sieht zunächst wie eine zeitliche Abfolge aus, wir müssen sie aber nicht so streng handhaben. Wir können vor- und zurückspringen. Vielleicht haben Sie einen Traum, den man gut mit vorhandenen Komponenten umsetzen kann. Oder Sie finden eine Komponente, die einen alten Traum von Ihnen wiedererweckt. Oder Ihre Recherchen führen Sie auf Wege, die Sie sich vorher nicht einmal im Traum vorstellen konnten. Die drei Begriffe zeigen Ihnen im Grunde genommen Räume auf, in denen Sie sich bewegen können und die Sie nutzen sollten.

Träumen ist *eine* Sache. Träume geben Anstöße, lassen Bilder entstehen, sind in Kontakt mit unseren offenen und geheimen Wünschen. Um zu prüfen, was wir daraus verwenden können, müssen wir den nächsten Schritt gehen. Sich Informationen besorgen. Recherchen sind jetzt erforderlich. Was gibt es, womit ich meine Wünsche unterfüttern kann? Wir sprechen nicht von Kleinigkeiten. Auf dem Weg bis zum fertigen Konzept werden Sie Tausende von Informationen sammeln und verarbeiten müssen. Ich kann es nur immer wieder betonen: Manchmal braucht es zehn Jahre und 50 000 Informationsteilchen, bis ein wirklich gutes Konzept entstanden ist.

Und wie mit diesen Informationsbrocken umgehen? Das Bild des Puzzles ist hilfreich. Die Stücke, die einzelnen Puzzleteile so lang hin- und herschieben, bis sie passen. Jedenfalls einigermaßen. Sie werden Kompromisse schließen, einzelne Verbindungsstücke selbst herstellen müssen. Sie werden Dinge übergehen und sich auf Wesentliches konzentrieren müssen. Frei nach Lil Dagover: »Eine kluge Frau wird manches übersehen, aber alles überblicken.«

Die Ameisenfarm

Sie träumen davon, einen Ameisenstamm zu Hause zu erleben? Ameisen zu züchten? Erleben, wie ein Ameisenhaufen wächst? Erleben, wie die Ameisen arbeiten? Wie sich die Ameisen organisieren, wie sie untereinander kommunizieren? Und anderen Menschen zu ermöglichen, das auch zu tun? Und damit ein Unternehmen zu gründen?

Völlig unrealistisch, nicht wahr?

Nicht ganz. Der Gründer von The Ant-Farm starb 2011. Er versandte Ameisenvölker in den USA, per Post.
Na ja, werden Sie sagen, in den USA. Aber in Deutschland? Ameisen in der Küche. Ameisenstraßen im Flur. Was schleppen die für Krankheiten ein? Was sagt der Vermieter dazu? Ist das nicht überhaupt Tierquälerei? Für Martin Sebesta ist die Vorstellung, mit Ameisen zu tun zu haben, nicht skurril, sondern völlig normal. Ameisen sind sein Traum, seine Leidenschaft.[78] »Als Kind habe ich viel Zeit in unserem Garten verbracht und stundenlang die Ameisen bei ihrer Arbeit beobachtet«, sagt er. Wie sie ihr Leben organisieren, wie sie in unterschiedlichen Berufen an ihrer Baustelle, ihrem Nest, arbeiten. Wie alles Hand in Hand läuft zwischen diesen Zigtausenden von winzigen Lebewesen – alles das fasziniert Sebesta. Und wenn er davon erzählt, leuchten seine Augen.

Kann man auf einen Traum und eine Leidenschaft ein Unternehmen gründen? Wenn sich der Traum um Ameisen dreht?

Martin Sebesta hat an seinen Traum geglaubt und eine Firma gegründet. Heute ist er sogar Marktführer. Weltweit. Er ist der Herr über 100 000 Ameisen. Die Reise der Ameisen beginnt heute nicht mehr in Altona auf der Chaussee, sondern in Berlin. Ein unscheinbares Klingelschild an einem unscheinbaren Haus im Stadtteil Steglitz. Der Eingang zum »Antstore – World of Ants«.
Wer bestellt sich Ameisen? Firmengründer Sebesta, studierter Betriebswirt, antwortet mit stoischer Nüchternheit: »Schulen, Universitäten, aber vor allen Dingen Privatkunden. Menschen, die sich für Ameisen begeistern und eine Kolonie zu Hause haben wollen.«
Der König der Ameisen steht weltweit konkurrenzlos da, obwohl es einige Ameisenstämme gibt, die er nicht führt. Darunter auch den, der sich im Regenwald des Amazonas zum Massenangriff auf ihn formiert hatte. Er konnte flüchten.

»Es gibt im Leben nicht nur die eine.«[79]

Arbeiten Sie nicht nur an einer einzigen Ausgangsidee. Arbeiten Sie an fünf bis zehn Ideen gleichzeitig. Der Grund: Man verliebt sich leicht in die *eine* eigene Idee. Es ist besser, Sie verteilen Ihre Liebe und Zuwendung auf mehrere Ideenkinder. Das macht Sie bei der Arbeit am Konzept lockerer; Sie bekommen mehr Übung und werden feststellen, dass Sie mit der Zeit das Handwerkszeug nicht nur virtuoser beherrschen, sondern es Ihnen auch mehr Spaß bereitet, etwas Neues auszutüfteln und mit Ihren Ideenkindern Zeit zu verbringen. Auch Jonglieren will gelernt sein.

Jedes biologische Kind ist anders. Jedes wirft andere Probleme auf. Es gibt keine pauschalen Rezepte. Jedes Kind braucht eine andere Führung. Manche Kinder entwickeln sich wie von selbst, manche Kinder müssen Schritt für Schritt begleitet werden. Es gibt Kinder, die klare Vorgaben und Orientierungen brauchen; andere dagegen brauchen großen Freiraum mit einigen wenigen Leitplanken.

Mit Ideenkindern ist es nicht viel anders. Es gibt keine Patentrezepte. Jedes Entrepreneurial Design hat seinen eigenen Charakter. Es trägt anfangs deutlich Ihre eigenen Züge; solange Sie sich in der Phase des Entrepreneurial Design befinden, bestimmt Ihre Fantasie, Ihr Gestaltungsvermögen das Ideenkind. Ihre Aufgabe ist es, das Ideenkind so lebenstüchtig wie nur möglich zu konzipieren.

Sobald Sie das Ideenkind ins reale Leben hinauslassen, entfaltet sich eine eigene Dynamik. Sie sind mit Ihrem Einfluss nicht mehr allein. Zwar leiten und begleiten Sie Ihr Ideenkind, aber die Marktkräfte (die Kunden, die Wettbewerber) prüfen die Lebenstüchtigkeit Ihres Ideenkindes – mit der Gefahr des Untergangs. Jetzt zeigt sich, wie überlebenstüchtig Sie Ihr Ideenkind konzipiert haben.

Je größer Ihr Kind wird, desto mehr spielen weitere Faktoren hinein: Ihre Mitarbeiter, die Zuschreibung durch Markt und Medien, die Art und Weise, wie Sie Hindernisse bewältigen. Sie können viele Ratschläge einholen und viele Bücher lesen, am Ende sind Sie es, der Entscheidungen treffen muss, die zu Ihrem Kind passen. Sie werden die Erfahrung machen, wie Eltern auch, dass es Ratschläge in Hülle und Fülle gibt, aber wenig Vertrautheit mit der spezifischen, meist komplexen Situation. Die Entscheidung und die Verantwortung dafür wird Ihnen niemand abnehmen.

Gut, wenn Sie in dieser Situation Partner haben, mit ähnlichen Grundanschauungen, ähnlichem Engagement, mit ähnlichem Verständnis für das Ideenkind wie Sie selbst. Eine unglückliche Ehe ist keine gute Voraussetzung für die Begleitung gemeinsamer Kinder. Wie Ehen beginnen Teams meist ebenso euphorisch. Die Probleme zeigen sich erst im Alltag.

Die Metapher »Ideenkind« trägt ein Stück weit. Sie zeigt, wie wichtig es ist, dass Sie von Anfang an ein Verhältnis zu Ihrer Idee haben, dass Sie Verantwortung übernehmen, dass Ihr Kind 24 Stunden Aufmerksamkeit erfordert, ohne dass Sie es als 24 Stunden Arbeit erleben würden. Dass die Leidenschaft für Ihr Kind das Leiden am und die Arbeit für das Kind überwiegt. Ihr Ideenkind ist immer irgendwo auf Ihrem Radar, und das ist auch gut so.

Natürlich kann es nicht darum gehen, ein lebendiges Kind mit einem Ideenkind gleichzusetzen. Das Bild des Ideenkinds finde ich aber zutreffender als die Beschreibung einer Gründung als Summe aus Produktverkauf, Buchhaltung, Bilanzierung und Profit.

Werden Sie zum Unternehmer Ihrer Wünsche! Goethe schreibt in *Dichtung und Wahrheit*, dass unsere Wünsche die Vorgefühle der Fähigkeiten seien, die in uns liegen. Er sieht darin die Vorboten desjenigen, was wir zu leisten imstande sein werden. Es geht darum, sich zu öffnen, Dinge, die einem bisher nicht zugänglich waren, zuzulassen. »Was immer Du tun kannst oder wovon Du träumst – fange es an. In der Kühnheit liegt Genie, Macht und Magie.«[80]

Kombinieren. Verwerfen. Re-Kombinieren

Nur durch ständiges Entwerfen, Probieren, Prüfen, Verwerfen, Neuentwerfen, erneut Verwerfen – also durch systematische Feedbackschleifen, werden Sie letztlich zu einem wirklich ausgereiften Entrepreneurial Design gelangen.

Das Beispiel Hotel

Können Sie sich vorstellen, ein Hotel zu betreiben? Höchstwahrscheinlich nicht. Ein Hotel zu *bauen* braucht viel Kapital. Mindestens 100 000 US-Dollar Kosten rechnen internationale Hotelketten pro Zimmer. Bei etwa 80 Zimmern – was als Größenordnung gesehen wird, um ein Hotel rentabel betreiben zu können – sprechen wir über einen Millionenbetrag, einen Betrag, der für die meisten von uns weit außerhalb unserer Möglichkeiten liegt. Wenn ich Ihnen sage, dass Sie durchaus Hotelier werden können, wenn auch einer der etwas anderen Art, werden Sie sicher den Kopf schütteln. Wenn ich Ihnen zeige, dass Sie einen guten Teil der Voraussetzungen mitbringen, werden Sie überrascht sein.

Woran denken wir als Erstes, wenn wir uns ein wirklich gutes Hotel vorstellen? Klar, es muss sauber sein, jedes Zimmer ansprechend, die Lage zum Stadtzentrum sollte stimmen und auch der Preis für die Übernachtung. Aber was ist uns darüber hinaus wirklich wichtig? Bestimmt, dass wir freundlich empfangen werden, das Personal um uns bemüht ist, gegebenenfalls auf Sonderwünsche oder Probleme eingeht, die wir haben, und wir uns geborgen und gut aufgehoben fühlen können.

Reicht das aus, dass wir in der Konkurrenz mit anderen Hotels positiv wahrgenommen werden?
Es reicht nicht. Verwerfen. Das, was wir hier formuliert haben, ist eine Selbstverständlichkeit in allen besseren Hotels.

Neuer Anlauf.
Vergessen wir einen Moment, wie Hotels konventionell arrangiert sind, und gehen wir stattdessen von der Funktion aus. Was ist die Funktion eines Hotels? Ist doch klar, werden Sie sagen: Übernachten. Und jeder wird Ihnen zustimmen. Fast jeder.
Fahren Sie in eine andere Stadt, um dort zu übernachten? Nein. Wenn es nur ums Übernachten ginge, blieben Sie zu Hause. Da haben Sie Ihr eigenes, für Sie bequemes Bett und müssen nichts dafür bezahlen. Es gibt viele Gründe, in eine fremde Stadt zu fahren – Übernachten ist keiner davon. Was sind Ihre Wünsche, wenn Sie in eine fremde Stadt fahren? Sie wol-

len Anregungen finden. Sich von Ihrem Alltag ein Stück befreien. Ihr Leben bereichern. Sie wollen von Ihrem Beruf abschalten oder, im Gegenteil, für Ihre berufliche Tätigkeit neue Impulse finden. Sie wollen Kunst kennenlernen, wenn Sie bisher keinen Zugang dazu fanden, oder Sie wollen Kunst besser verstehen. Sie wollen für sich allein sein, um über Ihr Leben nachzudenken oder, im Gegenteil, Sie suchen die Nähe zu anderen Menschen. Sie wollen Spaß in der Gesellschaft anderer haben, Bekanntschaften machen, neue Freunde, vielleicht einen Partner für eine Nacht oder fürs Leben finden.

Sind wir nicht gut beraten, als Hotelier auf diese Wünsche einzugehen? Statt dass Sie es Ihrem Hotelportier überlassen, Ihren Gästen Tipps zu geben. Gar zuzuflüstern, dass die Hotelbar langweilig sei, aber schräg gegenüber ein Szenetreffpunkt Abenteuer verspreche und außerdem noch preiswerter sei.

Dass Ihr Empfangspersonal am Counter die Sehenswürdigkeiten der Stadt empfiehlt und gute Tipps gibt, geht nicht über das hinaus, was ohnehin an guten Hoteltresen üblich ist. Ein großer Teil des Kulturangebots Ihrer Stadt ist kommerziell organisiert, und all das wird natürlich an Touristen verkauft. Auch wenn Sie noch ein paar weitere Angebote an Kultur mit aufnehmen würden, stechen Sie aus dem Angebot nicht wirklich heraus.

Verwerfen. Es reicht nicht, um sich erkennbar vom üblichen Standard abzuheben.

Nächster Anlauf.

Wenn Sie abends weggehen, gehen Sie doch auch nicht immer ins Konzert oder ins Theater. Und Sie freuen sich doch auch, wenn Sie einmal nette neue Leute kennenlernen – Einheimische in einer fremden Stadt. Gaukler, Spinner, Philosophen, Originale, Künstler, Bohemiens. Auch das ist Kultur, und eine Kultur, die mit der »Touristenkultur« der Standardhotels nur wenig gemein hat, aber attraktiver ist.

Anstatt in die weitverbreiteten Klagelieder über das Untier Tourist oder die Fantasielosigkeit der Tourismusmanager einzustimmen, können wir auch fragen, ob wir nicht Wege öffnen können, den Menschen anderes zu erschließen als nur das Abhaken von Sehenswürdigkeiten.

Öffnen wir das Hotel.

Geben wir interessanten Menschen aus der Stadt Raum im Hotel. Stellen wir die Hotelhalle Künstlern als Atelier zur Verfügung. Nicht vorrangig als Ausstellungsraum, sondern als Werkstatt, wo die Besucher den Schaffensprozess miterleben können. Nicht alle Künstler werden das wollen, aber andere werden eine solche Arbeitsatmosphäre genießen. Clowns, Jongleure, lebende Statuen, also Straßenkünstler aller Art leben vom Publikum und sind vermutlich froh, vor Wind und Wetter geschützt auftreten zu können. Kann man sich einen Kindergarten im Hotel denken, der sich aus den Gästen Opas, Omas oder Kinder zum Spielen oder zum Sprachenlernen holt? Aus einem toten Durchgangsraum kann ein Ort lebendiger Begegnung entstehen. Sicherlich, es braucht Einfühlungsvermögen und Mut zum Experimentieren. Wo es aber gelingt, hat es für alle Beteiligten Vorteile.

Sie werden vielleicht bemerken, dass es die hier gedachte Art von Hotel in Ansätzen bereits gab. Vom späten 18. Jahrhundert, als viele Adelige ihr Palais, ihr *hôtel* aus finanziellen Gründen öffneten, bis hin ins frühe 20. Jahrhundert waren Hotels bunte und zwanglose Treffpunkte der höheren Gesellschaftsschichten. Romane wie *Menschen im Hotel* von Vicki Baum zeugen davon. Schriftsteller wählten gern dieses Szenario, weil sie in einer Hotelhalle ohne weitere dramaturgische Begründung Typen verschiedenster Couleur aufeinandertreffen lassen konnten.

Wir haben »unser« Hotel geöffnet, sind den Wünschen der Gäste näher gekommen, als eine bloße Übernachtung anzubieten. Ja, das ist ein brauchbares Konzept. Aber leider nur, wenn wir ein Hotel besitzen. Dann sollten wir es öffnen – und zwar nicht nur für ein paar teure Boutique-Läden, die darauf spekulieren, dass die Hotelgäste zu bequem sind, die Preise mit Läden draußen, in der Stadt, zu vergleichen.

Für uns alle aber, die wir keine glücklichen Hotelbesitzer sind, reicht das Konzept noch nicht. Wir brauchen immer noch ein Gebäude. Und haben immer noch die Organisation der vielen Übernachtungen am Hals – die wir doch eigentlich gar nicht wichtig finden. Also taugt es noch nicht als Konzept. Sorry, so schön der Gedanke des offenen, lebendigen Hotels auch ist, es reicht nicht. Schade. Verwerfen.

Also noch ein weiterer Anlauf.

Authentischer wäre es doch, den interessanten Menschen einer Stadt dort zu begegnen, wo sie sich unter ihren eigenen Bedingungen aufhalten und entfalten. Die Künstler in ihren Ateliers aufsuchen, ihnen zusehen oder ins Gespräch kommen. Teilhaben, Teil werden.

Die Lücke zwischen Sehenswürdigkeit und Begegnung schließen. Mit Einheimischen in deren Wohn- und Arbeitsumgebung zusammentreffen und echte Bekanntschaften schließen. Seinen Bekanntenkreis erweitern, ihn vielfältiger, vielseitiger, aufregender machen. Staunen, lachen, spielerisch aufnehmend lernen. Neue Fertigkeiten, neue Seiten in sich entdecken und entwickeln. Sympathie und Authentizität erleben.

Wir haben mit diesen Überlegungen unbemerkt eine Schallmauer durchstoßen. *Jetzt brauchen wir das Hotelgebäude nicht mehr.*

Wir sind jetzt draußen in der Stadt. Geleitet von einem klugen Geist, der uns Begegnungen erschließt. Einem menschenfreundlichen Geist, der uns nicht aburteilt, sondern uns dort abholt, wo wir uns, aus welchen Gründen auch immer, befinden. Nicht einfach ein Fremdenführer, sondern ein Konzept, aus der Vielfalt einer Stadt gewonnen, das in ebenso vielfältiger Weise seine Stärken ausspielen kann. Eine Mischung aus Menschenfreund, Entdecker, Kommunikator, Animateur. Ein Telefonservice oder eine Website, die computergestützt alle diese Funktionen, Eigenschaften, Personen und Orte miteinander verknüpfen. Oder eine Gruppe von Jugendlichen, die stolz auf ihre Seite der Stadt blicken, die ausgewählten Besuchern Zugänge eröffnen. Oder eine Gruppe von Studenten, von älteren Bürgern, eine Gruppe von Obdachlosen, von Kanalarbeitern, von wem immer wir uns einen originellen Zugang zu Besonderheiten der Stadt erwarten. Oder – als Experiment – von allen zusammen. Es ist nicht *ein* Konzept, es sind viele Konzepte. Das Konzept richtet sich nach den Personen, die es betreiben und für die es betrieben wird.

Ach ja, da war ja noch das Übernachten. Das lösen wir als Komponente. Es gibt schon alles in der Stadt, von der Couch zum Schlafen bis zum Fünf-Sterne-Hotel. Dafür müssen wir nicht selber ein Gebäude errichten. Hotels haben hohe fixe Kosten und sind dankbar, wenn wir ihre Auslastung verbessern. Vermitteln wir doch das Übernachten dorthin und kassieren sogar noch eine Provision dafür.

Man kann sich also unter dem Begriff »Hotel« einiges mehr vorstellen als das, was wir heute alltagssprachlich Hotel nennen. Ich erwähne es deshalb, weil das Wort »Hotel« fast wie von selbst eine Vorstellung von Empfangshalle, Rezeption, langen Fluren und Hotelzimmern links und rechts produziert.

Das Konzept, sich der Stadt zu öffnen, muss keineswegs der endgültige, der letzte Anlauf sein. Spielen Sie den Gedanken weiter. Sobald wir »Hotel« von der Konvention »Übernachtung« lösen, steht uns eine Welt offen, wie wir unser Hotel angehen wollen. Wir treten, wenn man so sagen will, aus dem Reich der Notwendigkeit (Übernachtung) ins Reich der Freiheit (der Vorstellungskraft, der Kunst, der Gestaltung).

Von der Funktion ausgehen. Nicht den Konventionen folgen

Wir tun uns schwer mit kreativen Entwürfen. Je weiter das Neue von den uns bekannten Mustern abweicht, desto schwerer fällt es unserem Gehirn, sich darauf einzulassen. Wir sind von Natur aus eher konventionell. Der Philosoph Peter Sloterdijk weist darauf hin, entwicklungsgeschichtlich wehre unser Gehirn neue Entwürfe oder ungewohnte Erfahrungen erst einmal ab.

Konventionelle Sichtweisen sind wie Bretter vor dem Kopf. Sie legen Deutungen nahe und verhindern damit, dass wir die Realität, so wie sie ist, wahrnehmen. Wie in der folgenden Geschichte, die sich um die Burg Hardegg in Niederösterreich rankt.

Ritter Uto von Hardtenstein war, dem Ruf des Kaisers folgend, ausgezogen, um die Ungläubigen zu bekämpfen. Sein Weib und seinen Sohn musste er zurücklassen. Er war in die Schlacht gezogen, hatte Jerusalem gesehen und viele Jahre verbracht, bis er zurückkehren konnte. Voll freudiger Erregung, so die Chronistin, soll er seiner Burg entgegengeritten sein. Doch was sieht er? Sein Weib, sein geliebtes, in den Armen eines anderen, jüngeren Mannes. Bittere Enttäuschung, Zorn und Eifersucht überkommen ihn. So sehr, dass er in seiner Wut mit seinem Schwert nicht nur den Mann, sondern auch seine Frau durchbohrt. Die Frau, im Sterben, sagt: »Du hast Dein eigenes Kind gemordet!«[81]

Wir nehmen die Welt durch die Linse unserer Erkennungsmuster wahr.

Systematisch vorgehen

Meine Erfahrung sagt, dass man Systematik braucht. Also nicht so sehr auf Brainstorming oder Kreativ-Workshops setzen. Sondern systematisch arbeiten.[82] Es ist eine starke Methode zur Generierung eines Entrepreneurial Design. Im Kern geht es darum, alles, was ich vorfinde, bis zum Beweis des Gegenteils als Konvention anzusehen. Also Abläufe respektlos anzusehen sowie zu fragen, ob das, was gestern noch als vernünftig erschien, nicht origineller, einfacher oder mit moderneren Mitteln bewältigt werden kann. Ich stelle also den ganzen Prozess radikal infrage, statt nach kleinen Verbesserungen zu suchen.

Das Beispiel Café

Konventionen haben die erstaunliche Angewohnheit, Funktionen fast völlig zu überdecken. Sie gehen in ein Café. Warum gehen Sie dorthin? Klar, um Kaffee zu trinken, heißt die Antwort. Ist es wirklich so klar? Schmeckt Ihnen Ihr selbst gebrauter Kaffee zu Hause nicht besser? Ist er nicht auch preiswerter als im Café? Warum nehmen Sie den Weg auf sich, wenn Sie zu Hause Kaffee trinken können? Wenn wir genauer hinsehen, merken wir, dass die Funktion, warum wir in ein Café gehen, keineswegs das Kaffeetrinken ist. Es ist eher die Konvention. Ich gehe nicht wirklich ins Café des Kaffees wegen. Ich gehe dorthin, weil ich aus meinen vier Wänden fliehen oder andere Menschen sehen will. Weil ich Geselligkeit suche. Weil ich vielleicht Tageszeitungen dort finde. Der Wiener Schriftsteller und Aphoristiker Alfred Polgar hat einmal gesagt, man geht ins Caféhaus, weil man allein sein will und dazu Geselligkeit braucht.

Man sieht daran, dass es nicht leicht ist, die Konvention beiseitezuschieben und die Funktion dahinter zu erkennen. Haben wir das aber erfolgreich bewältigt, stoßen wir eine Tür auf. Wenn es nicht der Kaffee ist, der das Café ausmacht, wie könnte ich dann ein Caféhaus anders betreiben? Schließlich kostet der Kaffee den Besucher Geld und den Besitzer viel Aufwand. Statt für den Kaffee drei Euro bezahlen zu müssen, hätten wahrscheinlich alle Beteiligten mehr davon, wenn man stattdessen einen Euro Eintritt verlangt. Der Besucher spart zwei Euro, der Besitzer ist den ganzen Aufwand los und verdient an dem einen Euro wahrscheinlich mehr als mit der Kaffeekonvention. Damit steht die Tür offen für das, was der Besucher wirklich sucht: angenehme Atmosphäre, Literatur vielleicht. Kommunikatives Personal, das, vom Kaffeebringen befreit, sein Augenmerk darauf richten kann, Menschen miteinander in Kontakt zu bringen. Im Café zu Hause sein und als Freund wahrgenommen werden.

Sie halten das für unrealistisch? Ein Kollege wies mich darauf hin, dass es so etwas in Ansätzen schon zu geben scheint. Im Café Ziferblat in Moskau bezahlt man nur noch für die Zeit, die man dort verbringt.

Das Beispiel Kochhaus

Das »Kochhaus« in der Berliner Akazienstraße ist ein Rezeptbuch, in das man hineinlaufen kann. Jedes Rezept hat einen eigenen Tisch, wo das Rezept erklärt wird und man gleichzeitig die Waren findet, die man für dieses eine Rezept braucht. Also Rezept mit eingebauter Lebensmittelabteilung. Ein Tisch also, wo alles liegt, was man für dieses Gericht braucht. Das Besondere dabei: Ich kann die Zutaten genau in der Menge einkaufen, wie sie das Rezept vorschlägt. Mein Vorteil als Kunde: Kein mühsames einzelnes Zusammenkaufen – alles vorhanden, an einem Ort. Keine Reste von Dingen, die man nie wieder benutzt. Also Kleinstpackungen, individuell zugeschnitten.

Ein Nebeneffekt, aber ein angenehmer: Man trifft Gleichgesinnte, Menschen mit gleichen Kochinteressen, gleicher Geschmacksrichtung. *Connectivity* also. Ich rechne das Kochhaus zu den Vorlagen für »Funktion statt Konvention«. Konvention ist es, im Rezeptbuch zu lesen, sich Notizen zu machen und die Zutaten in Geschäften zu suchen und einzeln einzukaufen. Anders dagegen, wenn man von der Funktion ausgeht: Ich will ein bestimmtes Rezept kochen, und das mit möglichst wenig Aufwand an Zeit und Geld. Ich finde alles auf einmal und in genau passenden Mengen.

In diesem Entrepreneurial Design sind Kleinstpackungen die ideale Lösung. Genau so viel kaufen, wie man braucht, statt angebrochene Packungen und Zutaten, die man nur sehr selten wieder verwendet.

Das Beispiel Krankenhaus

Manchmal ist es hilfreich, eine Aufgabe in einzelne Teilaufgaben zu zerlegen. Wir erkennen dann die Funktionen dahinter viel deutlicher.

Wenden wir die Idee, von den Funktionen her zu planen, auf den Bereich Krankenhaus an. Ein heikles Thema. Da steht der Arzt vor mir, denkt an den Profit des Krankenhauses, und ich armes Schwein muss mit meiner Gesundheit dafür herhalten. Ausgerechnet mit meiner Gesundheit. Auch beim Rechtsanwalt oder Notar, in der Autowerkstatt, ja selbst beim Bäcker steht man jemandem gegenüber, der seinen Profit im Auge hat. Es ist im Grunde genommen ein Phänomen der arbeitsteiligen Gesellschaft – aber beim Thema Gesundheit sind wir besonders empfindlich.

Denken wir uns das Krankenhaus zusammengesetzt aus zwei Funktionen. Die eine Funktion ist alles das, was sich um ärztliche Versorgung und Gesundheit dreht. Die zweite Funktion sind die Zimmer, die Betten, die Atmosphäre – alles das, was das Krankenhaus auch ist, Herberge, Übernachtung, Ambiente. Mit dieser gedanklichen Trennung im Kopf stellen wir uns jetzt Folgendes vor: Der ärztliche Dienst wird selbstverständlich von Ärzten, von denen, die etwas von medizinischer Behandlung und Versorgung verstehen, ausgeübt. Die andere Funktion aber, die Herberge und das Ambiente, lassen wir von einer anerkannten Hotelorganisation ausführen, etwa der Steigenberger-Hotelkette. Preiswerter als es Ärzte können, aber dafür viel besser. Bei Steigenberger kostet ein Luxuszimmer mit hervorragender Ausstattung um die 300 Euro pro Nacht. Das bloße Krankenhauszimmer dagegen, so wie wir es kennen, kostet weit mehr, es verursacht Kosten von mittlerweile etwa 400 Euro. Wohlgemerkt ohne medizinische Einrichtung. Wir vergleichen also nur

Zimmer mit Zimmer. Ganz ehrlich: Würden Sie nicht lieber in einem Hotelzimmer von Steigenberger liegen wollen? Ein Steigenberger-Hotel sozusagen als Krankenhaus? Würden Sie nicht sofort sehr viel schneller wieder gesund werden? Ein Platz, an dem gelacht, gelebt wird, in den man sich verlieben kann. An denen nicht das Organisationsvermögen von Ärzten, die schließlich für etwas ganz anderes ausgebildet wurden, den Ausschlag gibt oder Oberschwestern mit preußisch-militärischem Drill? Ich übertreibe etwas, klar, aber ich will die Chancen verdeutlichen, das Potenzial, das in dieser Denkfigur liegt.

Wenn Sie dem privatwirtschaftlichen Ansatz nicht trauen: Wo ist der *Social Entrepreneur*, der unsere Krankenhäuser vom Ambiente des Sterilen befreit? (Wohlgemerkt: vom *Ambiente* des Sterilen, denn mehr Sterilität im medizinischen Sinne und damit weniger Ansteckungsgefahr sind mehr als erwünscht.) Ein Befreiungsschlag! Im Grunde genommen die Übertragung des Gedankens der Arbeitsteilung auf die Medizin. In ihrem eigenen Gebiet hat sich das längst durchgesetzt, es gibt für alles Fachdisziplinen und Fachärzte. Nur in der Krankenhausorganisation wird allein von der Medizin her gedacht. Den Ansatz »Krankenhaus« von den beiden Funktionen Medizin und Hotel her zu denken, würde ohne zusätzliche Kosten ein belebendes, begeisterndes Ambiente schaffen können.

Ein unrealistischer Ansatz? Nein. Ich bin sicher, dass sich unternehmerisches Denken auch im Krankenhaus durchsetzen wird, *ohne* dass es die medizinische Versorgung beeinträchtigen muss. Im Gegenteil: Ärzte sollen sich auf Ihre Tätigkeit konzentrieren können, nicht unprofessionelle Herbergsbetreiber sein.

Mit den Konventionen von Arbeit und Freizeit spielen

Fußball spielen ist eine viel härtere körperliche Anstrengung, als im Büro zu arbeiten. Trotzdem nennen wir die eine Tätigkeit Spiel und ordnen sie der Freizeit zu, während wir die andere im Büro als Arbeit ansehen. Klar, das eine ist Spiel, Spaß, Spannung, das andere ist langweilig. Deshalb auch hier der Blickwinkel: Können wir uns über die Konventionen hinwegsetzen und die Tätigkeiten so umorganisieren, dass sie Spannung und Spaß erzeugen?

Ein deutscher Entwicklungshelfer in Thailand erzählte mir folgende Geschichte:

Vier deutsche Facharbeiter, Schlosser bei VW, verbringen ihren Urlaub im thailändischen Pattaya. In einer der Bars holen sie sich weibliche Begleitung. Alle vier Frauen kommen aus demselben Dorf. Die nächsten Tage verbringen sie, wie die meisten solcher Touristen, in der Hotelanlage. Aber dann passiert etwas Ungewöhnliches. Die Frauen schlagen vor, etwas zu unternehmen: gemeinsam ihr Dorf im Isan zu besuchen, einer Region im Nordosten Thailands.

Die Männer lassen sich auf den Trip ein, mieten Autos. Das Dorf ist ein Schock für die Schlosser. Vor allem die Wasserleitung sticht ihnen ins Auge. Schadhaft, verrostet, mit vielen undichten Stellen. Die Männer fühlen sich in ihrer Berufsehre herausgefordert. Von ihrem eigenen Geld kaufen sie Material, arbeiten drei Tage lang in der Hitze, bauen eine neue Wasserleitung für das Dorf. Abends sitzen sie mit den Bewohnern zusammen und sind der Mittelpunkt des Ortes. Innerhalb von wenigen Tagen sind intensive Freundschaften entstanden, und das Dorf verfügt jetzt über eine perfekte Wasserleitung. Alle vier Männer sagen, dies sei mit Abstand der spannendste Urlaub ihres Lebens gewesen.

Sie erinnern sich an den Archäologieprofessor, der mit Laien arbeitete? Der Professor hatte sich über die niedrige Motivation seiner konventionellen Arbeitskräfte bei Ausgrabungen beklagt. Dann kam er auf die Idee, archäologisch interessierte Laien zu fragen, ob sie Lust hätten, bei den Ausgrabungen mitzuarbeiten. Die Reaktion war überwältigend. Plötzlich kamen seine Mitarbeiter auf eigene Kosten, aber hoch motiviert – trotz der anstrengenden Arbeit. Das Interesse hielt an. Besonders stolz, so berichtet der Professor, waren die neuen Mitarbeiter, wenn im Forschungsbericht auf sie namentlich hingewiesen wurde.

Ich kann Ihren Protestschrei förmlich hören. Ist das nicht ein Trick, um billige Arbeitskräfte zu mobilisieren? Und klassische Arbeitskräfte zu unterbieten? In der Tat haben Konzernleitungen es immer beneidet, wie manche soziale oder alternative Projekte hoch motivierte, ehrenamtliche Mitarbeiter zu beschäftigen imstande sind. Solche willigen, motivierten

Mitarbeiter hätten sie auch gerne, was sie jedoch so schnell nicht schaffen werden. Denn Menschen spüren sehr wohl, ob sie nur zur Steigerung des Unternehmensgewinns dienen sollen, oder ob es um ein glaubwürdiges, lohnendes Anliegen geht. Mit *Irgendetwas, Hauptsache Gewinn* gelingt es sicher nicht.

Die Vier-Stunden-Woche als Ziel?

Weil Sie nicht hoffen können, als Arbeitnehmer Ihre Arbeitszeit für wirklich erfüllende Aufgaben einsetzen zu können, sollte man die Zeit fürs reine Geldverdienen auf ein Minimum beschränken – so Tim Ferriss' These in seinem Buch *Die 4-Stunden-Woche*. Die gewonnene Zeit kann man dann für das nutzen, wofür man sich wirklich begeistert. Das Buch ist ein Anstoß, über das eigene Arbeitnehmerdasein nachzudenken. Nicht nur über wenig sinnerfüllte Arbeit, sondern auch über die vermeintlichen Sicherheiten. Mit unseren Gedanken zu Entrepreneurship im Rücken können wir sogar einen Schritt weiter gehen. Warum vier Stunden pro Woche fremd arbeiten, wenn es auch Alternativen gibt? Sie sollten und können sich von einem Verständnis von Arbeit verabschieden, das fremdbestimmt ist, wenn Sie den Mut haben, sich auf einen Weg zu begeben, der Sie als Gründer in den Mittelpunkt des Entrepreneurial Design stellt und Ihr Anliegen und Ihre Stärken zum Ausgangspunkt nimmt.

Peter M. Senge ist einer der führenden Organisationstheoretiker und Systemforscher. Er gilt als Vordenker der »lernenden Organisation«. Wenn wir unsere persönliche Erfüllung nur außerhalb der Arbeit suchten und damit ignorierten, welchen umfangreichen Teil unserer Lebenszeit wir bei der Arbeit verbringen, würden wir uns unnötig in unseren Möglichkeiten begrenzen.[83] Senge zitiert einen Topmanager mit den Worten: »Why can't work be one of those wonderful things in life?« Ja, es kann eine wundervolle Sache sein. Durchaus realistisch. Ob es allerdings in Großorganisationen und ohne eigenes Anliegen der Arbeitenden möglich ist, wage ich zu bezweifeln.

Senge empfiehlt den Sinn suchenden Arbeitskräften, Erfüllung in der Schönheit der Aufgabe zu finden: Was sollte uns daran hindern, zu lernen, wie schön es sein kann, etwas zu gestalten, etwas aufzubauen, das

Bestand hat, das einen Wert darstellt. »Why can't people learn through the process that there's something about the beauties of design, of building something to last, something of value?«, fragt Senge. »I believe that this potential is inherent in work, more so than in many other places.« Es wäre eine lohnenswerte Revolution, wenn wir das schafften – und wir können es schaffen. Sie können sogar einer der Glücklichen sein, die damit beginnen. *Wenn wir mit den Mitteln des Entrepreneurship an diese Aufgabe herangehen.*

Folgen wir Senge. Freuen wir uns daran, wie unser Anliegen uns schöne Dinge herstellen lässt, die Werte schaffen und Bestand haben. Freuen wir uns an unseren Ideenkindern, wie sie geboren werden, wie sie heranwachsen und die Welt ein wenig besser gestalten wollen.

Neue Sichtachsen legen

Neue Sichtachsen legen heißt, die Perspektiven wechseln. Wir müssen Abstand gewinnen, um den Gegenstand richtig erkennen zu können. Wir dürfen nicht zu nahe dran sein, nicht zu erfahren, nicht zu sehr Experte sein. Nichts gegen Nähe und unmittelbare Erfahrung – es ist aber hilfreich, ein paar Schritte zurückzutreten und etwas mit Distanz zu betrachten. Wir können uns dies an einem Bild verständlich machen.

Stellen Sie sich vor, Sie wollen einen Sprung von drei Metern tun. Wenn Sie einfach dort, wo Sie stehen, losspringen, werden Sie nicht erfolgreich sein. Drei Meter sind einfach zu weit. Anders, wenn Sie einige Schritte zurücktreten und dann Anlauf nehmen. Plötzlich sind drei Meter gar kein Problem mehr. Sie werden wahrscheinlich sogar vier oder fünf Meter springen können.

Es ist hilfreich, möglichst viele Sichtachsen zu entwickeln, aus möglichst vielen Perspektiven auf die Aufgabe, die Sie sich gesetzt haben, zu blicken. Je mehr Sichtachsen Sie finden, desto besser.

Ascot

Pferderennen in Ascot. Ein berühmter Ort in England, das Rennen ein legendäres jährliches Ereignis. Wofür bekannt? Nicht so sehr für die Pferde. Die Augen der Besucher und der Fotografen richten sich auf die Kopfbedeckungen der englischen Oberschicht und ihrer Gäste. Es seien die originellsten Hutkreationen der Modewelt, heißt es. Witzig, farbig, formenreich. Von der Statik her anspruchsvoll. Unterschiedlichste Materialien. Keine Idee, so scheint es, die nicht schon ausprobiert worden wäre.

Können wir da mithalten? Wo die kreativsten Köpfe der Hutkünstler seit Jahren an neuen Kreationen tüfteln? Sehen wir uns das Ganze unter dem Aspekt Sichtachsen an. Die Hutobjekte spielen mit den Sichtachsen Farbe, Form und Materialien. Könnte man sich nicht auch andere Sichtachsen denken?

Nehmen wir eine einfache Sichtachse: Bewegung. Wie wäre es, wenn sich Teile des Hutes bewegen würden? Die Schwarzwälder Kuckucksuhr kommt uns in den Sinn oder lange Metallfedern, die sich im Wind oder beim Laufen bewegen. Man könnte mit kleinen Batterien arbeiten, um die Teile zu bewegen. Sich eine Choreografie ausdenken, die Teile des Hutes aufführen. Ein kleines Orchester auf dem Kopf.

Oder nehmen wir die Sichtachse Beleuchtung. Vom einsamen Glühwürmchen, das um den Hut schwirrt, bis zur exzentrischen Diskothek auf dem Kopf tut sich alles auf oder fast alles, was wir aus dem Bereich Beleuchtung kennen, von den alten Glitzerkugeln über Spotlights und Elementen von Rockkonzerten und ihren Beleuchtungseffekten.

Der Hut als Stimmungsbarometer. Heute bin ich gut drauf, bin kommunikativ, offen für Neues. Heute bin ich ansprechbar, gehe mit offenen Armen. Der Hut zeigt es an. Mein Hut wird lebendig. Oder umgekehrt: Lasst mich in Ruhe, im Moment will ich mich auf etwas anderes konzentrieren. Oder der Hut zum Zusammenfinden. Der Gruppenhut als Puzzle. Eine Hutkomposition aus vielen Hüten. Für Fortgeschrittene bietet sich die Sichtachse Pyrotechnik an. Mutige Gemüter benutzen das Kleinfeuerwerk auf dem Hut, um Blicke auf sich zu ziehen. Mutigere sehen den Hut als Abschussrampe (am besten mit einem Stahlhelm darunter).

Der Fantasie sind keine Grenzen gesetzt. Tiere im Hut, etwa das eigene Hündchen statt des Kaninchens des Zauberers. Der Hut als Überraschungs-ei. Und eine Sichtachse, die wir noch gar nicht mitgedacht haben: die digitalen Möglichkeiten. Mein Hut als Nachrichtensender. Mein Hut als Anzeigetafel. Mein Hut als Kommunikationsmittel. Mein Hut errötet, wenn sich ein attraktiver Mensch nähert – oder gibt sich betont cool.

Sie sehen: Wenn wir neue Sichtachsen anlegen, entstehen die Ideen fast wie von selbst. *Unser* Ascot ist ideenreicher, extravaganter und witziger als das Original.

Hausbau mit Sichtachsen

Vor ein paar Jahren habe ich einen Workshop für Studenten gegeben. Die Aufgabe war, auszudenken, wie Häuser aussehen müssten, die den Wünschen, Bedürfnissen und Träumen der Menschen näher kommen als das, was wir momentan vorfinden. Es sollte eine Übung sein, syste-matisch mit Sichtachsen zu arbeiten.

Zunächst erhielten die Studenten die Aufgabe, kurz zu skizzieren, ohne Systematik, wie sie sich auf Anhieb ein Haus ihrer Wünsche vorstellen könnten. Nach einer halben Stunde habe ich die Entwürfe eingesammelt. Es waren typischerweise Häuser mit viel Balkon, mit Garten und viel Glas. Im Grunde konventionelle Modelle.

Dann haben wir begonnen, mit Sichtachsen zu arbeiten. Die erste Sicht-achse: Wie bauen Tiere ihre Häuser? Wir sammelten Beispiele und stell-ten fest, dass es bei den Tieren eine ungeheure Vielfalt von Formen gibt. Jedes Tier baut im Grunde genommen ein anderes Haus. Und damit wird die Fragestellung schon etwas offener: Eigentlich ist es das, was im Eng-lischen *shelter* heißt. Also Schutz gegen Witterung und gegen Feinde. Die Vögel bauen ihre Nester so, dass möglichst die Katzen nicht heran-kommen, die Adler es nicht ohne Weiteres sehen oder die Schlangen nicht so hoch den Baum hinaufklettern können, um die Eier zu fressen. Von den Tieren kann man lernen, effizient zu bauen, also mit wenigen Mitteln, die zur Verfügung stehen, und mit dem jahreszeitlich bedingten Mangel an Wärme umzugehen. Viele Tiere bauen ihr Winterquartier da-her tief in die Erde. Die Analogie mit Tieren bringt eine Fülle von Anregungen und Ideen, die man später einem Realitätscheck unterziehen kann, ob nicht das ein oder andere davon übernommen werden kann.

Die zweite Sichtachse bestand darin, sich anzusehen, wie sich die Menschen früher, vor der Industrialisierung, eingerichtet haben. In Höhlen, in Zelten, in Holz- oder Steinhäusern oder in Lehmbauten.

Schließlich gab es eine dritte Runde, bei der moderne Materialien als Sichtachse ins Spiel kamen: Stahl, Beton, Glas, aber auch Gartenerde oder Abfälle, die man nutzen kann. Eine Art Materialsammlung für Hausbau. Diese Arbeitsphase hat etwas von einem Puzzle, es sind einzelne Puzzlestücke vorhanden, und man versucht, sie zu etwas Neuem zusammenzusetzen.

Es war interessant zu sehen, dass die Entwürfe, die nach drei Tagen herauskamen, radikal andersartig waren als die Skizzen zu Beginn des Workshops. Lichtkuppeln aus Glas und ein Unterbau, in Maulwurfsmanier, für Lagerung und für Räume, in denen man sich nicht häufig aufhält. Rumpelkammern, Toiletten, auch Schlafräume, tief unter der Erde. Der Aufenthaltsraum dagegen eine Mischung aus lichtdurchfluteter Kuppel, gleichzeitig Terrasse oder Vorgarten. Und es gab Variationen: Das Dach als Energieerzeuger, als Aussichtsturm, oder das Haus konnte sich bewegen, weil man die Vorräte als Isolationsmaterial für die Nordwand nutzte, und immer dann, wenn man die Vorräte auf der einen Seite herausnahm und auf der Außenseite neue Vorräte anlegte, sich ein Teil des Hauses gen Norden bewegte. Natürlich Pflanzen überall, der Gemüsegarten als vertikale Wandbegrünung, als Dachterrasse oder als Dachbegrünung angelegt.

Ich erzähle die Geschichte vor allem deshalb, weil ein paar Wochen später einer der Studenten aus dem Workshop aufgeregt anrief: »Es ist völlig verrückt. Ich war in einer Ausstellung zum Thema *Bauen im 21. Jahrhundert*. Die Entwürfe dort von berühmten Architekten waren in vielem unseren ähnlich, aber wir hatten im Workshop eigentlich die konsequenteren und innovativeren Entwürfe.« Das habe ihn völlig überrascht, weil wir als Laien angefangen haben und nur drei Tage daran gearbeitet hatten. Die Geschichte ist aufschlussreich, weil sie zeigt, wie man durch Systematik erfolgreich an eine Sache herangehen kann, ohne dass man Experte, hier Architekt, sein muss.

Die Perspektive wechseln. Der Reichtum des Cosimo de' Medici

Neue Perspektiven auf ein Problem finden, mehr Sichtachsen legen. Cosimo de' Medici wurde damit reich. Ein Blick zurück: Wie konnte es geschehen, dass eine der Florentiner Kaufmannsfamilien innerhalb weniger Jahrzehnte zum wahrscheinlich reichsten Clan der damaligen westlichen Welt aufstieg? War es das Erleben neuer Sichtachsen, die sich in der Kunst der Renaissance auftaten, die Cosimo dazu brachten, neue Sichtachsen in der Ökonomie anzulegen? Waren es diese Sichtachsen, die ihn die Bedeutung der in seiner Zeit aufkommenden Finanzinnovationen frühzeitig erkennen ließen?

Kann Entrepreneurship von Kunst lernen? Kann die Auseinandersetzung mit künstlerischen Ausdrucksformen unternehmerische Innovation fördern? Was macht das Wesensverwandte der beiden Gebiete aus und wie können wir uns diesen Zusammenhang vorstellen? In ihrer Dissertation zur Wechselwirkung zwischen Entrepreneurship und Kunst geht Jeannette zu Fürstenberg der Frage nach, ob die wirtschaftlichen Innovationen des Cosimo de' Medici aus seiner Beschäftigung mit den zeitgenössischen Innovationen in der Kunst abgeleitet werden können.[84] Könnte es sein, dass zwischen den Innovationen der Renaissance im künstlerischen Bereich und den zeitgleichen Neuerungen auf dem Feld der Wirtschaft ein innerer Zusammenhang besteht?

Das Herausbrechen aus mittelalterlichen Konventionen und Lebensformen, wie es zuvor in der Kunst beobachtet wurde, wirkte, so die These, auch auf die Persönlichkeits- und Tätigkeitsstruktur des Renaissanceunternehmers. Cosimo führte, was auch für die anderen Medici üblich war, stets ein offenes Haus mit einem Tisch im Zentrum, um den sich Menschen unterschiedlicher Berufe, sozialer Herkunft und auch Denkweisen versammelten und einen Ort gegenseitiger Inspiration vorfanden. Cosimo besaß offenbar die Gabe, ganz unterschiedliche Menschen um sich zu scharen. Kunst war in der Renaissance noch Auftragskunst. Der Mäzen bestimmte und diskutierte mit dem Künstler das beabsichtigte Werk. Insbesondere Cosimo soll sich dabei mit den Künstlern intensiv auseinandergesetzt haben. Es spricht vieles dafür, dass die Medici-Famlie ihr

Urteilsvermögen an der Kunst schärfte und dies auch in ihren unternehmerischen Entscheidungen anwandte. Die Fähigkeit, einen Blickwechsel vorzunehmen, andere Sichtachsen anzulegen, schaffe auch hervorragende Voraussetzungen für unternehmerisches Handeln. Daher die Vermutung, dass Cosimo die Bedeutung der damals neuen Finanzinstrumente, etwa des Wechsels, früher als andere erkannte und sich damit eine Innovation nutzbar machte, die eine starke und profitable Ausweitung seines internationalen Handels und seiner Finanzgeschäfte ermöglichte.

Diese Sichtweise deckt sich im Übrigen mit Joseph Schumpeters Ausführungen. Es sei die Freude an der Gestaltung, die Freude am Tun und an der Neuschöpfung, die den Entrepreneur antreibe. Es komme auf den Blick an, Dinge neu zu sehen.

Arbeiten nach den Prinzipien des Leonardo da Vinci

Curiosità	A thoroughly unquenchable curiosity to life as well as a steadfast pursuit for knowledge.
Dimostrazione	The willingness to learn from one's mistakes, gaining knowledge through new experiences and the willingness to undergo tests of perseverance.
Sensazione	The permanent heightening of the senses, vision most of all, which provides us with the access to experiences.
Sfumato	(literal: to go up in smoke) The willingness to let oneself in for multiple definitions, paradoxes and insecurity.
Arte / Scienza	The development of a balance between art and science, logic and imagination. ›Holistic‹ thinking.
Corporalità	The cultivation of grace, ambidextrous, health and excitement.
Connessione	The acknowledgement and appreciation of the inner connection of all things and phenomenons; systemic thinking.

© Michael J. Gelb, 1998

Connectivity

Menschen sind gesellige Wesen. Aber wir wissen nur zu gut, dass moderne Gesellschaften Einsamkeit produzieren. Und das systematisch. An unserem Arbeitsplatz haben wir mit weniger Menschen zu tun als jede Generation vor uns. Die Familiengröße nimmt ab. Die räumliche Entfernung zwischen den Generationen nimmt zu und isoliert die Kleinfamilie noch mehr. In Berlin stellen die Singlehaushalte inzwischen die Mehrheit aller Wohnformen dar.

Versuchen Sie, Ihr Entrepreneurial Design so zu gestalten, dass Sie Begegnungen zwischen Menschen ermöglichen. Begegnungen virtueller wie realer Art. Es ist ein belebendes Element, es schafft Reiz, Zufall, Austausch und bindet Ihre Klientel stärker an Sie. Es kann sogar ein eigenes Bein Ihres Gesamtkunstwerks sein. Selbst wenn alles andere Ihres Konzepts kein überzeugendes Alleinstellungsmerkmal erbringt, könnte die Attraktivität interessanter Begegnungen Ihr Konzept retten. *Connectedness* oder *connectivity*, wie es im Englischen heißt, ist eine starke Dimension. Sie kommt in Maslows Bedürfnispyramide nach den Grundbedürfnissen und dem Bedürfnis nach Sicherheit an dritter Stelle. Nicht umsonst sind Unternehmen wie Facebook, die dieser Dimension Rechnung tragen, auch an der Börse hoch bewertet.

Weglassen

Weglassen? So einfach kann es doch nicht sein. Ein wichtiges Prinzip, das so primitiv klingt? Ich weiß, dass Sie so denken. Sie können es gerne auch wissenschaftlicher haben. Sie können es wie Matthew E. May die *laws of subtraction* nennen:[85]

Obwohl die Idee, jeden Tag etwas wegzunehmen, schon Tausende von Jahren alt war, erschien sie mir immer noch radikal. Ich nahm mir vor, die Idee näher zu erkunden. Ich entdeckte einen Aufsatz des Managementlehrers Jim Collins, in dem er die alte Philosophie bestätigte: »Ein großes Kunstwerk besteht nicht nur aus dem Endzustand, sondern ebenso aus den früheren Zuständen. Die Disziplin besteht darin, auszuschneiden, was nicht hineinpasst; herauszuschneiden, was Tage oder sogar Jahre an Anstrengung gekostet hat. Genau das macht den einen wahrhaft außergewöhnlichen Künstler aus, das zeichnet das große Kunstwerk aus, sei es eine Symphonie, ein Roman, ein Gemälde, eine Firma oder, am wichtigsten von allen, ein Leben.«

Oder, wenn Sie den klassischen Lehren folgen wollen, nehmen Sie zwei Sätze von Lao Tse: »Um Wissen zu erlangen, füge jeden Tag etwas hinzu. Um Weisheit zu erlangen, nimm jeden Tag etwas weg.« Im Weglassen liegt nicht nur die hohe Kunst der Vollendung. Weglassen erfordert Mut, Stilgefühl, damit das Weglassen als positiv erlebt wird, nicht als Verlust.

Weglassen ist ein zentrales Prinzip, wenn wir Ökologie ernst nehmen wollen. Die Teekampagne spart Transportwege, Lagerhaltungen, Verpackungsmaterial und vor allem Aufwand für Markenpflege. Im Teehandel war es als Arbeitsteilung üblich – und ist es zum Teil bis heute –, dass Abpacken und Versenden von Tee von zwei unterschiedlich spezialisierten Betrieben vorgenommen wird. Vom sogenannten Packer, der den Tee in Tüten füllt und in Transportkartons steckt, geht es zum Versender, der die Ware ins Lager stellt, bei Bedarf die Zwischenverpackung aufreißt und die einzelnen Tüten in neue Kartons steckt, die dann an den Endkunden gehen. Kann man nicht Packer und Versender zusammenlegen? Man kann. Zwischenverpackungen und Transportwege fallen weg. Die Qualität wird nicht beeinträchtigt, die Angestellten werden nicht weniger bezahlt. Auch der Service wird nicht schlechter (im Gegenteil: kürzere Lieferzeiten). Ein Beispiel für ökonomisches Denken, für Effizienz und Kosteneinsparungen ohne negative Begleiterscheinungen. Mit deutlich verbesserter Umweltbilanz. Und im Grunde so einfach, dass jeder Mensch es sich ausdenken kann.

Ich kann mir vorstellen, dass Sie jetzt den Kopf schütteln und sagen: Das kann doch nicht sein! Da redet alle Welt von Rationalisierung, und gleichzeitig wird so Naheliegendes übersehen. Eine wahrscheinliche Erklärung dafür: Es ist nicht naheliegend. Jedenfalls nicht für den Insider. Es gibt historisch gewachsene Strukturen, Konventionen, Berufsstände und vieles mehr. Es braucht den Blick und den Anstoß von außen.

Muss jedes Produkt eine Umverpackung haben? Kann man beim Kaffee nicht alle Informationen auch auf die Folie drucken, statt eine eigene Umverpackung zu produzieren? Sie fürchten, die Schweißnaht der Vakuumverpackung würde sich ohne den Schutz der Umhüllung öffnen? Stimmt, das kann passieren. Die Lösung? Machen Sie zwei Schweißnähte hintereinander. Es löst das Problem, ohne wirklich zusätzliche Kosten zu verursachen. Wir haben die Technik erprobt, sie funktioniert.

Ja, wir müssen sparen. Sehr viel mehr sparen als bisher. Aber mit Verstand und offenen Augen. Statt uns kaputtzusparen: Wenn wir nur die konventionellen Wege des Sparens gehen, wenn wir Produktionsprozesse so rationalisieren, dass sie dadurch anfälliger werden in Krisensituationen, oder wenn wir an den Sicherheitsstandards oder anderen essenziellen Inhalten sparen.

Weglassen als Alleinstellungsmerkmal

Das Prinzip »Weglassen« birgt noch einen weiteren Aspekt. Es kann zu einer neuen Qualität Ihres Produkts führen. Dass wir die Umverpackung beim Kaffee weglassen, verringert zwar die Umweltbelastung in der Herstellung, verändert aber die Qualität des Produkts nicht. Anders bei der bereits erwähnten Waschkampagne. Dort ergaben Recherchen, dass Waschmittel nicht nur Enthärter und waschaktive Substanzen enthalten, sondern noch eine ganze Reihe anderer Stoffe, die aber für den Waschvorgang unnötig sind.

Füllstoffe sind ein Beispiel dafür. Das Paket sieht größer aus, und der Kunde glaubt, mehr für sein Geld zu bekommen. In Wirklichkeit bekommt er Substanzen, die er bezahlen muss, die keinen Nutzen bringen und im Ausguss landen.

Bleichmittel, optische Aufheller und Duftstoffe sind weitere Beispiele. Ist Ihnen schon aufgefallen, dass frische Wäsche so angenehm gut riecht? Merkwürdig, wo sie doch soeben gewaschen wurde. Was soll denn da riechen? Die Erklärung für dieses Paradox: Dem Waschmittel werden Duftstoffe hinzugegeben. Chemiesubstanzen, die mit ihrem Duft unsere Sympathie für das Waschmittel gewinnen sollen. Als hätten wir nicht schon genug Chemie. Diese Duftstoffe wegzulassen spart nicht nur Geld und ist gut für die Umwelt, sondern kann auch als Alleinstellungsmerkmal dienen. Motto: Wir machen diesen Unsinn nicht mit.

Mehr Fantasie wagen

Menschen verfügen über Kreativität und schöpferisches Potenzial. Wir können sie nutzen, so viel wir wollen. Sie sind der unbegrenzte Rohstoff. Als Entrepreneure ist es geradezu unsere Pflicht, sie zu nutzen. *Let's allow our brains to shape a better world.*[*]

Betriebswirtschaftslehre ist die Disziplin des Bodenhaftenden. Ihr Feld ist die Realität. Sie versucht, Prozesse effektiver zu machen, Abläufe zu optimieren, sie setzt auf Berechenbares. Bewährte Konzepte sind ihr lieber als der Aufbruch ins Unbekannte. Ökonomen lieben Daten, arbeiten mit Statistiken, verwenden Mathematik und entwerfen möglichst realitätstüchtige Modelle. Was ich damit sagen will: Wir können von einer Disziplin wie der Betriebswirtschaftslehre nicht erwarten, dass sie kühne neue Entwürfe denkt. Das ist nicht ihr Fach. Auch nicht ihr Anliegen.

Umso mehr brauchen wir Fantasie. Weil das Leben nicht nur aus der ökonomischen Dimension besteht – auch wenn diese Dimension im Moment immer mehr an Einfluss gewinnt. Es sind unsere Träume, unsere Wünsche, unsere Hoffnung auf ein Besseres, was uns anspornt, was uns motiviert, was uns lebendig macht. Wir dürfen uns unsere »Flausen« von der Ökonomie nicht austreiben lassen.

Beim Entrepreneurship geht es um Ökonomie. Viel Ökonomie sogar. *Aber nicht nur.* Ohne die Dimension der Fantasie werden wir zu Verwaltern des Bestehenden. Verstehen Sie mich nicht falsch: Kosten zu rechnen, Kalkulationen aufzustellen ist notwendig. Absolut. Ökonomie ist ein wichtiges Fach. Ich wollte, wir alle würden sparsamer mit unseren Ressourcen umgehen, als wir es tun. Sparsamkeit und Effizienz sind wertvolle Tugenden, aber sie sind kein Selbstzweck.

---

[*] Wenn Sie finden, dass wir weniger Anglizismen oder englischsprachige Einsprengsel verwenden sollten, bedenken Sie bitte auch dies: Wir Deutschen haben mit unserer Sprache das Glück, ganz nahe an der Weltsprache Englisch zu liegen. Was für andere Sprachen, vor allem in Asien, nicht gilt. Ein Wettbewerbsvorteil, der uns geschenkt wird und den wir nutzen sollten. Und nicht selten sind die englischen Ausdrücke – und das gilt besonders für den Bereich des Entrepreneurship – treffender, kürzer und präziser als im Deutschen.

Entrepreneurship hat auch eine kreative Dimension und darf sich nicht nur auf Business Administration reduzieren lassen. Wenn wir neue Produkte oder Dienstleistungen auf den Markt bringen, gestalten wir Lebenswirklichkeit und gehen in diesem Moment über Ökonomie hinaus. Wenn wir Kunden für uns gewinnen wollen, können wir nicht nur deren Geldbeutel im Auge haben. Wir wären schlechte Entrepreneure, wenn wir ausschließlich in der ökonomischen Dimension dächten. *Wir würden die Welt ärmer machen.*

Die folgenden Beispiele sollen Inspiration für Sie sein. Nutzen Sie Ihren eigenen Kopf, Ihre eigene Kreativität. Es geht um *Ihr* Ideenkind. Lassen Sie sich von niemandem sagen, Sie seien nicht kreativ. Auch nicht von Ihnen selbst.

Der Ausrufer
oder: Lassen wir uns von Literatur inspirieren[86]

Aus einem Roman von Fred Vargas.

Joss liebte seinen neuen Beruf. Sieben Jahre war es nun her, dass Joss den Beruf des Ausrufers wiederentdeckt hatte. Er musste – nach einigen schwierigen Monaten der Einarbeitung – den richtigen Ton treffen, der eigenen Stimme Natürlichkeit verleihen, den Standort aussuchen, die Rubriken bestimmen, Stammkunden gewinnen, die Preise festlegen. Mit seiner Urne hatte er verschiedene Stellen abgeklappert und sich schließlich vor zwei Jahren an der Ecke Edgar-Quintet/Delambre niedergelassen. Dort zog er Marktgänger und Anwohner an, gewann die Büroangestellten, die sich mit den diskreten Stammkunden der Rue de la Gaîté mischten, und erwischte noch einen Teil der aus der Gare Montparnasse strömenden Menschenmenge. Kleine, dichtgedrängte Gruppen sammelten sich um ihn und hörten sich die Neuigkeiten an, gewiss weniger zahlreich als jene, die sich um den Urahn Le Guern geschart hatten, aber man muss in Betracht ziehen, dass Joss täglich seines Amtes waltete, und das dreimal.

Dafür kam in der Urne eine recht ordentliche Anzahl von Nachrichten zusammmen, durchschnittlich um die 60 pro Tag – morgens viel mehr als abends, da die Nacht heimliche Briefeinwürfe begünstigte –, jede in einem verschlossenen Umschlag und mit einem Fünf-Franc-Stück versehen. Fünf Franc, um die eigenen Gedanken, die eigene Annonce, die eigene Suchanzeige hören zu können, die man dem Wind von Paris anvertraute, das war nicht zu teuer. Joss hatte es am Anfang mit einem Billigtarif versucht, aber die Leute mochten es nicht, wenn man ihre Worte für einen Franc verschleuderte. Das entweihte ihre Opfergabe. Der Preis kam sowohl den Gebern als auch dem Empfänger entgegen, und so strich Joss monatlich eine stattliche Summe ein, die Sonntage inbegriffen.

Sie sehen, man findet sogar in der Belletristik konzept-kreative Designs. Stimmig zur Person. Durchaus skalierbar, wenn man weitere Mitstreiter findet, denen das Ausrufen Spaß macht.
Nicht Internet, sondern Intereck.
Zum Anfassen, zum Zuhören, live.

»Bin ich nicht ein Hochstapler?«

Die Geschichte eines Entrepreneurs, wie sie in keinem Lehrbuch steht.
Mit nichts hat er angefangen, alles war aus der Not geboren. Er hatte keine einschlägige Ausbildung. Er fand im Licht sein Thema und blieb dabei.
»Es war Zufall«, sagt Johannes Dinnebier im Interview.[87] »Ich wusste nicht, dass ich zum Lampenmachen prädestiniert war«, erzählt er. »Nach dem Krieg gab es nichts. Ich fand ein paar Röhren, aus denen machte ich meine ersten Lampen. Dann war da eine Berliner Firma, die Leuchten hatte. Da habe ich gesagt: Ich möchte irgendwo in Deutschland für euch eine Ausstellung machen.«
Die innovativste Stadt nach dem Krieg war Düsseldorf. Hier gab es die besten Architekten. Auch Banken und Großindustrie waren hier. In drei angemieteten Räumen machte er eine Lichtinstallation hinter Seide. Es war kein richtiger Laden, eher das, was man heute einen Showroom nen-

nen würde. Dinnebier war weder in Architektur noch in Elektrotechnik beschlagen. Wie konnte er als Quereinsteiger in diesem Bereich eine so außergewöhnliche Qualifikation entwickeln? Fantasie? Mut? Wie kann man sich das vorstellen? Was hat den Funken zünden lassen? »Oft ist die Angst das größte Problem. Aber man sollte Mut und Beharrlichkeit aufbringen und sich fragen: Warum soll ich das nicht auch können?«

Dinnebier hat sehr früh erkannt, so sagt er, »was Licht bedeutet«. Licht und Schatten gehörten zusammen. Die meisten Räume, so erkannte er, seien falsch ausgeleuchtet. Man könne einen Raum nicht gut ausleuchten, wenn man ihn mit gleichmäßigem Licht überflute. Man müsse das Licht im Raum inszenieren. Ein Raum brauche Licht, aber er brauche auch Schatten. Das Licht brauche man nur dort, wo man etwas sehen will. Daher sei die Spannung zwischen Licht und Schatten wichtig. Johannes Dinnebier hat sich das nicht angelesen, er hat viel beobachtet und nachgedacht. Das Wissen der Ingenieure zu dem Thema, sagt er, helfe einem nur bedingt weiter. Er ließ sich davon nicht beeindrucken. In Holland und Skandinavien fand er innovative Leuchten, wie sie damals in Deutschland noch unbekannt waren. Er fühlte sich bestärkt in seinen Vorstellungen, was man mit Licht alles machen könne. Und fing an, selbst Leuchten zu bauen.

»Ich hatte wirklich nur einen blassen Schimmer von der Lichtidee. Aber ich war besessen davon«, bekennt er. Allmählich fassten selbst die Experten Vertrauen zu ihm. So kam es dazu, dass er in Düsseldorf die Messe beleuchtete, einer der ersten großen Aufträge. Was macht man, damit die Menschen an einen glauben? Die Zeit lehrte ihn, dass die Experten bei all ihrem Wissen auch Scheuklappen anlegen, dass ihnen die Unbefangenheit des frischen Blickes abhandenkommt. Sie werden fokussierter und enger. Sein Geheimnis: »Keiner hat so gedacht, wie ich gedacht habe.« Wenn man »nichts« gelernt hat, so Dinnebier, kann man »alles denken«. Aber es hatte auch Nachteile. »Die Ingenieure haben mich gehasst wie die Pest«, berichtet er.

In den 1960er-Jahren klimatisierte er eine Bank allein mit der Wärmeenergie des Lichts. In Riad baute er Lichtzelte, die gleichzeitig kühlen konnten.

Vor Dinnebier galt es als schwer lösbares Problem, große Leuchtkörper zu reinigen. Man brauchte ein teures Gerüst, um den Reinigungskräften

zu ermöglichen, an die Lampe heranzukommen und alle Teile zu erreichen. Dinnebier erfand eine Lichtkuppel, in der man laufen kann; der
Leuchter selbst ist so gestaltet, dass er auch Gerüst ist, in dem man sich
bewegen kann. *Die erste begehbare Lampe der Welt.* Nur Dinnebier kam
auf solche Ideen.

Dinnebier beleuchtete Großanlagen wie die Flughäfen von Moskau und
Istanbul. Mit seinen Ideen stach er Mitbewerber wie Siemens und AEG
aus. »Licht braucht auch Schatten«, blieb sein Credo. Einen ganzen Flughafen beleuchtete er allein mit dem Licht der Reklame und sparte so für
den Auftraggeber viel Geld.

Johannes Dinnebier ist seit über 50 Jahren erfolgreich. Aus seiner ganz
eigenen Fantasie heraus entwickelte er sich zum gefragten Experten. Seine
ungewöhnlichen Lichtkonstruktionen finden sich in der ganzen Welt und
sind faszinierende Beispiele für den Umgang mit Licht. Norman Foster
gehört zu den Architekten, die ihn beauftragten.

»Eigentlich bin ich doch ein Hochstapler«, sagt er im Anschluss an das
Interview. »Ich hatte keine Ausbildung, nichts.« Im Rückblick liebt er alle
seine Projekte. »Ich habe mein ganzes Leben lang nur gespielt. Ich habe
gar nicht ernsthaft gearbeitet.«

Machen Sie ein Fest daraus

Sie sind kein Mensch wie Dinnebier? So etwas trauen Sie sich nicht zu?
Geht es nicht auch eine Nummer kleiner, fragen Sie sich? Sie haben ganz
handfeste Probleme und suchen dafür eine passable Lösung?

Nehmen wir ein Standardproblem aller Entrepreneure: Sie müssen Ihr
Produkt verkaufen.

Was liegt näher, als an den Vertrieb im stationären Einzelhandel zu
denken. Aber *shelf space*, der Platz im Regal, ist teuer. Nicht nur will der
Händler eine erkleckliche Marge für sich selbst haben, bei vielen Dis-
countern müssen Sie sich darüber hinaus regelrecht einkaufen. Das heißt,
vorneweg dafür bezahlen, überhaupt in das Angebot aufgenommen zu
werden. Natürlich können Sie sich auch einen Marktstand besorgen, die

Marktgebühren bezahlen, auf Käufer warten und sich die Beine dabei krumm stehen. Ein Traum, wenn es Ihnen gelänge, dass die Kunden zu Ihnen kommen. Am besten Schlange stehen für Ihr Produkt. Aber was könnte die Käufer veranlassen, dies zu tun? Da müssen Sie sich schon etwas einfallen lassen, etwas Besonderes.

Wilstedt, Niedersachsen.
Noch nie von diesem Ort gehört? Kein Wunder. Ein unscheinbarer Ort, mit einer Ausnahme. Die Wilstedter Abholtage. Angefangen hat es damit, dass Conrad Bölicke Kontakt zu seinen Kunden aufnehmen wollte. Für seine Olivenölkampagne dachte er darüber nach, wie er Kunden dazu bringen könnte, zu ihm nach Wilstedt zu kommen. Er musste etwas bieten. Er lud einen der Erzeuger ein. Verschiedene Sorten Olivenöl wurden verkostet, Oliven und Wein mit angeboten. Die Sache rechnete sich. Mit den Jahren wurde die Zahl der Abholer immer größer, Erzeuger anderer Lebensmittel kamen hinzu. Ein ganzes Wochenende mit vielen Angeboten, das meiste Bio, mehr Transparenz durch Gespräche mit den Anbietern. Die Veranstaltung wuchs sich zu einem Volksfest aus. 2014 mit immerhin rund 20 000 Besuchern. Ein eigenes ökonomisches Standbein war gewachsen. Die Ausgaben für den Vertrieb des Olivenöls waren gesunken und Einnahmen aus dem Fest hinzugekommen.
Manchmal funktioniert Bürokratie überraschend positiv. Die Wilstedter Abholtage sind in den Augen aller Beteiligen, auch der regionalen Verwaltung, ein Erfolg. Dann, im zwölften Jahr der Veranstaltung, der Schreck: Jemand stellt Strafanzeige. Wegen Sonntagsarbeit.
Die Behörde – in diesem Fall verständnisvoll. Sonntagsarbeit sei unter bestimmten Bedingungen erlaubt. Herr Bölicke solle doch beim nächsten Mal den Antrag auf Genehmigung bitte so formulieren, dass er die Formalien erfülle. Man werde ihm dabei behilflich sein.
Und wie geht man mit der aktuellen Strafanzeige um? Ob Herr Bölicke einverstanden sei, ein Bußgeld von 15 Euro zu zahlen? Er war.
Hätte Bölicke am Anfang alle Vorschriften studiert, wäre er nie auf die Idee gekommen, die Wilstedter Abholtage zu starten. So wie die Frau, die bei den Abholtagen selbst gebackenen Kuchen verkaufen wollte. Nach einem Rezept, das ihren Bekannten hervorragend schmeckt. Es ist eine

kleine Initiative, bei Straßenfesten und anderen selbst organisierten Veranstaltungen längst ein Standard. Doch die Frau machte sich Sorgen, ob man das einfach so dürfe – zu Hause backen und an einem Stand verkaufen. Sie fragte bei der einschlägigen Behörde nach. Der Bescheid: Sie darf es nicht. Jedenfalls nicht ohne Einhaltung der Vorschriften einer hygienisch eingerichteten und behördlich abgenommenen Kücheneinrichtung.

Was lernen wir aus den beiden Geschichten? Tue etwas Gutes für Dich, für andere, ja sogar für Deine ganze Region. Wenn Du eine Win-win-Situation schaffst, sind die Aussichten gut, dass Dir die verschiedenen Mitspieler zu Hilfe kommen. Wenn wir zuerst alle Regularien lesen und zu befolgen versuchen, verlassen uns Mut und Initiative. Unternehmen wir lieber etwas. So verantwortungsvoll wie möglich, mit Anstrengung für Hygiene, für einen guten Kuchen und für zufriedene Kunden.

Zell, Rheinland-Pfalz.

Auch ein Ort, den keiner kennt. Auch Thomas Fuhlrott verkauft sein Olivenöl auf einem Fest. Das Fest hat er selbst ins Leben gerufen. Aus kleinsten Anfängen. Weil der Ort in einer Weingegend mit vielen Weinfesten liegt, entstand die Idee zu einem Olivenölfest. Öl und Wein passen seit Menschengedenken gut zusammen. Es gelingt ihm, Künstler, Musiker und Entrepreneure ins Dorf zu holen, aus einem lokalen Fest ein Kulturereignis zu machen. Heute berichten sogar die regionalen Medien über die Veranstaltung. Fuhlrott, der ein Studium an der Universität der Künste in Berlin absolviert hat, ist stolz darauf, dass man »sein« Fest nicht nur als eines der schönsten in der Pfalz, sondern als soziale Skulptur im beuysschen Sinne bezeichnet hat.

Sollen Sie jetzt ein Abholfest organisieren? Nein. Sie sollen überlegen, recherchieren, fantasieren, experimentieren, was in *Ihrem* Umfeld, *mit Ihren persönlichen Voraussetzungen* ein passendes Puzzlestück sein könnte, mit dem Sie das Thema Verkaufen sparsamer, effizienter, ideenreicher gestalten. Vielleicht ist es ein Abholfest. Vielleicht ist es aber auch etwas ganz anderes. Die Teekampagne hat es trotz zweier Anläufe bisher nicht zum Abholfest gebracht, vor allem deswegen nicht, weil es in Berlin bereits ein enormes Angebot an Festen gibt. Unsere *Berlin Tea Parties*, veranstaltet im Haus der Kulturen der Welt, mit einem guinnessrekordverdächtigen Riesenmobile aus Teekisten, verursachten hohe Kosten und rechneten sich nicht. Abholtage sind also kein Patentrezept.

Wer übrigens hat sich das Ding mit den Guinness-Rekorden ausgedacht? Die Guinness-Brauerei in Irland natürlich. Eine immerhin fantasievolle Art, auf sich aufmerksam zu machen, statt nur in die konventionelle Werbekiste zu greifen.

Artgerechte Haltung

Eine wachsende Zahl von Biologen und Umweltforschern sieht den Verlust an natürlicher Umwelt als reale Gefahr für unser physisches, emotionales und geistiges Wohlbefinden. Die allgemein ungesunde Lebensweise führe dazu, dass die Menschen sich auch ihrer eigenen Natur entfremdet hätten.

Die Redeweise von der »Verhausschweinung des Menschen«[88] löst bei Ihnen Schmunzeln und ein wenig Nachdenklichkeit aus? Blumentöpfe und Balkonbegrünung sind Ihnen nicht genug, Ihr Verlangen nach mehr Natur zu stillen? Dann sind Sie die richtige Person, es mit der Sichtachse: »Artgerechte Haltung« zu versuchen.

Unsere Zimmer wie ein Stück Natur einrichten? Die Idee der senkrechten Gärten auf Zimmerwände übertragen? Wie könnte man den Sorgen des Hausbesitzers Rechnung tragen, dass die Wände nicht durchfeuchten dürfen? Wie die Bewässerung handhaben, damit das nicht passiert? Oder auch die Pflanzen bei längerer Abwesenheit nicht austrocknen? Viel mehr brachliegende Flächen in städtischen Gebieten zu Grünanlagen umfunktionieren? Und notfalls mit Guerilla Gardening nachhelfen?

Oder sogar so, wie unsere frühen Vorfahren, in den Bäumen leben? Ein Baumhaus nicht als bessere Hundehütte in den Baum nageln, sondern Plattformen anlegen, auf eigenen Pfeilern, die den Baum unbeschädigt lassen, aber mehr Raum bieten, auch für bequeme Unterkünfte? Eine ausgefallene Idee, gar eine Utopie? Keinesfalls. Es gibt längst solche Anlagen. Lassen Sie sich überraschen. Rufen Sie im Internet »Baumhäuser« auf, und Sie finden eine Fülle davon.

Was uns bei Tieren selbstverständlich erscheint, dass sie eine Umgebung brauchen, moderne Naturschützer nennen es »Habitat«, die ihrer Art und Weise zu leben entspricht, scheinen wir Menschen zu vergessen. Man kann die Menschheitsgeschichte von rund zwei Millionen Jahren wie ein Lebensalter von 70 Jahren abbilden. Die längste Zeit sind wir Jäger und Sammler gewesen und haben in Horden gelebt. Sesshaft wurden wir erst in den letzten 10 000 Jahren, also gegen Ende unserer 70 Jahre. Das Industriezeitalter beginnt in der letzten halben Stunde, und die hoch entwickelte Lebenswelt, in der wir im Moment leben, stellen die letzten Sekunden auf unserer Zeitachse dar.

Wir leben bequem und ohne existenzielle Ängste, wie sie in der freien Natur üblich waren. Wir leben nicht ungleich dem Vogel im goldenen Käfig. Wir werden geradezu gemästet. Von Søren Kierkegaard stammt das Bild von den Sieben-Meilen-Stiefeln, die dazu führen, dass man mit einem einzigen Schritt weit über sein Ziel hinausschießt.

Sie werden jetzt einwenden, ich solle nicht überkritisch sein und nicht zu perfektionistisch. Schließlich ginge es uns allen recht gut – jedenfalls viel besser als irgendeiner Generation in der Menschheitsgeschichte. Ich teile diese Sichtweise durchaus. Uns geht es besser als jemals zuvor. Mein Punkt ist ein anderer. Gehen wir mit den Potenzialen, die uns der technische und wirtschaftliche Fortschritt ermöglicht, wirklich sinnvoll um? Dies ist der Punkt, an dem meine Kritik ansetzt.

Wir Menschen sind extrem anpassungsfähig. Wenn Sie in einen Motor Wasser schütten, hört er auf, zu laufen. Wir Menschen halten Situationen aus – und betrachten sie nach einiger Zeit als normal –, die eine noch so intelligente Maschine und auch die meisten Lebewesen nicht aushalten würden. Nicht umsonst sind die Menschen durch ihre extreme Anpassungsfähigkeit die Obertiere auf diesem Planeten geworden. Und führen sich entsprechend auf. Ein Satz von Friedrich Nietzsche kommt einem da in den Sinn: »Ich fürchte, die Tiere betrachten den Menschen als ein Wesen ihresgleichen, das in höchst gefährlicher Weise den gesunden Tierverstand verloren hat.«

Szenarien entwickeln

Wir können Szenarien entwickeln, in denen heute schon erkennbare Trends weitergedacht werden. Sie können es als Übung zur Anregung Ihrer Fantasie (und des Spaßes daran) betrachten, aber auch – je nach Ihrer Neigung zu Optimismus oder Pessimismus – als Methode, sich zu überlegen, auf welche Problemlagen wir uns vielleicht einstellen müssen. Ein Beispiel:

Economic-Fiction »Berlin 2025«
Szenario: Altersarmut[89]

Die Annahmen des Szenarios:
Der Staat kann seinen Renten- und Pensionsverpflichtungen nicht mehr in voller Höhe nachkommen. Die private Altersvorsorge bricht ein, weil die Sparer kaum noch Zinseinkommen erzielen. Die Politik beschwichtigt, statt die Probleme offen anzusprechen.

Wohnungen mit Ofenheizung sind der Renner, weil Zentralheizungen nicht mehr bezahlbar sind. Das Bibelwort bestätigt sich: »Die Letzten werden die Ersten sein.« Die Klospülung wird seltener bedient, weil das Leitungswasser zu teuer geworden ist. Die Kanalisation funktioniert nicht mehr, weil »das Dicke« aus Mangel an Wasserdurchfluss liegen bleibt. Die Stadtwerke hängen Räucherkerzen mit Zitronenaroma in die Lüftungsschächte.

Immer mehr Vorgärten werden zum Kartoffel- und Gemüseanbau genutzt. Manche der Pensionäre, so geht das Gerücht, holen sich heimlich das Dicke, als Ersatz für Kuhfladen und Pferdemist, die man früher noch auf dem Land fand. Es stinke, so berichten Nachbarn, inzwischen wieder wie im Mittelalter.

Für gutes Trinkwasser bezahlen Millionen von Chinesen hohe Preise, und der Export blüht, auch in die neuen Trockengebiete des Mittleren Ostens, der Regionen von Jordan, Euphrat und Tigris. Gerüchte machen die Runde, dass selbst sogenannte wohlsituierte Kreise das unzuverlässig gewordene Leitungswasser mit Klopapier filtern, weil sie sich das Trinkwasser aus Flaschen wegen der weltweiten Nachfrage nicht länger leisten können.

Viele Rentner klagen, dass ihre Renten nicht mehr ausreichen, um auch nur die Miete zu bezahlen, und sie in hohem Alter noch arbeiten müssen.

Die »TS« machen von sich reden – die sogenannten Tagesschläfer. Es sind alte Menschen, die sich die Nächte um die Ohren schlagen, weil sie ihre Zimmer zur Übernachtung an Touristen vermieten. Der Schlager »Kreuzberger Nächte sind lang« feiert ein Comeback.

Die Einbrüche in gutbürgerlichen Wohngegenden steigen kontinuierlich. Es kommt immer häufiger vor, dass ein Einbruch mitten am Tag stattfindet, bevorzugt in der obersten und untersten Etage. Aus den drogenabhängigen Einbrecheramateuren sind gut organisierte, hoch technisierte Banden geworden. Die schlecht ausgerüstete und überlastete Polizei kann kaum etwas dagegen ausrichten. Die Besserverdienenden beschäftigen eigene Wachdienste.

Ein neuer Wirtschaftszweig – das Teilen und Nutzen von Gütern statt des Besitzens – floriert, teils aus Not, teils aus Überzeugung. Man trifft alte Menschen in überraschend schrillen Outfits und Farben. Die Erklärung dafür ist, dass sie sich nur noch die modisch unverkäuflichen Textilien leisten können.

Neue Parteien gewinnen mit politischen Programmen Zulauf, die an die Eigeninitiative appellieren und auf dem Engagement von Bürgern basieren. Programme, die nur durch Staatsausgaben funktionieren, gelten als nicht mehr zeitgemäß.

Die neu gebildete asiatische Zentralbank mit Sitz in Singapur hat die europäischen Staatsanleihen auf Junk-Status herabgestuft. Es bestehe keine Aussicht mehr, dass die europäischen Staaten ihre Schulden jemals zurückzahlen könnten.

Es sei gar nicht so unplausibel, so die These von Nassim Nicholas Taleb[90], dass uns in Zukunft immer häufiger »Schwarze Schwäne« heimsuchen: unerwartete Ereignisse, die bis dato noch als unvorstellbar galten. Gut, wer sich zumindest mental auf solche Möglichkeiten einstellt. Und auch dann noch in der Lage ist, überlegt und bedacht etwas zu unternehmen.

Aus nichts etwas machen

»It's extremely satisfying to build something from nothing«, sagt Thomas Weldon, Gründer der Novoste Corporation. Das ist, so könnte man sagen, die Königsdisziplin, wie wir unsere Fantasie einsetzen können. Nicht ganz zufällig wird Entrepreneurship von manchen Autoren so definiert: Aus zunächst nichts ein Konzept zu entwickeln, die notwendigen Ressourcen zu arrangieren und ein Unternehmen damit zu starten.

The Burmese Trekking Stick

Wenn Sie im Norden Thailands Urlaub machen, läuft er Ihnen mit Sicherheit über den Weg: der burmesische Wanderstab. Er gehört zum Standardrepertoire der Andenken, die man als Tourist kaufen kann. Ein schlichter, aber dekorativer Stab aus Bambus mit einem Handgriff aus dem gleichen Material. Ein beliebtes Souvenir. Die Geschichte des Stocks bekommt man auf einem Zettel mitgeliefert.

Sir Jeffrey Hillpig-Smyth wurde 1910 in London geboren. Als Junge war er übergewichtig, er hatte wenig Freunde, schlechte Noten, war unsportlich, seine Mitschüler nannten ihn Hillpiggy. 1930 musste er Oxford wegen ungebührlichen Benehmens verlassen. Er bewarb sich 1934 um einen Parlamentssitz für Looting on the Thames, verlor aber. 1936 publizierte er eine Sammlung von Short Stories: *Sticks and Stones*. Er trat 1939 der militärischen Abwehr bei, arbeitete bei den British Special Forces in Mandalay, British East India (Burma). Als er beim Wandern 1944 ausglitt und sich verletzte, konstruierte er, während er das Bett hüten musste, den Burmese Trekking Stick. Dann verschwand er spurlos auf dem Gelände der Spezialeinheit. Eine Suche wurde eingeleitet, die die Gegend systematisch durchkämmte. Vergeblich. 1953 erhob Königin Elisabeth II. Jeffrey Hillpig-Smyth in Abwesenheit für seinen Beitrag zum British War Protocol in den Adelsstand. 1992 wurde er immer noch vermisst, doch einige Leute gaben an, ihn im burmesischen Dschungel gesehen zu haben. Letzte Nachrichten wollen wissen, dass Sir Jeffrey auf einem Elefanten reitend gesichtet worden sei. Er habe

eine kleine Gruppe disziplinierter Guerillakämpfer in der Nähe der thailändischen Grenze angeführt. Für weitere Auskünfte über Sir Jeffreys
Verbleib ist eine Belohnung von insgesamt 25 Pfund Sterling ausgesetzt.

Wann ist Ihnen aufgegangen, dass diese Geschichte nicht stimmen kann?
Sie ist in der Tat frei erfunden von einem Amerikaner in Chiang Mai, der
sich über die Briten lustig machen wollte. Aber der Burmese Trekking
Stick, zum Preis von zehn Dollar pro Stück, ist bereits mehr als eine Million Mal verkauft worden. Eigentlich nur ein Stück Bambus – wäre da
nicht die Geschichte dazu.

Die Karl-Valentin-Universität

Hi, hier meldet sich das Marketing-Monster wieder zu Wort. Mir geht da
eine Sache durch den Kopf. Ich mache so tolle Dinge, aber mit der
Anerkennung hapert es. Das liegt mir schwer im Magen. Vor allem Professoren sehen mich noch scheel an. Das brachte mich auf eine zün-
dende Idee: eine Universität gründen.

Universität, das heißt Prestige, Anerkennung, Macht. Das ist es, was ich
brauche. Witzig muss meine Universität sein. Und mit spitzem Florett
fechten. Gegen diese Professoren, diese eitlen Kerle, die sich wer weiß
was einbilden. Diese geschraubten Ausdrücke, diese unverständliche
Sprache, diese Abgrenzung von uns Irdischen. Muss man doch etwas
dagegen tun.

Da bin ich auf Karl Valentin gestoßen. Dieser ironische Typ, mit einem
hinterhältigen Humor, der alle zum Lachen bringt. Eine Mischung aus
Clown, Kabarettist und Philosoph. Nach Karl Valentin soll sie heißen,
meine Universität. Die Namensrechte? Soll doch die Karl-Valentin-
Gesellschaft klagen. Damit würde ich gleich richtig bekannt.

Ich weiß auch schon, wie ich anfange.

Während die Flut der Doctores kaum noch zu bremsen ist, erkenne ich
eine Marktlücke beim Titel »Professor«. Viele Menschen träumen davon,
diesen Titel zu führen. Ihnen kann geholfen werden. Ich habe hin und
her überlegt, in welcher Fachdisziplin ich den Rang des Professors an-

bieten kann, und habe mich für die »Liebe zur Weisheit« (Philosophie) entschieden. Diese Liebe teilen Sie doch auch. Hoffentlich, jedenfalls. Und haben Sie nicht auch schon versucht, die Welt und die menschliche Existenz zu deuten und zu verstehen? Na bitte, Sie sind ein Philosoph. Und Sie sehen, ich hab mir einiges dazu gedacht, werfe nicht einfach einen Einfall in den Ring.

Werden Sie Professor der Philosophie!

Und so funktioniert es:

Wir nehmen fünf Schachteln.

Wir denken uns für jede der Schachteln wohlklingende Worte aus. Für die erste Schachtel überlegen wir uns abstrakte Hauptwörter wie »das Große«, »das Erhabene«, »das Gültige«, »das Vollkommene«, »das Zeitlose«. Bei der zweiten Schachtel machen wir das Gleiche (aber nicht die gleichen Begriffe), zum Beispiel »das Wesenhafte«, »das Unbekannte«, »das Gewaltige«. In die dritte Schachtel legen wir Worte wie »Dimension«, »Annahme«, »Bedeutung«, »Behauptung«. In die vierte Schachtel stecken wir Begriffe wie »des Ganzen«, »des Unvollkommenen«, »des Zufalls«, »des Absichtslosen«. In die fünfte Schachtel kommen Begriffe wie »Vollkommenheit«, »Andacht«, »Poesie«, »Philosophie«.

Zwischen die erste und zweite Schachtel schreiben wir das Wort »ist«. Zwischen die zweite und dritte schreiben wir die Worte »in der«. Und zwischen die vierte und fünfte die Worte »im Geiste des«.

Wir haben jetzt eine Sinnmachmaschine.[91] Wir erhalten Sätze wie: »Das Große ist das Wesenhafte in der Dimension des Ganzen im Geiste der Vollkommenheit.« Oder: »Das Erhabene ist das Unbekannte in der Bedeutung des Absichtslosen im Geiste der Poesie.« Internetaffine unter uns werden sich an Dilberts »Mission Statement Generator« erinnern fühlen. Wir haben $10 \cdot 10 \cdot 10 \cdot 10 \cdot 10$, also 100000 Möglichkeiten. Wenn wir mehr Begriffe in die Schachteln füllen, wachsen die Kombinationsmöglichkeiten exponentiell.

Für die Bewerbung um den Titel des Philosophieprofessors stellen Sie bitte Ihre Sätze auf die Seite der Karl-Valentin-Universität ins Internet. User haben die Möglichkeit, die tiefgründige Bedeutung der Sätze, ihre Eleganz und ihre Überzeugungskraft zu bewerten. Wer die meisten Stimmen erhält, wird zum Professor ernannt. Für einen Monat. Wiederwahl ist nicht ausgeschlossen, aber nur durch erneute Bewerbung möglich. Den Professor für Philosophie haben wir also schon im Sack.

Was soll ich Ihnen sagen: Das Medienecho ist schon jetzt überwältigend. Das junge Beraterunternehmen McKinski sagt voraus, dass die Idee des Philosophieprofessors neuen Typs als epochemachender Geniestreich gesehen wird, vergleichbar der Vision, ein Schiff über einen Bergkamm zu ziehen. Das angesehene US-amerikanische Wissenschaftsmagazin *Big Shot* erkennt in der Karl-Valentin-Sinnmaschine »die Geburtsstunde der plebiszitären Philosophie«. Es wird gemunkelt, dass das Nobelpreiskomitee für Astrophysik in ihr den »nach Einstein vielversprechendsten Entwurf einer relativierenden Erkenntnistheorie« sieht.

Wie man damit Geld verdienen kann? Oder wissenschaftlich ausgedrückt: Ob man eine Ertragsmechanik in das Geschäftsmodell einbauen kann? Kopfbedeckungen verkaufen nach dem Vorbild der altenglischen Professorenhüte? Oder ein Zertifikat mit dem Namen des virtuell-virtuosen Philosophieprofessors auf Zeit?

Auch die Kunst der Hochstapelei verlangt endlich nach universitärer Anerkennung. Ansätze dazu sind an den Universitäten reichlich vorhanden. Auch das Fach Entrepreneurship ist nicht frei davon: Den Businessplan von jemand anderem schreiben lassen. Oder guten Rat für den Pitch geben: »Binden Sie sich eine Krawatte um, wenn Sie mit dem Banker sprechen«. Solche Sachen erhöhen die Qualität des unternehmerischen Konzepts ungemein.

Werfen wir zum Schluss einen Blick auf die kulturellen Auswirkungen der Karl-Valentin-Universität. Sie sind gar nicht hoch genug einzuschätzen. Denken Sie allein schon an unseren kulturellen Auftritt im Ausland. Der Name Goethe – markentechnisch eine Katastrophe. Versuchen Sie einmal, Goethe englisch auszusprechen oder französisch. Von chinesisch oder japanisch ganz zu schweigen. Das Goethe-Institut in Bangkok kann ein Lied davon singen. Wohlweislich hat es das hauseigene

Restaurant nicht Goethestube genannt, sondern Ratsstube. Und selbst das macht Probleme. In der thailändischen Hauptstadt spricht nicht jeder Deutsch, aber viele Englisch. Und die wundern sich, dass die Deutschen ihr Restaurant ausgerechnet Rattenröhre nennen (englisch: rats = Ratten, tube = Röhre) und dann auch noch mit einem »s« zu viel. Welche Wucht dagegen liegt in dem Begriff »Karl Valentin«! Die vielen Vokale sind für asiatische Sprachen hervorragend geeignet. Könnte direkt an Erfolge anschließen wie Beck-en-bau-er oder Bi-eM-Dabbel-juh.

Und dann noch die verbale Nähe zum Valentine's Day, dem Tag der Verliebten. Die weltweite Blumenindustrie und ihre Händler haben viel Geld für Marketing ausgeben müssen, bis sie es geschafft haben, ihre Produkte mit dem Begriff Liebe zu assoziieren. Die Marke Valentin bekommt das quasi geschenkt. Nicht Goethe, sondern Karl Valentin bringt den Durchbruch. Ich sehe die Kulturmenschen von ihren Pulten aufspringen.

Wenn wir Marketingleute etwas in die Hand nehmen, dann geht es vorwärts!

Mit der Ambiguität leben

Wir haben in den vorangegangenen Abschnitten eine Vielzahl von – zum Schluss nicht mehr ganz so ernst gemeinten – Methoden zur Ausarbeitung eines Entrepreneurial Design kennengelernt. Wann ist ein Konzept ausgereift? Woran erkennen wir, ob unser Design bereits ausreichend praxistauglich ist?

Wir betreten mit einem innovativen Entrepreneurial Design naturgemäß Neuland. Es fehlen die Wegmarkierungen. Es gibt kein klares Richtig oder Falsch, keine einfache Lösung, zumindest keine, die sich auf Erfahrung berufen kann. Ja, die Unsicherheit ist groß. Sie geht auch nicht so leicht weg. Wird durch bloßes Grübeln auch nicht besser. Aufgeben, der einfache Weg. Weitermachen, der schwierige. Was jetzt zu tun ist, steht in keinem Lehrbuch der BWL: Mit der Ambiguität leben lernen. Mit den eigenen Ängsten umzugehen, die Unsicherheit auszuhalten.

Eines hilft in dieser Situation immer: am Entrepreneurial Design arbeiten. Die Annahmen überdenken, von denen ich ausgehe. Etwa zum Thema Aufmerksamkeit. Werden die potenziellen Kunden auf mich aufmerksam? Wie kann ich die Chancen dafür noch erhöhen? Wie, mit welcher Geschichte, welcher Innovation, mit welchem besseren Angebot, welchen weiteren »Beinen«, welchem Auftritt, welcher Unterstützung, welchen zusätzlichen Punkten? Wie könnte ich Journalisten auf mich aufmerksam machen? Was ist spannend an meinem Vorgehen, was ist anders als der Mainstream?

Nur das hilft – weiter am Entrepreneurial Design tüfteln. Man verwirft, entwirft neu, erlebt Durchbrüche, Rückschläge, steht vor vermeintlichen und echten Barrieren, schiebt Teile des Konzepts hin und her, bis – hoffentlich – die Konturen eines wirklich überzeugenden Konzepts entstehen. Sparringspartner finden und mit ihnen diskutieren. Urteile aus der Hüfte schießender Berater, Besserwisser oder Bedenkenträger vermeiden. Weitere Sichtachsen finden und abarbeiten, Denkpausen einlegen, noch mehr Informationen einholen und immer wieder neu durchdenken. Zusätzliche Beine des Entrepreneurial Design suchen, die die Wahrscheinlichkeit des Erfolgs erhöhen könnten. Den eigenen Zweifeln nachgehen und Lösungen finden.

Nicht den Zyklus einmal durchgehen, wie hier beim Lesen. Sondern zehnmal, 50-mal, ja 100-mal und mehr, wenn sich noch keine überzeugende Lösung abzeichnet. Ich halte nichts, aber auch gar nichts von Sprüchen wie: »Legen Sie los. Zögern Sie nicht so lange. Die Probleme kommen sowieso erst in der Praxis.« Kein guter Rat, wenn die Wahrscheinlichkeit des Scheiterns bei 80 Prozent liegt. Genauso gut könnten Sie einen Nichtschwimmer auffordern, ohne Hilfsmittel in einen tiefen See zu springen.

Ambiguitätstoleranz ist gefragt. Die Dinge in der Schwebe halten, wenn und solange keine für Sie selbst überzeugende Lösung vorliegt. Sie müssen die Ambiguität aushalten. Es führt kein Weg daran vorbei. Hören Sie nicht auf Ihre wohlmeinenden Freunde, die sagen: »Jetzt entscheide Dich doch endlich!« Es gibt nichts zu entscheiden. Die Situation ist noch nicht entscheidungsreif. Sie ist zwiespältig, zu zwiespältig. Es gibt viele Argumente für oder gegen eine bestimmte Vorgehensweise. Und sie halten sich oft ungefähr die Waage.

Sie denken, Sie sind zu entscheidungsschwach, zu unkreativ, nicht genügend belastbar?

Sie haben schlaflose Nächte, regelrecht Albträume? Ja, das gehört dazu. Einer der Albträume, den ich hatte, während ich am Konzept der Teekampagne feilte, ging so: Es ist dunkel, ich bin an einem Strand. In der Ferne taucht ein schwarzer Schatten auf. Ich weiß, es ist das Schiff, auf dem der Tee ist, den ich bestellt habe. Außer mir ist niemand da, ich bin auf mich allein gestellt. Kein Mensch, der Bescheid weiß, weit und breit. Es gibt keine Hafenanlage. Der Schatten kommt immer näher. Wo soll das Schiff anlegen? Wer soll den Tee abladen? Das Schiff wird riesengroß, fährt auf mich zu. Ich wache schweißgebadet auf.

Tagsüber wird man mit derlei Gedanken noch fertig. Schließlich ist Hapag-Lloyd die Logistikkomponente – die werden schon wissen, wo man anlegt und wie man Teekisten ablädt. Aber nachts ist man seinem Unterbewusstsein und seinen Ängsten ausgeliefert. Wenn jetzt noch körperliche Symptome hinzukommen – und sie kommen! –, wird es richtig dramatisch. Und werden die Stimmen aus dem wohlmeinenden Umfeld noch lauter: »Deine Gesundheit riskieren?! Auf keinen Fall!« Manchmal steckt dahinter auch eine nicht so wohlmeinende Haltung. Selber hat man den Sprung in die Ungewissheit nicht gewagt. Jetzt könnte es sein, dass ein anderer einem vorführt, dass es doch hätte gelingen können.

In seinem Buch *Kreativität als Chance. Der schöpferische Mensch in psychodynamischer Sicht*[92] beschreibt Paul Matussek die Ambiguitätstoleranz als eine besonders anspruchsvolle Eigenschaft. Es sei die Fähigkeit, in einer spannungsvollen, unübersichtlichen, von vielen Kräften bewegten Situation auszuhalten und unbeirrt das Ziel im Auge zu behalten. Die meisten Menschen ertrügen die aus der Ungelöstheit einer solchen Situation entstehenden Spannungen nicht oder nur für kurze Zeit. Sie versuchten, den Druck loszuwerden. Dagegen, so Matussek, entstünden Lösungen eher von unerwarteter, nicht vorhersehbarer Seite, wenn man dem Druck standhält. Um solche Lösungen zu finden, müsse man in der Schwebe der Ungewissheit arbeiten können. Wer zu rasch nach vermeintlichen Lösungen greife, beseitige zwar Druck und Spannung, beraube sich aber der Möglichkeit einer ausgereifteren, durchdachteren Lösung.

Warum kommt dieses Thema in den Lehrbüchern zu Entrepreneurship nicht vor?

Nun, die Lehre rekurriert naturgemäß auf Stoff, der lehr- und überprüfbar ist, also ohne Risiko, dass man damit falschliegen könnte. Das ist einer der Gründe, warum Stoffe wie Rechnungswesen, Bilanz, Finanzierung, Marketing in den Lehrplänen stehen. Es sind Stoffe, die man als Lehrender gut beherrscht und die risikolos auf fast alle Gebiete übertragbar sind.

Die wichtigeren Fragen (Ist es überhaupt eine gute Ausgangsidee? Ist das Konzept wirklich tragfähig?) sind schwerer zu behandeln und zu beurteilen. Man gerät als Lehrkraft gar in die Gefahr, Fehleinschätzungen abzugeben, sich zu blamieren. Selbst wenn man stärker in die Tiefe ginge, die jeweilige Situation zu analysieren versucht, bleiben viele Fragen offen.

Wie aber lernt man zähe Ausdauer, lernt, die »Ent-Mutigung« durch die Umwelt, die schlaflosen Nächte und Albträume auszuhalten?

Kann man durch die Ambiguität navigieren? Wie ein Schiff im Nebel? Es hat ja keinen Sinn, sich einfach für einen Kurs zu entscheiden und Fahrt aufzunehmen. Es könnte sich im nächsten Moment als katastrophal herausstellen. Kreative Persönlichkeiten, sagt Matussek, können mit solchen Situationen umgehen.

Navigieren heißt, mit Vorsicht vorgehen. Versuchen, die Vagheit, die Uneindeutigkeit zunächst als gegeben hinzunehmen und sich nicht davon frustrieren zu lassen. Wir müssen damit leben. Zu experimentieren, neue Pfade zu finden, statt auf ausgetretenen Wegen zu laufen, bringt zwangsläufig Unsicherheit und uneindeutige Situationen mit sich. Wir müssen daher unsere Anstrengungen darauf richten, mehr Durchblick im Nebel zu schaffen – und wenn das nicht geht, die Ambiguität auszuhalten.

Meine eigenen Erfahrungen: Ambiguität ist ein fast regelmäßig wiederkehrender Zustand. Manchmal hilft es, mit neuen, ungewohnten Sichtweisen zu arbeiten. Die Nähe zu Künstlern oder zu Menschen mit unterschiedlichem Background und ganz anderen Perspektiven lässt uns ahnen, dass es sich eher um einen Normal- als einen Ausnahmezustand handelt und dass wir nicht allein sind. Wer die Ambiguität länger aushält, ist im Vorteil. Schon die Kenntnis des Phänomens Ambiguität hilft uns.

Wie haben erfolgreiche Gründer in solchen Situationen reagiert? Hilft es, mehr über Gründer, mehr Erfolgsgeschichten zu lesen? Leider ist es der Teil, den die meisten Erfolgsgeschichten verschweigen. Es scheint im Nachhinein so einfach. Du brauchst Mut. Du musst das Ziel vor Augen haben. Beherzt zupacken. Hart arbeiten. Ein Quäntchen Glück.

Was in diesen Geschichten fehlt, ist die Ambiguität, die ständige Unsicherheit, die mich als Gründer begleitet. Das In-die-Hose-Machen. Durch Abgründe und Albträume gehen. Die Unsicherheit gegenüber sich selbst und der Sache aushalten.

Vorauseilende Angst

Geht es Ihnen auch so? Sie lesen über Einstein, wie er sich ausmalt, er säße auf einem Lichtstrahl, blicke auf die Kirchturmuhr, bewege sich dann mit Lichtgeschwindigkeit vom Kirchturm weg, und die Zeit – jedenfalls bei seinem Blick auf die Kirchturmuhr – bleibe stehen.

Ich würde mich einen solchen Gedanken nicht einmal trauen zu denken, geschweige denn, ihn weiterzuverfolgen. Ich hätte Angst, mich von meinen Mitmenschen zu entfernen, Angst, dass Sie mich für verrückt halten. Schon die Idee, auf einem Lichtstrahl zu sitzen. Wie sitzt man auf einem Strahl? Wie Münchhausen auf der Kanonenkugel?

Wie ist es Galilei gegangen, als sich seine Beobachtungen zu der berühmten Schlussfolgerung verdichteten? Muss er nicht fürchterlich Angst bekommen haben? Wie ist er damit umgegangen? Was ist in ihm passiert, dass er weitergemacht hat? In Bertolt Brechts Theaterstück *Leben des Galilei* fordert der Astronom seine Schüler auf, durchs Fernrohr zu gucken – und sie weigern sich. Denn sie fürchten sich davor, dass die Erkenntnisse des Meisters richtig sein könnten.

Zugegeben, Einstein und Galilei sind heroische Beispiele. Aber geht es uns im Kleinen nicht auch so, dass wir vor eigenen, originellen Gedanken zurückschrecken, wenn die Originalität darin besteht, die Grundüberzeugungen seiner Mitmenschen infrage zu stellen? Wir wissen sehr wohl, dass das Umfeld es nicht dankt. Wer in seinen Konventionen und Gewohnheiten angegriffen wird, reagiert in der Regel mit Abwehr, Angst und Aggression.

Konventionen geben uns Sicherheit

Die Sache ist verzwickt. Konventionen und Gewohnheiten geben uns Halt und Sicherheit. Eher unabhängig von ihrer objektiven Berechtigung. Lebenslügen sind oft Überlebenswahrheiten. Wir ahnen, dass wir etwas zerstören, auch wenn wir uns auf Wahrheitsliebe berufen können.
»Trau keinem über 30!« Wissen wir nicht alle, dass an dem Satz etwas dran ist? Natürlich richten wir uns als Erwachsene in einer Weise ein, die uns als Preisgabe der Kindheitsträume erscheinen muss. »Instinktiv habe ich mich immer dagegen gewehrt, das zu werden, was man gewöhnlich unter einem ›reifen Menschen‹ versteht«, sagte Albert Schweitzer.

Vielleicht ist es meiner Kindheit in einer bayerischen Kleinstadt geschuldet, dass ich dieses Thema aufbringe. Wir Kinder waren der festen Überzeugung, dass auf dem Weg zum Erwachsenwerden etwas passieren müsse, etwas, das diese Erwachsenen zu völlig bescheuertem Verhalten veranlasse. Ich erinnere mich an eine Geschichte aus den 1950ern.

Mein Großvater väterlicherseits hatte sein Leben lang schwer gearbeitet, war alt geworden und herzkrank. Er war der Tyrann der Familie. Seine Krankheit spielte er aus, um die Fügsamkeit der Ehefrau und der Familie zu erzwingen. Als er schließlich in hohem Alter starb, reagierte die Familie sichtlich erleichtert und froh. Diese Reaktion erschien uns Kindern sehr plausibel und berechtigt. Dann kam die Beerdigung.
Die Großmutter schluchzte herzzerreißend. Auch die anderen Mütter, Väter, Tanten und Onkel taten zutiefst betrübt. Mein Cousin Bernhard und ich konnten uns nicht halten vor Lachen. Im Hinterstübchen meines Gehirns schwante mir, dass die Geschichte nicht gut enden würde. Nach der Beerdigung wurden wir zur Rede gestellt. Mein Cousin wurde schwer verprügelt. Ich kam mit einer Strafpredigt davon.

Vielleicht liegt es auch an meinen Erfahrungen als Hochschullehrer. Für mich war als Schüler die letzte Seite des *Handelsblatts* – mit den Notierungen der Warenbörsen, von Heizöl, von Agrargütern bis hin zu Kaffee und Tee – immer eine höchst spannende Lektüre gewesen. Der Einblick in die Welthandelspreise (und ihre Differenz zu den Ladenpreisen im Einzelhandel) bewegte meine Fantasie und meine Emotionen. Klar, dass ich in meine ersten eigenen Lehrveranstaltungen das *Handelsblatt* einbrachte.

Eine Welt voller Chancen tut sich auf. So viele Chancen, dass man Mühe hat, sich auf eine Sache zu konzentrieren. Mit welcher Ware anfangen? Es war klar, auch ohne genaue Kenntnis, dass der Transport und das Abpacken der Waren nicht schwierig sein können. Schließlich gibt es Hapag-Lloyd, und einen Packbetrieb zu finden, sollte machbar sein. Also anfangen, dabei sein im Spiel der Großen. Und das mit viel besseren Ausgangsbedingungen. Kein bürokratischer Apparat, keine Betriebsblindheit, dafür die Fantasie junger Menschen und der Wunsch, eine ökonomische Perspektive für sich aufzubauen. So hatte ich mir meine Lehrveranstaltungen vorgestellt.

Die Wirklichkeit war anders. Der Enthusiasmus – er war auf mich beschränkt. Mit Begeisterung legte ich die geschäftlichen Möglichkeiten dar. Am Chicago Board of Trade einkaufen. Das war damals schon durch ein Telefonat mit dem Broker möglich. Fünf Prozent der Kaufsumme als Einschusspflicht hinterlegen – ein verkraftbarer Betrag. Keine Spekulation, sondern physische Entgegennahme der Ware des Kontrakts. Wo war der Enthusiasmus meiner Studenten? Ich habe ihren Widerstand nicht verstanden. Ich redete mir den Mund fusselig. Immerhin Studenten der Wirtschaftspädagogik. Und dann die Teekampagne. Das, was vorher noch blasse Theorie war, wurde jetzt praktisch und erfolgreich vorgeführt.

Beiläufig erfuhr ich eines Tages von einem Studenten zwischen Tür und Angel das Geheimnis. Sie hatten das Fach Wirtschaft satt. Sie hatten jahrelang eine Lehre gemacht, todlangweilig. Buchhaltungssätze, die Formeln für Dreisatz und Kalkulation. Und noch eine ganze Reihe für sie toter Begriffe obendrauf. Das *Handelsblatt* mit seinen Zahlen und trockenen Geschäftsberichten hassten sie besonders. Keiner von ihnen – so mein Informant – würde freiwillig das *Handelsblatt* in die Hand nehmen.

Warum sie Wirtschaftspädagogik studierten, fragte ich fortan meine Studenten. Die Antwort: Weil sie schon eine einschlägige Lehre absolviert hätten. Diese würde ihnen für das Studium anerkannt. Ein paar Scheine weniger. Wenn ihnen das Fach nicht gefiele, warum sie es trotzdem studierten? Na eben, wegen der anerkannten Vorleistungen. Warum sie nicht ein ganz anderes Fach wählten, eines, das ihnen wirklich gefiele? Keine Antwort. Dafür schlechte Stimmung.

Der Reiz, einen eigenen Weg zu finden

Wer bei seinen Lebenslügen bleiben will – soll er doch. Wenn das seine bewusste Entscheidung ist – wer hätte das Recht, ihn zu kritisieren? Niemand. Den Konventionen folgen ist der einfachere Weg. Er ist bequemer und mehrheitsfähig.

Wenn Sie aber die Versuchung spüren, den Vorhang wegzuschieben und einen anderen Blick auf die Welt zu werfen, vielleicht den Blick Ihrer Kindheit, tun Sie es! Erwarten Sie aber nicht, dass Ihre Freunde von Ihrer Entdeckungsreise begeistert sein werden.

Am Anfang werden Sie sich möglicherweise einsam fühlen. Dann aber werden Sie Kontakt zu Menschen finden, die ebenso wie Sie versuchen, neue Pfade zu gehen. Und wenn es Ihnen noch gelingt, den Zurückgelassenen verständnisvoll zu begegnen und den einen oder anderen auf Ihrem Weg mitzunehmen, können Sie sich glücklich schätzen.

Es braucht Mut, sein eigenes Potenzial zu erkennen, ernst zu nehmen und zu nutzen. »Was wir sind und was wir sein könnten«[93] – die Differenz berührt uns unangenehm. »To live up to your own potential«, wie es im Englischen so treffend heißt, ist keineswegs selbstverständlich. Es wirft uns auf uns selbst zurück. »Unsere tiefste Furcht ist nicht, dass wir unzureichend seien. Unsere tiefste Furcht ist, dass wir kraftvoll ohnegleichen seien. Es ist unser Licht, nicht unsere Dunkelheit, die uns am meisten Angst macht«, sagt Nelson Mandela.[94]

Wer zu sich selbst ehrlich ist, muss eingestehen, wie wenig wir aus unserem »Licht« machen, von dem Mandela spricht; wie geradezu feige wir an dieses Thema herangehen und uns lieber mit einer doppelten Rezeptivität zufriedengeben: abhängige Arbeit und Konsum. Das, was offen oder uneingestanden fehlt, versuchen wir außerhalb der Arbeitswelt zu finden. Sei es, dass wir in der Freizeit aktiv werden, sei es, dass wir durch gelegentlichen kleinen Luxuskonsum – »jetzt gönne ich mir mal was« – und die so sehnsüchtig erwartete Urlaubszeit das Fehlende kompensieren. Dass das Unternehmerische eine anspruchsvollere Perspektive bietet, ahnen wir wohl. Wissen wir eigentlich. Aber diese Perspektive ist uns verschlossen. So glauben wir. Sagen es uns immer wieder. Und die Begründungen sind schnell zur Hand. Beruhigen uns, auch wenn sie nicht stimmen.

Geschehen lassen

Nach so viel Betonung auf Mühe und Recherchearbeit haben wir auch eine gute Nachricht. Vieles wird Ihnen von allein zufallen. Den englischen Ausdruck *things fall into place* haben wir schon kennengelernt. Im Englischen gibt es sogar ein Wort für dieses Phänomen: *serendipity*.[95] *Serendipity* bedeutet so etwas wie einen glücklichen Unfall, eine angenehme Überraschung, einen glücksbringenden Fehler oder einen unbeabsichtigten Fund.

Im Kern bedeutet es, etwas Gutes oder Brauchbares zu finden, obwohl man nicht danach gesucht hat. Es ist tatsächlich so – und diese Erfahrung werden Sie auch machen –, dass Ihnen auf dem Weg, den Sie eingeschlagen haben, vieles begegnet, das sie für die Ausarbeitung Ihres Konzepts brauchen können. So wie ich einen »Tee-Blick« bekam und alles begierig aufsog, was irgendwie mit Tee zu tun hatte. Es wird Ihnen auch so gehen. Von dem Moment an, wo Sie sich auf ein Thema fokussieren, fallen Ihnen, ohne Anstrengung, von vielen Seiten her nützliche Informationen, Ideen, Fingerzeige, Muster, ja sogar Lösungen zu. »Ich suche nicht«, sagte Pablo Picasso, »ich finde.« Auch dieses Phänomen ist ein Grund, sich Zeit zu lassen. Nur wenige Geschäftsmodelle – überwiegend im Hightech – verlangen höchstes Tempo bei der Entwicklung und beim Markteintritt.

Das Phänomen betrifft nicht nur Ihre wache Zeit. Auch Ihr Unterbewusstsein arbeitet mit. Ich weiß nicht, ob man im Schlaf lernen kann, aber ich bin mir sicher und habe es selbst erfahren, dass ich im Schlaf Probleme durcharbeite und am nächsten Morgen noch in der Phase des

Aufwachens die Lösung vor mir sehe. Das Bild des Eisbergs macht es deutlich. Nur ein Teil ist dem Bewusstsein zugänglich.

Die Metapher des Eisbergs ist noch für einen anderen Zusammenhang hilfreich. Wir müssen lernen, das Wesentliche vom Unwesentlichen zu unterscheiden. Wir müssen uns fokussieren. Autoren kennen den Sachverhalt. Ernest Hemingway verglich das Schreiben mit einem Eisberg. Das Geschriebene sei nur die kleine Spitze, die aus dem Wasser rage. Das Ungesagte sei der vielfach größere Teil unter der Wasseroberfläche.

Sowohl beim Aufspüren von Anfangsideen als auch bei der systematischen Weiterentwicklung des Entrepreneurial Design werden Sie irgendwann in die Situation kommen, aus Ihren hoffentlich vielen Ideensträngen, Konzepten und Möglichkeiten auswählen zu müssen. An dieser Stelle besteht die Gefahr, dass Sie nach zufälligen oder zu subjektiven Gesichtspunkten (nach momentanen Gefühlslagen oder prägenden Einzelerfahrungen) entscheiden und dadurch wertvolle Impulse verloren gehen. Beim Bewältigen dieser Herausforderung kann es Ihnen daher helfen, auf eine kriterienbasierte Konzeptauswahl zurückzugreifen. Der Gedanke besteht im Kern darin, sich im Vorfeld alle relevanten Kriterien für die Auswahlentscheidung zu überlegen. Sie können die einzelnen Kriterien auch gewichten, etwa von eins bis drei. Wenn Sie dies getan haben, können Sie ganz leicht systematisch alle Ideen Kriterium für Kriterium durchgehen und bewerten, beispielsweise mit plus und minus. Abschließend können Sie alle Ideen und deren positive und negative Bewertungen miteinander vergleichen und eine Auswahl treffen.

Die Phasen des Geschehenlassens, den Zufall und sein eigenes Unterbewusstsein zu nutzen, vor allem aber die Ambiguitäten mit ihrem Auf und Ab auszuhalten, sind nach meiner Erfahrung unentbehrlich. In der Literatur kommen sie in der Regel gar nicht vor. Aber sie beeinflussen den Weg zu einem in seinen Werten wie auch in seiner Ökonomie überzeugenden Konzept sehr wesentlich.

Mehrfachnutzung

Zurück zur sparsamen Ökonomie.

Es gibt noch weitere Möglichkeiten, ökologische Prinzipien in sparsame Ökonomie umzusetzen. Auch und gerade solche, die wir von der Natur lernen können. Das Prinzip der Mehrfachnutzung ist ein Beispiel dafür. Die Natur nutzt ihre Ressourcen immer mehrfach, in höchst vielfältiger Weise.

Was in der Natur selbstverständlich ist, fällt uns Menschen schwer. Es ist für uns eher unüblich, in Kategorien der Mehrfachnutzung zu denken. Jedenfalls, wenn es um das Entrepreneurial Design geht. Die Gewohnheiten sind zu stark.

Bad Hersfeld, Juni 2012.

Der klassische Buchladen ist in Gefahr, zum Auslaufmodell zu werden. Ich bin eingeladen, mit Buchhändlern über neue Businessmodelle zu sprechen. Der Großteil der Anwesenden ist sich bewusst, dass sich etwas ändern muss, vielleicht sogar radikal.

Ich möchte, so sage ich den Teilnehmern, mit einem einfachen Vorschlag beginnen, von dem aus wir anspruchsvollere Möglichkeiten suchen könnten. Mein Vorschlag hätte ökonomische, aber auch erhebliche ökologische Vorteile und sei auch sozial verträglich. Alle beteiligten Gruppen würden davon profitieren. Der Vorschlag beruhe auf dem ökologischen Prinzip, Dinge mehrfach zu nutzen.

Die Hauptumsatzmonate im Buchhandel liegen im Oktober, vor allem aber im November, Dezember und selbst noch im Januar. Genau die Zeiten, in denen kein Mensch mehr in eine Eisdiele geht. Dagegen sei in den Sommermonaten Flaute im Buchhandel. Es läge doch nahe, den Sommer für Eisverkauf zu nutzen, den Winter für Buchverkauf. Die Eisdiele möglichst mobil zu denken; die Regale brauche man dafür nicht. Die Bücher könnten also stehen bleiben. »Bitte eine Kugel Vanille, eine Kugel Malaga und einmal *Ulysses* von James Joyce!« Wenn der Eisverkäufer ein Buch verkauft, was kann daran falsch sein?

Ein Tumult bricht los. Undenkbar, dass ein Buchhändler eine Eisdiele akzeptiert. Ein Kulturschock. Es ist, als würde man einem Priester vorschlagen, Pornofilme in seiner Kirche zu zeigen, um die Einnahmen zu verbessern. Mitten in die Proteste ruft ein Buchhändler: »Kaufen Sie etwa bei Amazon?« Ich sage: »Selbstverständlich kaufe ich auch bei Amazon.« Helle Empörung. Ein Verräter. An einen geordneten Verlauf meines Vortrags ist nicht mehr zu denken. Wir sind mitten in einer hitzigen Diskussion, bevor ich meine Thesen überhaupt vorgetragen habe. Buchhandel sei nicht irgendein Business. Es sei ein Stück Kulturerbe. Buchhändler hätten einen Bildungsauftrag. Bücher könne man nicht wie Leberwurst verkaufen.

Ob der Bildungsauftrag durch das Eis wohl verloren gehe? Ich hole zum Gegenschlag aus. Ich verstünde, so sage ich, dass man am Buchhandel nichts Wesentliches ändern dürfe. Schon der Gedanke an eine Eisdiele sei ein Sakrileg. Ich wüsste ein anderes Businessmodell, das ihnen gefallen würde. »Ändern Sie nichts. Belassen Sie alles genau so wie bisher. Bis auf eine Kleinigkeit. Wirklich, nur eine Kleinigkeit. Ändern Sie nur das Türschild. Schreiben Sie darauf: ›Museum für Buchhandel‹.«

Es ist kein leichter Weg von der Einsicht, dass Veränderungen notwendig sind, zur Akzeptanz wirklicher Veränderungen. Selbst wenn sie nur klein wären. Konventionen sind viel stärker, als wir gemeinhin annehmen. Mehrfachnutzung ist ein höchst gewöhnungsbedürftiges Konzept.

Die Hochhausfassade als Brennspiegel

»Tut uns leid, wir haben Ihr Auto geschmolzen.«

Im September 2013 ging die Nachricht durch die Medien, dass ein neu errichtetes Hochhaus in London durch seine gekrümmte Fassade aus Glas wie ein Brennspiegel wirke. Zwei Autos seien durch die gebündelten Sonnenstrahlen angeschmolzen worden.

Was geht Ihnen als Erstes durch den Kopf? Ob die Versicherung für den Schaden aufkommt? Oder denken Sie als Entrepreneur?

Eine neue Sichtachse tut sich auf. Wie kann man Fassadenformen nutzen?

Als Touristenattraktion: den Brenneffekt einer Hausfassade erleben.
Als Rastplatz in der Stadt, auf dem man Spiegeleier mit Solarenergie zubereiten kann.
Als Minischwimmbad, die heiße Quelle von London.
Oder als physikalischen Abenteuerspielplatz für ungezogene Kinder: Wir stellen eine Schautafel auf, genau dort, wo der Brenneffekt auftritt. Eine Tafel, die den Brenneffekt beschreibt. Damit können wir Passanten zum Anhalten motivieren. Wie lange dauert es jetzt, bis der Passant merkt, dass er selbst Objekt des Effekts ist?
Wir können daraus ein Forschungsdesign entwickeln, preiswert und unterhaltsam:
Von welchen Variablen ist die Reaktionsgeschwindigkeit des Passanten abhängig?
Vom Bildungsgrad? Von der Parteizugehörigkeit? Geschlecht? Sexueller Orientierung?
Und wie könnte man die Schadenfreude der Zuschauer messen? (Eine Art Einführung in empirische Sozialforschung, geeignet schon ab Vorschulalter.)
Oder brav und nachhaltig: Das Ökohaus, das Energie mit seiner Glasfassadenform generiert.

Manchmal liegt eine zweite oder dritte Nutzung zum Greifen nahe, ja drängt sich geradezu auf, aber wir erkennen sie nicht. Weil wir, wieder einmal, zu sehr in Konventionen denken.

Rom, Kolosseum, April 2014.
Viele Menschen. Händler bieten Souvenirs an. Kutscher warten mit ihren Pferden und Wagen auf Kundschaft. Mein Blick bleibt bei den Kutschern hängen. Eine stattliche Reihe extravaganter Kutschen in Reih und Glied angetreten, schön anzusehen. Das einzige Problem: Kein Geschäft. Niemand bucht die Kutschen. Ich frage nach – 35 Euro kostet ein Kurztrip. Die Kutscher und die Pferde stehen sich die Beine in den Bauch. Das

Angebot scheint nicht zu überzeugen. Warum soll ich ums Kolosseum fahren, durch die vielen Menschen hindurch. Irgendwie wirkt Laufen angemessener. Kein Interesse für Kutscher, Pferde und Wagen.

Wirklich kein Interesse? Um die Kutschen herum ist viel Betrieb. Kinder wollen die Pferde anfassen. Väter halten Kleinkinder hoch, damit sie dem Pferd den Rücken streicheln können. Die Mütter machen Fotos davon. Auch die Kutschen sind ein beliebtes Fotomotiv. Man merkt, dass sie am liebsten einmal in der Kutsche sitzen würden. Aber keiner traut sich, zu fragen. Die Kutscher stehen tatenlos dabei, man spürt, dass sie ärgerlich sind, grantig, wie die Wiener sagen würden.

Eigentlich liegt es auf der Hand, aber keiner der Kutscher nimmt es wahr. Das Geschäftskonzept Kutschefahren funktioniert nicht. Dagegen laufen Pferdeanfassen, In-der-Kutsche-Sitzen, Fotosmachen ganz von selbst, ohne dass die Kutscher dafür werben oder etwas Besonderes dafür tun müssten. Sie müssen nur einen Preis festlegen. Ein Euro fürs Foto wäre nicht viel, würde aber ordentlich Einnahmen bringen. Viel mehr jedenfalls, als herumzustehen und sich zu ärgern.

Man könnte dem Ganzen auch etwas nachhelfen: Warum nicht den Streitwagen nachbauen, den Ben Hur benutzt hat? Statt der Hitze in einem Kutscheranzug zu trotzen, besser im Kampfhemd und altrömischer Hose mit einem Helm gegen die Sonne. Klingt wie Kitsch, muss es aber nicht. Finde ich jedenfalls einfallsreicher und informativer, als mit Wiener Fiakern vor dem Kolosseum zu stehen.

Und noch eine zweite Geschichte, näher an unseren deutschen Tugenden.

Peter Rausch ist Kaminbauer und betreibt ein Kaminofengeschäft im Ruhrgebiet. Die Geschäfte laufen mäßig. Wer braucht schon, und wie oft, einen Kamin? Und es gibt einige Anbieter davon in der Gegend. Herr Rausch denkt darüber nach, aufzugeben.

Im Gespräch mit Freunden kommt ein Einfall: Warum nicht Brennholz im Wald schlagen. Gemeinsam unter Freunden, aber auch mit Kunden. Mehr Natur, mehr Bewegung, ein ganzer Kerl sein: eine Kettensäge ausprobieren, Holz hacken.

Darf man das so ohne Weiteres? Das Forstamt, so stellt sich heraus, ist einverstanden. Es gibt umgefallene Bäume, Holz, das sonst verfaulen würde und das Schädlingen Angriffsflächen bietet. Schon die erste Aktion ist ein Erfolg. Die Beteiligten haben großen Spaß. Plötzlich wollen auch Frauen mitmachen. Sehen nicht ein, warum nur die Männer zupacken dürfen. Wollen auch mit der Kettensäge arbeiten. Weitere Waldaktionen folgen. Das Holz für den Kamin ist jetzt schon da. Fehlt noch der Kamin. Plötzlich ist der Zugang zu Kunden völlig anders. Herr Rausch streicht die Idee aus seinem Kopf, sein Geschäft aufzugeben.

Die Geschichte geht noch weiter. Ein Mensch stößt dazu, der ein Reisebüro betreibt. Ein anderer sagt, in Schweden gäbe es Wälder mit »richtigen« Bäumen, nicht umgefallenem Altholz. Und überhaupt seien Schwedens Wälder einzigartig. Jetzt kommen gleich mehrere Aspekte zusammen. Aktiver Kurzurlaub, Wald, Natur – und Holz. Jetzt brummt das Geschäft.

Und Herr Rausch wird von mittelständischen Unternehmern eingeladen – als neugebackener Experte für konzept-kreative Innovationen.

Gehen wir zurück zum Grundgedanken der Mehrfachnutzung.

Warum nicht Einrichtungen außerhalb der Öffnungszeiten für andere Zwecke nutzen? Sehen Sie sich Ihre Umgebung unter dem Gesichtspunkt an, welche Ressourcen wir in einer Weise nutzen können, dass sie die bisherigen Verwendungsweisen nicht stören, wenig zusätzlichen Aufwand benötigen und neue Nutzungen kostensparend eröffnen. Ich würde die These wagen, dass das naheliegendste ökonomische Potenzial in unserer Gesellschaft solche bislang un- oder wenig genutzten freien Kapazitäten sind. Weil sie nur für eine einzige Funktion gedacht und hergestellt wurden.

In den vergangenen Jahrzehnten ist es uns gelungen, die Effizienz bei der Herstellung von Produkten dramatisch zu steigern. Das gilt in weit geringerem Maß für die Effizienz bei der Nutzung von Infrastruktur, Gebäuden und Flächen (Dächer, Fassaden). Dieser »Ressourcenleerstand« ist eine Ihrer größten Chancen.

Die Geisterbahn für Erwachsene

Berlin bei Nacht. U-Bahn nach Dienstschluss. Die Stadtrundfahrt der besonderen Art.

Nicht alle Theatergruppen haben eigene Räume. Nicht alle Tänzer haben ein Engagement an einer Bühne. Nicht jede Band hat ihre Fans schon gefunden. Nicht alle Künstler haben ihr Publikum schon erreicht. Es ist die Kulturförderung der etwas anderen Art. Chance für die Off-Kunst, Aufmerksamkeit auf sich zu ziehen. Für Besucher Zugang in eine Szene, die sonst kaum einer finden würde.

Kann man sich U-Bahnhöfe als Bühnen vorstellen?

Berlin, U-Bahn-Linie 1.

Wittenbergplatz: Partizipativ-kreatives Theater, wo Ihnen ein Theaterfundus die Ausstattung für den Abend und zum Mitmachen stellt. Eine Station weiter kann man unter Anleitung eines schrillen Choreografen an einer Neuinszenierung von *Schwanensee* mitwirken. Wer das Risiko nicht scheut, Armbanduhr und Schmuck zu Hause gelassen hat, für den bietet sich am Gleisdreieck ein Ausflug in den nahe gelegenen Park zu Elfen und anderen Nachtschwärmern. An der nächsten Station Möckernbrücke treffen sich Freunde der Independent Music zum Happening.

Wer es sportlich mag, für den gibt es am Halleschen Tor Einblick in einen der berühmt-berüchtigten Berliner Nachtklubs.[96] Performance und experimentelle Malerei erleben Sie hautnah in der Prinzenstraße. Und fahren wir noch eine Station, dann sind wir zum Symposion (griechisch: gemeinsames, geselliges Trinken) am Kottbusser Tor.

Wer für derlei Amüsement nichts übrig hat und wem das nötige Kleingeld für die teuren Berliner Hotels fehlt, der übernachtet im Bettengeschäft, das nachts seine Matratzen ausprobieren lässt und so als preiswertes Hotel fungiert.

Nicht ein weiteres Disneyland bauen, mit von Grund auf neuen Investitionen, die dann außerhalb der Öffnungszeiten leer stehen, sondern mit Fantasie bestehende Einrichtungen nutzen. Die U-Bahn ist vorhanden, die Gleise, die Wagen, die Technologie, die Bahnhöfe. Wie können wir mit unseren vorhandenen Ressourcen intelligenter umgehen? *Ohne* für jede Funktion zusätzlichen Ressourcenverbrauch zu provozieren.

Sie werden es schon bemerkt haben, meine Beispiele für Entrepreneurial Design erfordern keine klassischen Investitionen, wie Gebäude, Maschinen oder Arbeitsplätze. Keine Fabrik wird in die Landschaft gesetzt. Man könnte sagen, es sind Beispiele für sanfte Businessmodelle. Mehrfachnutzung, Menschen miteinander in Kontakt bringen, Authentizität, Aufklärung und viele andere, oft schon vorhandene Merkmale – das sind die tragenden Säulen.

Paulas Ökonomie

Paula[97] ist Ethnologin. Sie will dem Stamm der Lisu helfen und bewirtschaftet eine Kaffeeplantage in Nordthailand, zwei Autostunden von Chiang Rai.

Einwände von Freunden, dass Kaffee doch ein Überschussprodukt mit nicht auskömmlichen Preisen für kleine Produzenten sei, hat sie nicht abgehalten, ihr Unternehmen zu starten. Auch dass der Vorbesitzer der Plantage aufgab, konnte sie nicht abschrecken.

Sie hat alle Nachteile auf ihrer Seite, die sich ein Ökonom denken kann. Die Mengen sind klein, die Entfernungen groß, die Mitarbeiter und Helfer sind Freunde, allesamt mehr oder weniger unerfahren, sprich unprofessionell, was den Anbau und Verkauf von Kaffee angeht.

Während der Rest der Welt bei gutem Kaffee an milden Arabica denkt, möglichst aus dem Hochland von Äthiopien, schwört Paula auf die Qualität ihres Lisu-Kaffees. Dabei stützt sie sich auf ein Kompliment, das ein alter, pensionierter Kaffeeröster ihr, der jungen Frau, gemacht hat: dass ihr Kaffee vorzüglich sei.

Sie vertreibt den Kaffee selbst – wenn ein Kunde anruft, saust sie im eigenen Wagen los. Sie würde gerne ein Lager einrichten und jemand anderen damit beauftragen, aber dafür reichen ihre Finanzmittel nicht.

Sie träumt von einem Platz, wo die kleinen Kaffeepflanzen aufwachsen, in der Nähe ihrer Wohnung. Die Mitarbeiter seien für diese anspruchsvolle Aufgabe nicht zuverlässig genug. Aber Land in der Nähe der Stadt sei teuer. Wenn sie mehr Geld hätte, würde alles besser. Aber sie findet keinen Investor.

Paula wirkt angestrengt, sie ist genervt. Von einer Mitgründerin hat sie sich nach einem Streit über die weitere Ausrichtung des Projekts getrennt. Um sich überhaupt über Wasser zu halten, verkauft sie den Kaffee teuer. Entsprechend ist der Aufwand hoch, Käufer zu finden. Sie denkt an Cafés, die ihren Kaffee führen, und dies möglichst unter ihrem Namen »Lisu Garden«. Eines hat sie schon gefunden. Sie hat Flyer ausgelegt und Anzeigen im örtlichen Kulturmagazin geschaltet, damit mehr Besucher in dieses Café kommen. Mit mäßigem Erfolg.

Paula hat von Franchising gehört und setzt ihre Hoffnung darauf, es auf ihr Projekt anwenden zu können. Sie denkt schon über die Höhe der Franchisegebühr nach, die sie von Franchisenehmern verlangen könnte. Im nächsten Augenblick spricht sie von einer Nische, in der sie bleiben wolle. Höchstens drei oder vier Cafés peile sie an. Damit lässt sich aber kein rentables Franchisesystem aufbauen.

Fast nebenbei erwähnt sie, dass ab und zu Besucher auf ihre Plantage kämen, sei es aus Interesse am Kaffeeanbau oder am Stamm der Lisu. Sie würden für den Besuch auch bezahlen. Sogar eine kleine Tagung hätte es schon gegeben. Nach Übernachtungen sei gefragt worden. Dies scheitere aber – nicht weil es an Übernachtungsmöglichkeiten fehle, sondern weil die einheimischen Beschäftigten partout nicht einsähen, dass sie für jeden neuen Gast jedes Mal frische Bettwäsche aufziehen sollten.

So weit die Ist-Beschreibung des Projekts. Eine Mischung aus guten Absichten und konventioneller Ökonomie, mit dilettantischer Note.

Paula trifft Hans. Hans hat ein Faible für Synergien. Im Gespräch erkennen die beiden, dass die Chancen des Projekts im Besuch der Plantage liegen. Der Kaffee bekommt jetzt eine andere Rolle. Er wird zum Anschauungsmaterial, ist Möglichkeit zur Einbindung der Besucher in die Arbeit der Plantage, etwa des Erntens und des Röstens des Kaffees. Aber auch die Aufzucht der Sprösslinge, der organische Anbau mit seiner Vielfalt von Aspekten, im notwendigen Verständnis von Naturzyklen, Pflanzen und Tieren wird Inhalt des Entrepreneurial Design.

Aus der Plantage wird ein Besuchs- und Bildungsprojekt; auf die Rentabilität des Kaffeeanbaus kommt es jetzt nicht mehr vorrangig an. Wie in Tom Sawyers Geschichte sind es die Besucher, die teilweise Tätigkeiten übernehmen, ohne dass es in Arbeit ausarten darf – schließlich bezahlen die Besucher ja für den Aufenthalt.

Der Verkauf des Kaffees – zur Erinnerung an den Besuch – geschieht ganz nebenbei. Auch der Preis spielt jetzt keine große Rolle mehr. Die Cafés in der Stadt, die den Lisu-Kaffee führen, dienen dem Neugierigmachen, dienen als Hinweis und Einladung auf die Plantage. Die Gäste sind entzückt, dass sie ein Kaffeepflänzchen als Geschenk mit nach Hause nehmen dürfen – und werden so an die Einladung zum Besuch der Plantage erinnert.

Der Transport des Kaffees von der Plantage benötigt keine eigene Aktion mehr, sondern passiert am Rande der Besucherbetreuung. Nicht selten bieten sich sogar Besucher als Transporteure an und freuen sich darüber, sich nützlich machen zu können. Das Projekt behält etwas vom Zauber des Anfangs, es hat einen persönlichen, fast privaten Charakter.

Jetzt konkurriert das Projekt nicht mehr mit Starbucks und den inzwischen zahlreichen Kaffeeketten, sondern spielt die eigenen Vorteile aus. Paula ist gerne auf ihrer Plantage und hat Zeit für Gespräche mit den Besuchern.

Mit der Ökonomie geht es aufwärts. Keine hohen Investitionen sind mehr nötig, dafür viele Synergien und mehr Authentizität und Wertschätzung für das Engagement der Gründerin. Ihre Kenntnisse als Ethnologin sind gefragt. Eigentlich hatte sich Paula ihr Projekt schon immer so vorgestellt. Sie wundert sich rückblickend, wie es kommen konnte, dass sie sich von all den konventionellen Denk- und Organisationsmustern hat einfangen lassen.

Ein Restaurant, das preiswerter ist, als selbst zu kochen

Auch am Beispiel Restaurant wird die Macht der Konventionen deutlich. Man kann sich viele Formen vorstellen, wie wir »Essen« veranstalten. Muss es so sein, dass man sich an einen Tisch setzt, auf den Kellner und das Essen wartet, manierlich vom Teller aufisst, wieder auf den Kellner wartet und bezahlt. Ist das alles, was wir an Vorstellungsvermögen aufbringen? Und die bessere Serviceleistung nur darin besteht, den Kellner noch serviler auftreten zu lassen, die Wartezeiten zu verkürzen und die Kochkunst oder die Räumlichkeiten zu perfektionieren? Werden nicht andere Funktionen dabei ausgeblendet? Wie fühle ich mich, warum bin ich ins Restaurant gegangen, statt mich zu Hause preiswerter zu verpflegen? Welche Art von Geselligkeit möchte ich erleben? Nach welchen neuen Erfahrungen und Begegnungen sehne ich mich insgeheim?

Menschen bevorzugen nicht nur Convenience, Fertigpizza und konventionelle Standards.

Ist ein Restaurant, das preiswerter ist, als selber zu kochen, eine Utopie? Vielleicht. Vielleicht auch nicht. Eines kann man vorweg sagen: Alle diejenigen, die bisher für sich oder ihre Familie kochen mussten, erhielten ein doppeltes Geschenk – sie sind die Arbeit los und sparen obendrein noch Geld und Zeit.

Zunächst zeichnet sich nur ein einziger Kostenvorteil ab: der Großeinkauf. Ich kaufe für mehr als nur mich und meine Familie ein. Die meisten anderen Posten kosten Geld, während sie beim Kochen zu Hause schon vorhanden sind und nicht extra bezahlt werden müssen. Wenn wir die Räume und Einrichtungen extra bezahlen müssen, haben wir keine Chance. Wir müssen uns schon an dieser Stelle etwas grundsätzlich anderes einfallen lassen.

Gehen wir die Sache systematisch an. Wofür kann man Räume alles nutzen? Als Ausstellung zum Beispiel. Wer hat Interesse, etwas auszustellen, und gibt uns Geld dafür, dass er die Ausstellung nicht anderswo selbst finanzieren muss? Denken wir an Gemälde, Fotografien, Skulpturen, Grafiken. Wenn wir eine gute Auswahl treffen, können wir auch am Verkauf verdienen. Auch an das Thema Einrichtungen können wir so herangehen. Tische und Stühle könnten von einem Möbelhersteller sein, der so mehr Ausstellungsfläche gewinnt, aber auch potenzielle Kunden, die sonst nicht in sein Möbelhaus kämen.

Bei Mehrfachnutzung können wir übrigens auch an Räume denken, die, wenn wir die unterschiedlichen Öffnungszeiten nutzen, andere Funktionen erfüllen können. So kann man sich die Raummiete teilen, vielleicht sogar völlig einsparen, weil wir für den Betreiber der Räume potenzielle Kunden finden. Das gilt für viele, die kein Talent haben, Aufmerksamkeit auf sich zu ziehen (zum Beispiel Künstler) oder nicht ziehen dürfen (zum Beispiel Rechtsanwälte, Notare, Ärzte), weil ihnen die Werbung für ihre Praxis nicht erlaubt ist oder weil sie neu am Ort sind und sie noch niemand kennt.

Kommen wir zum Thema »Personal«. Wenn wir konventionell beginnen, haben wir keine Chance. Personalkosten sind in jedem Restaurant ein hoher Kostenfaktor. Wir müssen anders vorgehen. Wenn es einem Tom Sawyer gelingt, die langweilige Tätigkeit des Zaunstreichens zu einer Party umzufunktionieren und seine Freunde ihm sogar etwas dafür geben müssen, dass sie eine Latte streichen dürfen, dann müsste es uns doch gelingen, die viel spannendere Tätigkeit des Kochens umzufunktionieren in ein Fest aus Spannung, Bekanntschaften machen, etwas dazulernen, kurz: die Arbeit als Spaß zu erleben. Wenn Sie selbst nicht den Witz und die Genialität eines Tom Sawyer zu haben glauben, findet sich in Ihrem Bekanntenkreis vielleicht jemand, dem diese Aufgabe Befriedigung schenkt. Wenn Ihnen *turn cooking into fun* à la Tom nicht gelingt – mit den Getränken ist es vielleicht einfacher. Ich habe als Student bei Festen gerne Bier gezapft, ohne Bezahlung, weil man eine Aufgabe hat, statt verlegen herumzustehen. Gerade wenn man niemanden kennt, kommt man viel besser ins Gespräch, hat viel mehr Chancen, Menschen anzusprechen, mit denen man in Kontakt kommen möchte. Wenn Ihnen auch dies außerhalb des Machbaren erscheint, bleibt noch die Alternative, dass die Gäste abwechselnd selbst kochen.

Sie müssen keine umfangreiche Speisekarte anbieten. Im Gegenteil. Zu Hause essen Sie auch nur ein Gericht. Aber Sie sollten natürlich Ihre Gäste abstimmen lassen, welche Gerichte Sie anbieten. Wenn Sie aber Innovationen in der Küche wollen, laden Sie Köche ein, um Ausgefalleneres vorzustellen.

Wenn Sie fürchten, Ihr Restaurant wirke zu hausbacken, zu provisorisch – machen Sie daraus eine Stärke. Wählen Sie einen ausgefallenen Ort, der das Provisorische in einen Pluspunkt verwandelt. Geben Sie extrovertierten Menschen eine Bühne. Gewinnen Sie Prominenz, die sich in unkonventionellem Rahmen darstellen möchte. Als Gründer, noch mehr als Gründerin, können Sie beim Start immer auf Sympathie setzen. Nutzen Sie es.

Wenn Sie das Ganze nicht gleich als offizielles Restaurant führen, sondern als private Initiative, sparen Sie viele Vorschriften und Regularien. Stattdessen haben Sie Raum für Experimente, für Abenteuer und neue Ideen. Ein offenes Lagerfeuer ist im konventionellen Rahmen selten erlaubt. Im privaten schon. Wenn wir mit der Idee des essbaren Geschirrs experimentieren, machen wir neugierig und sparen das Abwaschen.

Interessenkonflikte

Airbnb ist bei der Vermietung von Privaträumen ein Paradebeispiel für Mehrfachnutzung. Das Unternehmen ist aber auch ein illustratives Beispiel, wie mit einem innovativen, ökologisch sehr wünschenswerten Konzept Interessenkonflikte aufbrechen. Solange die Vermietungen nur privat, in wenigen Fällen stattfanden, störte sich niemand daran. Seit es dagegen in großem Umfang geschieht, laufen die konventionellen Anbieter Sturm. In der Tat stellt das Konzept das etablierte Hotelgewerbe vor eine große Herausforderung. Die neuen Wettbewerber brauchen keine Investitionen wie beim Hotelbau, und kein teures Personal zur Bewirtschaftung der Hotelanlage muss bezahlt werden. Die privaten Anbieter verfügen also, gerade weil sie Mehrfachnutzung betreiben, über erhebliche Kostenvorteile.

Ein ganzes Gewerbe sieht sich in seiner Existenz bedroht. Zählt die Schwachstellen des neuen Konzepts auf und geht zum Gegenangriff über: keine Steuerzahlungen, offene Versicherungsfragen, geringe Professionalität, Missbrauch durch gewerbliche Anbieter. Nicht unwahrscheinlich, dass solche Konflikte bei dem Versuch, Mehrfachnutzung auf viel mehr Gebiete auszudehnen, noch öfter auftreten werden. So wie jede disruptive Innovation zu Beginn Widerstand hervorruft.

Denken in Komponenten

»Ich weiß nichts. Ich kann nichts. Und deswegen mache ich auch besser nichts. Jedenfalls nicht selbst.«

So verrückt es im ersten Moment erscheint, aber diese Aufzählung fundamentaler Mängel beschreibt die Ausgangslage eines Entrepreneurs gar nicht so schlecht.

Sie können nicht alles wissen, was heute in einem Unternehmen gebraucht wird. Rechnungswesen, Bilanz, nationales und europäisches Recht, Arbeitsrecht, Vertragsrecht, Gesellschaftsrecht, steuerliche Aspekte, Materialwissen, Prozessorganisation, Menschenführung, technologische Entwicklungen und Marktreaktionen – die Liste ließe sich beliebig verlängern und beschreibt damit nur Überschriften über umfangreiche Fachgebiete. Sich alles aneignen zu wollen, auch nur oberflächlich, würde zur unendlichen Geschichte.

Ich, Günter Faltin, Hochschullehrer und Entrepreneur, wusste praktisch nichts von Tee, bevor die Teekampagne Gestalt annahm. Ich habe bis heute nicht das Können, ein Unternehmen zu organisieren. Und ich habe als Hochschullehrer auch nicht die Zeit, das Alltagsgeschäft des Unternehmens zu managen. Ich würde es auch gar nicht wollen.

Mag sein, dass Sie dieses Statement überrascht. Nichts wissen, nichts tun, keine Zeit. Es klingt, als würde ich mich um das Erlernen des Fachwissens, um Organisation und Management drücken. Ich glaube aber, dass es für die Situation, in der wir heute stehen, typisch ist. Wir leben in einer hoch arbeitsteiligen Gesellschaft. Wir sind so sehr spezialisiert, dass wir die meisten Geräte, die wir bedienen, nicht wirklich kennen. Wir verstehen vielleicht, wie sie funktionieren, aber wir können sie nicht selbst herstellen, wahrscheinlich auch nicht reparieren. Wir machen auch nichts, wenn wir genauer hinsehen – das »Machen« übernehmen die Geräte.

Beim Entrepreneurship ist es nicht anders. Infrastruktur, Zulieferer und Vorprodukte sind vorhanden. Wir haben sie nicht geschaffen, aber sie sind für uns da. Wir leben in einer Welt des *embedded knowledge*. Generationen von Erfindern, Ingenieuren, Unternehmern, Managern und Designern haben für uns gearbeitet. Wir bauen auf ihrer Arbeit auf. Wir stehen auf den Schultern unzähliger Denker, Könner und Meister ihres Fachs.

Ich muss mir meines Nichtwissens bewusst bleiben, wenn ich die Leistungen, die vor mir erbracht wurden, miteinander kombiniere. Ich baue auf die Kompetenz anderer, und ich muss es auch. Ich brauche die Professionalität anderer, weil ich mich auf die Koordination, auf die Kombination der Komponenten beschränke.

Mit Komponenten gründen

Zu glauben, dass man alles und jedes wie früher für sein Unternehmen eigens aufbauen müsse, ist eine antiquierte Vorstellung. Sie ist weder ökonomisch noch ökologisch – nur unzeitgemäß.

Der Einfluss von Arbeitsteilung auf den Erfolg einer Gründung – so meine Erfahrung – wurde und wird völlig unterschätzt. Viele Gründer und Berater sind immer noch der Überzeugung, dass ein Gründer in möglichst allen Themen und Bereichen, die in einem Unternehmen vorkommen, Grundkenntnisse haben sollte. Daher die vielen Einführungskurse, die Gründern empfohlen werden: Buchhaltung, Rechnungswesen, Bilanz, Gesellschafts-, Arbeits-, Vertrags-, Steuerrecht, Mitarbeiterführung, Marketing, Finanzierung. (Die Liste ließe sich beliebig verlängern.) Es klingt völlig plausibel, und es ist gut gemeint. Und es wäre auch durchaus wünschenswert, alle diese Kenntnisse zu besitzen. Das Problem ist nur: In der Praxis funktioniert das nicht. Es sind zu viele Details, zu viele Einzelvorschriften, ist zu viel ganz präzises Fachwissen notwendig, um im Einzelfall die richtige Entscheidung treffen zu können. Was in der Vergangenheit vielleicht noch möglich war, gerät heute zu gefährlichem Halbwissen und Dilettantismus. Weitaus schadensträchtiger als das Eingeständnis, in den meisten Teilbereichen eines Unternehmens auf professionelle Partner angewiesen zu sein.

Es ist gerade das Ausmaß an Arbeitsteilung, das die Produktivität des Gründers erhöht. Arbeitsteilung ist heute ein Schlüsselelement für den Erfolg einer Gründung. Beim Gründen mit Komponenten geht es, wie beim interdisziplinären Arbeiten auch, darum, die Sichtweisen der anderen Fächer zu verstehen, die Logik der jeweiligen Einzeldisziplinen, aber nicht zu versuchen, einen Grundstock an Fachwissen in jedem Fach anzuhäufen. Was es braucht, ist Respekt für die Denkweise der einzelnen Fachrichtungen. Und die Anstrengung, die unterschiedlichen Sichtweisen auf ein gemeinsames Ziel hin (die intelligentere Lösung) zu koordinieren und zu nutzen. Es gilt, die Vielfalt der Aspekte und Argumente auf ein gemeinsames Besseres, Verträglicheres zu richten.

Mit Komponenten zu gründen, hat erstaunliche Vorteile. Statt Kapital einsetzen zu müssen, also Komponenten wie Büro, Buchhaltung oder Logistik für das eigene Unternehmen aufzubauen, siedelt man diese »Unternehmensteile« von vornherein bei Anbietern im Markt an. Statt mich etwa für mein zukünftiges Büro mit Gewerbemietverträgen, Auswahl von geeignetem Personal, Einrichtung und Maintenance des Büros zu belasten, nutze ich den Service eines Bürodienstleisters. Ich gewinne Zeit, brauche viel weniger Kapital, bin von Anfang an professionell. Nicht weil *ich* in diesem Gebiet professionell wäre, sondern weil das Partnerunternehmen es bereits ist.

Professionalität ist das zentrale Stichwort, wenn es um Komponenten geht. Stellen Sie nicht Ihre Freunde und Bekannten ein, jedenfalls nicht, wenn sie unerfahren und unzuverlässig sind. Professionalität einzukaufen ist teuer! Aber *Un*professionalität ist am Ende viel teurer. Wenn Sie sich Professionalität nicht leisten können, ist Ihr Entrepreneurial Design nicht ausgereift, es erwirtschaftet nicht ausreichend Erträge.

Auch aus der Perspektive Team macht es Sinn, möglichst viele Teile Ihres Konzepts von Komponenten erfüllen zu lassen. Wenn Sie Ihr Team so klein halten können, dass alle Mitglieder in einen Raum passen, haben Sie eine interne Kommunikationsstruktur, die jedes noch so große, noch so gut gemanagte Unternehmen um Längen schlägt. Sie ersparen sich als Gründer die Erfahrung, miterleben zu müssen, wie Ihre anfangs hervorragende Kommunikation und der *entrepreneurial spirit* in Ihrem kleinen Gründerteam allmählich verwässert und schließlich verloren geht durch die mit dem Wachstum des Unternehmens normalerweise einhergehende Zunahme Ihres Personalbestandes.

Beispiele für Komponenten

Neben dem Büro können wir auch andere Teile eines Unternehmens von Anfang an und zur Neugründung als Komponenten hinzufügen, statt sie selber aufzubauen. Webdesign, Webshop, Logistik und Buchhaltung bieten sich dafür an.

Die alte Frage lautete: Was brauche ich alles, um ein Unternehmen zu gründen?

Die neue Frage lautet: Wie kann ich aus vorhandenen Komponenten Neues kombinieren?

Der technische Fortschritt ermöglicht es, diese neue Frage in immer mehr Branchen und für immer mehr Funktionen zu stellen. Sie müssen kein Tourismusfachmann sein, um alle Leistungen, die für eine Urlaubsreise benötigt werden, selbst einzukaufen. Und Sie brauchen heute keinen Buchverlag mehr, um ein Buch zu veröffentlichen, Sie können sich inzwischen auf dem Markt jede einzelne der Leistungen, die dafür benötigt werden, bei Spezialisten einkaufen –Lektorat, Korrektorat, Herstellung, Werbung, Vertrieb und durch einen Ghostwriter sogar den gesamten Text des Buches. Sie können sich sozusagen auf das »Konzept« des Buches konzentrieren.

Bei der Konzepterstellung, geht es darum, von Anfang an bei jedem Element mitzudenken, inwieweit es in Komponenten zerlegbar ist, welche davon Sie selbst übernehmen und welche Sie außerhalb Ihrer Gründung ansiedeln wollen. Dabei sollten Sie Ihre Entscheidung nicht daran ausrichten, was man auslagern *kann* – sondern, was Sie auslagern *wollen*.

Das Komponentenmodell hat entscheidende Vorteile. Es ist bekannt – und in der wissenschaftlichen Literatur beschrieben –, dass junge Unternehmen nach der Gründung mehrere typische Phasen wachsender Komplexität durchlaufen, in denen sie in Krisen geraten und nicht selten daran scheitern. Mittels Komponenten verringern sich die Gründungsrisiken wesentlich, denn der Gründer greift mit ihnen auf etablierte, routinierte Einheiten zu, die bereits mit großen, effizienten Betriebsgrößen und hoher Professionalität arbeiten. Auch profitiert er von deren Wissen. Das eigene Unternehmen kann wachsen, aber der vom Gründer selbst betriebene Kern bleibt klein – und damit überschaubar und bewältigbar: »Groß werden und dabei klein und überschaubar bleiben.« Ein gutes Prinzip.

Darüber hinaus haben Komponenten für den Gründer den wesentlichen Vorteil, dass er sich auf das Entrepreneurial Design und seine Weiterentwicklung konzentrieren kann, statt sich im Tagesgeschäft der Unternehmensverwaltung – der Business Administration – aufzureiben. Das Einsetzen von Komponenten, man könnte sie auch eingekaufte Leistungspakete nennen, verändert das Problem der »Umsetzung« des Geschäftskonzepts radikal. Und zwar quantitativ wie qualitativ. In den Komponenten ist die Umsetzung professionell delegiert. »Umsetzung« reduziert sich auf die Kombination von Komponenten. Dies erhöht die Überlebenswahrscheinlichkeiten von Neugründungen erheblich.

Die Vorteile des Komponentenmodells sind enorm. Statt zum überarbeiteten Selbständigen zu werden, ermöglicht es dem Gründer, in Konkurrenz mit seinen markterfahrenen Mitanbietern zu treten. Es sind fast keine Investitionen erforderlich; damit entfällt die aufwendige Suche nach Kapitalgebern. Der Gründer arbeitet hoch professionell – und das von Anbeginn an. Variable Kosten treten im Grundsatz nur auf, wenn auch wirklich Bestellungen eingehen. Finanzierungsaufwand und Risiken reduzieren sich für den Gründer ganz erheblich. Im Vergleich zu den konventionellen Formen können Gründungen rascher, einfacher und professioneller (also mit besserer Qualität) erfolgen.

Sollte der Gründer den Markt falsch eingeschätzt haben, kann er rascher reagieren. Einer Komponente kann man kündigen, ohne großes Unheil anzurichten. Als Gründer mit zunächst oft bescheidenem Auftragsvolumen ist man für die Komponente nur ein kleiner Fisch. Der Komponente tut es nicht weh, wenn sie einen einzelnen Auftrag verliert. Eigene

Mitarbeiter dagegen kann man nicht kurzfristig entlassen, man kann sie nicht einfach auf die Straße setzen.

Inzwischen liegen zum Gründen mit Komponenten einschlägige Erfahrungen vor. In unseren Labors für Entrepreneurship vermitteln wir die Idee der Komponentengründung seit mehreren Jahren. Vor diesem Hintergrund ist das sogenannte Komponentenportal entstanden (www.komponentenportal.de), in dem einzelne Komponenten genauer beschrieben und angeboten werden.

Gründen mit Komponenten eröffnet viel mehr Menschen als bisher die Chance, am Wirtschaftsleben aktiv teilzuhaben. Aus langjähriger Erfahrung weiß ich, dass sich Menschen, die über keine betriebswirtschaftliche Vorbildung verfügen, nur schwer vorstellen können, wie man eine Idee praktisch umsetzen, also ein Unternehmen gründen kann, ohne sich vorher eingehend mit Betriebswirtschaftslehre beschäftigt zu haben. Gerade dies aber schreckt viele Menschen, die aus kulturell-kreativen Bereichen kommen und durchaus gute Konzepte erarbeitet haben, ab. Natürlich bleibt betriebswirtschaftliches Denken und Handeln notwendig, aber vieles davon wird durch die in den Komponenten eingebettete Professionalität der Dienstleister übernommen.

Die Unerfahrenheit vieler Gründer in der Praxis wird durch professionell geführte Komponenten abgefedert. Die Industrie- und Handelskammern und andere Beratungsinstitutionen können es sich zur Aufgabe machen, erfahrene, professionelle Betriebe zu nennen, die als Komponenten geeignet sind.

Je mehr Komponenten Ihr Entrepreneurial Design zu verwenden erlaubt, desto besser für Sie. Aber auch die Komponente freut sich, dass ihre Kapazität besser ausgelastet wird. Auch ökologisch ist es von Vorteil, wenn nicht jedes Unternehmen eigene Kapazitäten aufbaut. Im Grunde genommen steht dahinter der Gedanke des »Teilen statt Besitzen« – auf Unternehmenskapazitäten angewandt.

So wie wir heute von *open innovation* sprechen, sollten wir auch das Thema Organisation »öffnen«. Unternehmensorganisation ist nichts Starres: Mit dem Einsatz von Komponenten werden die Grenzen zwischen »innen« und »außen« fließend. Wir operieren damit in einer *open organization*.

Ein Rechtsanwalt mit Waschpulverfabrik?

Wenn Sie an Ihrem Konzept tüfteln, ist es hilfreich, die Möglichkeit, Komponenten einzusetzen, immer gleich mitzudenken.

Sie erinnern sich an die Waschkampagne? »Mir kam die Idee, ein eigenes Waschmittel herzustellen«, sagte Wolfgang Kunz. Heißt das, dass er *selbst* die Herstellung übernehmen muss? Das würde riesige Investitionen und eine hohe Abhängigkeit von Kapital und Experten bedeuten sowie hohe eigene Managementleistungen erfordern. Ein Rechtsanwalt mit Waschpulverfabrik? Völlig unrealistisch. Auch gar nicht wünschenswert.

Es ging also darum, einen Hersteller zu finden. Das Problem war, Interesse an der Zusammenarbeit zu wecken, ohne gleich detaillierte Informationen zu liefern. Schließlich wollten wir den Kern des Konzepts nicht von Anfang an preisgeben. Wir hatten Sorge, dass uns die im Kern einfache und überzeugende Grundidee weggenommen werden könnte. Keine leichte Aufgabe. Es hagelte Absagen. Nach monatelanger Suche fand sich schließlich ein Interessent aus dem Osten Deutschlands, ein innovatives mittelständisches Unternehmen mit einem aufgeschlossenen Mann an der Spitze.

Gesprächstermin in Berlin, Geheimhaltungserklärung in der Tasche. Ein Rechtsanwalt und ein Hochschullehrer erklären dem Betriebsleiter des Unternehmens, einem promovierten Chemiker und Experten für Waschmittel, dass sie einen Hersteller für ihr eigenes, intelligenteres Waschpulverkonzept suchen. Eine ziemlich paradoxe Situation, wie Sie sich unschwer vorstellen können.

Und dann noch die Geheimhaltungserklärung. Irgendwann müssen Sie ja damit herausrücken. Der Experte soll vorweg unterschreiben, dass er die Idee eines Laien so streng vertraulich behandeln wird wie den Lageplan eines Piratenschatzes – ohne zu wissen, worum es sich überhaupt handelt. Es bedarf schon der *mother of all fingerspitzengefühls*, so etwas hinzubekommen.

Ich beschreibe diese scheinbaren Details so offen, weil dies eine für Entrepreneure in Sachen Komponenten typische Situation ist. Sie sind der Laie, stehen einem Experten gegenüber und wollen ihm klarmachen, dass Sie das bessere Konzept haben. Da müssen Sie einiges aushalten, trotzdem freundlich reagieren. Mit viel Gefühl für die Situation und mit Bescheidenheit, aber einem Ziel vor Augen, um Vertrauen und Zustimmung zu werben.

Das Ganze kann nur dann gut ausgehen, wenn Sie vorher wirklich umfangreich recherchiert haben, und Ihr Gegenüber den Eindruck gewinnt, dass er nicht einen naseweisen Besserwisser vor sich hat, mit einem ulkigen Einfall, sondern dass Sie zwar Laie sind, aber erhebliche Vorarbeit geleistet haben, und den Vorteil des Nicht-Experten einbringen, nämlich eine unvoreingenommene Sicht auf den Sachverhalt. Experten hören nicht gerne, dass sie betriebsblind seien und dass ein Laie ihnen vormachen könne, wo eine vielversprechende Innovation liegt. Sie müssen überzeugen, mit Sachlichkeit und Bescheidenheit, nicht großem Ego und Besserwisserei. Auch dies wieder ein Indiz dafür, dass man mit bloßen Einfällen ohne umfangreiche Recherchen nicht sehr weit kommt.

Es ist natürlich nicht so, dass wir das Expertenwissen nicht brauchen, im Gegenteil. Gerade wenn Sie selbst kein Detailwissen haben, sind Sie darauf angewiesen, mit den Experten konstruktiv zusammenzuarbeiten. Wenn man den Anteil des Enthärters verändert, welche Probleme wirft das für die Waschpulverzusammensetzung auf? Welche Inhaltsstoffe sind ökologisch bedenklich? Und was kostet es zusätzlich, wenn man sie ersetzen will?

Überhaupt die Kosten. Was ist die Mindestmenge, die Sie abnehmen (und gegebenenfalls vorfinanzieren) müssen, damit die Mischanlagen des Herstellers überhaupt technisch funktionieren? Es stellt sich heraus, es sind 20 Tonnen. Pro Waschmittel. Macht für unsere drei Härtegradvarianten also insgesamt 60 Tonnen. Kein geringes Risiko. Und dann die Kostenverhandlungen. Wie weit gelingt es Ihnen, dass das Unternehmen Sie als vielversprechenden Kunden erkennt? Mit hoffentlich wachsenden Umsatzvolumina in der Zukunft.

Alles in allem, wie Sie sich sicher vorstellen können, keine leichte Aufgabe. Sie ist lösbar, aber verlangt ein hohes Maß an Ausdauer, guter Vorbereitung und diplomatischem Geschick.

Nütze es, Dein eigener Chef zu sein

Wir haben an anderer Stelle gesagt, dass Entrepreneurship die ganz große und einzigartige Chance bietet, sein Tätigkeitsfeld nach eigenen Wünschen einzurichten. Hier, bei den Komponenten, können wir dies weiter konkretisieren.

Alles, was ich als Entrepreneur nicht kann, was mir nicht liegt und womit ich mich nicht beschäftigen will, kann ich abgeben. Möglichst als Komponente, also an professionelle Anbieter nach draußen geben. Wo trotz hoch spezialisierter Arbeitsteilung und Dienstleister solche Komponenten noch nicht angeboten werden, sollten Sie die Aufgaben im eigenen Haus delegieren. Das mag Ihnen selbstverständlich erscheinen, ist es aber nicht. Die Schriftstellerin Denise Shekerjian beschreibt es als Glücksfall, wenn Menschen frühzeitig ihre eigenen Stärken erkennen und auf diesen Stärken aufbauen, statt zu versuchen, ihre Schwächen zu beheben.[98]

Wie man Komponenten nicht einsetzen soll. Das Beispiel Inkasso

H. – er möchte nicht namentlich genannt werden – hat es satt, sich selbst um das Inkasso kümmern zu müssen. Nicht bezahlte Rechnungen sind ein Ärgernis und kosten die Firma Liquidität. Hinter seinem Geld herlaufen zu müssen, macht keinen Spaß. Geld eintreiben ist auch keine leichte Sache, es kann dem Image der Firma großen Schaden zufügen. Unbezahlte Rechnungen sind ein Standardproblem in fast jedem Unternehmen. Es liegt daher nahe, diese Aufgabe an einen Anbieter abzugeben, der sie professionell bewältigt. In der Tat existieren dafür spezialisierte Firmen. Also diese Komponente abgeben.

Wird H. damit glücklich? Nach einer Weile stellt er fest, dass die Inkassofirma nur etwa die Hälfte der Außenstände beibringt. Und er bemerkt, dass die Inkassofirma lediglich eine E-Mail an alle Kunden, die ihre Rechnung noch nicht bezahlt haben, versendet. Es ist eine Mahnung, mit der Drohung, bei Nichtbezahlen einen Rechtsanwalt einzuschalten – man weiß aus Erfahrung, dass etwa die Hälfte der Angeschriebenen darauf reagiert. Die Inkassofirma hat es sich also einfach gemacht, nur die *low hanging fruits* eingesammelt und dafür Provision kassiert. Für eine Standard-E-Mail eigentlich ein hoher Preis. Nicht das, was H. erwartet hatte.

Was tun? Eine bessere Inkassofirma finden? H. geht einen anderen Weg. Er recherchiert, *warum* manche seiner Kunden nicht bezahlen. Und stellt fest, dass in den meisten Fällen gar keine Absicht vorlag, nicht zu bezahlen, sondern meist ein Versehen die Ursache des Problems war: Entweder wurde eine Mahnung erst sehr spät verschickt oder die Angaben auf dem Bankeinzugsformular waren nicht vollständig ausgefüllt oder ein anderes Detail hielt den Kunden ab, rechtzeitig zu bezahlen.

Es geht in erster Linie also gar nicht um die Zahlungsbereitschaft der Kunden, wie zu Beginn angenommen. Das Problem liegt also nicht beim Inkasso. H. entscheidet sich, das hauseigene Mahnverfahren und die Kontrolle der Bankeinzugsdaten zu verbessern. Seitdem gibt es deutlich weniger Außenstände.

Ich erzähle diese Episode, weil sie gleich mehrere Punkte veranschaulicht. *Erstens* sollte man sich vor konventionellen Einschätzungen hüten. So, als sei es selbstverständlich, dass unbezahlte Rechnungen ein Inkassoproblem darstellen, bei dem es darum geht, Geld einzutreiben. *Zweitens* ist es unabdingbar, wie das Beispiel zeigt, näher hinzusehen und zu prüfen, ob es technische Ursachen gibt, die man abstellen kann. *Drittens* – und da wird es spannend – kann man überlegen, wovon die Zahlungsbereitschaft von Kunden abhängt und ob man sie nicht positiv beeinflussen kann. Wenn ich ein überzeugendes Produkt anbiete, ein gutes Preis-Leistungs-Verhältnis aufweise und mit dem, was ich tue, Sympathie und Vertrauen meiner Kunden gewinnen kann, dann – aber eben nur dann – sind meine Chancen höher, dass meine Kunden die Rechnung auch wie selbstverständlich bezahlen, ja sich sogar zum automatischen Bankeinzug bereit erklären oder ich von ihnen Vorkasse verlangen kann. Ich glaube, dass dies der Grund ist, warum wir bei der Teekampagne seit vielen Jahren Zahlungsausfälle von weniger als 0,1 Prozent haben. Zum Vergleich: Der Otto-Versand hatte in den 1990er-Jahren Außenstände von bis zu 40 Prozent in Ostdeutschland zu bewältigen. Wohl ein Spiegelbild des damaligen mangelnden Vertrauens der Käufer in die westdeutsche Wirtschaft und ihr Auftreten nach der Wende.

Und noch ein Punkt: Braucht man dazu Ausbildung in den einschlägigen betriebswirtschaftlichen Fachgebieten, etwa des Inkassowesens, oder reicht nicht auch gesunder Menschenverstand?

Zurück zum Grundgedanken des Komponentenansatzes. Alles, was es an Leistungsangeboten schon gibt, was heute durch Arbeitsteilung und via Internet verfügbar ist, können wir als Komponente einsetzen. Eine ganze Welt steht uns dadurch offen, wird uns zugänglich. Es ist unsere Kombinationsgabe, die den Ausschlag gibt. Wir werden damit zum Kapital, das ressourcensparend neue Kombinationen hervorbringen kann.

Proof of Concept

Wenn wir ein Konzept erarbeiten, stellen wir darin viele Überlegungen an, wie etwa zur Produktart, zum Design, zum Preis, zur Art des Vertriebs, zum Ort der Herstellung und zu vielem mehr – Überlegungen, die zunächst nicht immer so aussehen, als hätten sie etwas mit unseren Kunden zu tun. In Wirklichkeit sind aber in fast allen Überlegungen Annahmen über das Verhalten der Kunden enthalten. Es können offene Annahmen sein, aber auch versteckte. »Wollen die von uns angepeilten Kunden überhaupt ein solches Produkt?« »Spielt es eine Rolle, ob das Produkt in Deutschland, in Ungarn oder in Bangladesch hergestellt wird?« Alle diese Annahmen, ob offen oder versteckt, sind für den Erfolg unseres Konzepts im Markt aber wichtig. Wir tun also gut daran, uns alle Annahmen bewusst zu machen.

Wir können und sollten ein Konzept als *Bündel von Annahmen* betrachten. Und wir tun gut daran, diese Annahmen in der Praxis zu testen. Es ist keineswegs sicher, ob wir mit unseren Annahmen auch richtigliegen. Ein nicht geringer Teil aller in Businessplänen gemachten Annahmen ist falsch. Schätzungen gehen bis zu 70 Prozent. So etwas kann tödlich sein für unseren Auftritt im Markt. Wahrscheinlich trägt dieser Sachverhalt zur hohen Quote des Scheiterns von Neugründungen in den ersten fünf Jahren bei.

Wir sollten daher nicht bis zu unserem Markteintritt warten, um festzustellen, ob wir richtig- oder falschliegen.[99] Der Proof of Concept sollte viel früher erfolgen. Am besten gleich dort, wo wir Annahmen treffen. Je früher, desto besser. Es erspart uns Irrwege oder Konstruktionen, die auf falschen – oder zumindest ungeprüften – Annahmen basieren. Beim Proof of Concept handelt es sich also nicht um eine einmalige Angelegenheit, wie die deutsche Übersetzung als »Machbarkeitsnachweis« vielleicht suggeriert; so, als würde man erst die Arbeit am Entrepreneurial Design abschließen und *dann* in die Überprüfung des Konzepts einsteigen.

Sven Ripsas, Professor für Entrepreneurship an der Hochschule für Wirtschaft und Recht in Berlin, hat Pionierarbeit auf dem Gebiet des Proof of Concept geleistet. Er, der die Idee des Businessplans Mitte der 1990er-Jahre nach Deutschland brachte, erkannte als einer der Ersten die Defizite und Gefahren einer Orientierung an Businessplänen.[100]

Der Proof of Concept verlange, richtig verstanden, ein ganz anderes Vorgehen, als wir es vom Denken in Businessplänen gewohnt seien. Im Grunde gehe es um Discovery-Driven Planning, wie es von McGrath und MacMillan eingeführt wurde.[101] Ein Prozess des Ausprobierens und Testens an der Wirklichkeit. Nach dem Motto: Nur was dem Realitätscheck standhält, geht in die weitere Planung ein. Discovery-Driven Planning sieht die Entwicklung eines Entrepreneurial Design als laufenden Lernprozess, in dem es um Experiment, Intuition und Entdeckung derjenigen Strategie geht, die Kunden gewinnt und zufriedenstellt.

Gründer sollten sich, so Ripsas und andere, unter anderem ein »Cockpit« zulegen, in dem sie die wichtigsten Zahlen über den Geschäftsverlauf ihres Start-ups (zum Beispiel Kundenreaktion, Kostenentwicklung, Liquidität) festhalten. Wie der Pilot eines Flugzeugs könnten die Gründer zeitnah die wichtigsten Informationen über die wirtschaftliche Entwicklung ablesen.[102]

Für ein etabliertes Business macht es Sinn, Drei-Jahres-Projektionen aufzustellen. Die Nachfrage nach Automobilen in den nächsten Jahren basiert auf einer Reihe von *bekannten* Säulen: Das Produkt ist bekannt wie auch das grundlegende Design. Man weiß, dass die Kunden es akzeptieren. Das Gleiche gilt für Preis, Vertriebsform und vieles mehr. Obwohl man sich also in bekannten, vertrauten Bahnen bewegt, wissen wir aber, dass selbst eine solche Drei-Jahres-Prognose noch viele Ungewissheiten beinhaltet.

All dies ist aber beim Start-up nicht der Fall. Vom neuen Produkt ist nichts bekannt, gerade wenn es sich um eine Innovation handelt. Stattdessen ein Bündel von Annahmen, Hoffnungen, von denen wir uns wünschen, dass sie doch bitte zutreffen mögen. Wenn wir in dieser Situation eine Projektion machen, sind die Zahlen das Papier nicht wert, auf dem sie stehen. Sie eignen sich nicht als Planungsgrundlage. Sie sind Luftschlösser.

Schlimmer noch: Nach einer Weile fangen die Gründer an, an ihre Zahlen zu glauben. »Seeing is believing« gilt offenbar auch hier. Wenn man oft genug auf die Zahlen gesehen hat, scheinen sie an Substanz zu gewinnen. Statt offen zu sein für das Experiment, das sie gerade unternehmen, sehen die Gründer ihren Businessplan als Vorgabe, als etwas Festes an. Kapitalgeber, die an Businesspläne glauben und sie für ihre Entscheidung heranziehen, verstärken diese Haltung. Sie erwarten, dass der Gründer den Plan einhält. Statt sensibel wahrzunehmen, auszuprobieren, zu ertasten, was an ihrem Strauß von Annahmen zutreffend ist und was nicht, fangen die Gründer an, ihr Konzept gegen Ungläubige zu verteidigen.

Ich habe das immer wieder erlebt: Statt bei Kritik genau hinzuhören und sie sorgfältig zu analysieren, gehen die Gründer in die Verteidigungshaltung. »Du musst an Deine Sache glauben. Du darfst Dich nicht beirren lassen.« Solche, aus den USA zu uns schwappende Sätze aus den Heldenepen von Gründerstorys tun ein Übriges. Sätze dieser Art mögen in manchen Situationen hilfreich sein. Was das Testen von Annahmen hingegen betrifft, führen sie in die genau falsche Richtung.

Start-ups stehen auf viel zu unsicherem Boden, als dass man Vorhersagen darauf aufbauen könnte, schlussfolgert auch Eric Ries daraus. Schon Peter Drucker machte die Beobachtung, dass neu gegründete Unternehmen sich öfter, als man denkt, in einem ganz anderen Markt bewegen als den, den man ursprünglich im Auge hatte. Mit anderen Produkten und Dienstleistungen als die, mit denen man ursprünglich antreten wollte. Und das mit Kunden, an die man ursprünglich gar nicht dachte, und die Produkte für ganz andere Zwecke genutzt wurden als die, für die sie ursprünglich entwickelt worden waren.

Im Kern also: Ausprobieren, *was* und *wie* es funktioniert. Was müssen wir am Konzept anpassen oder auch völlig neu denken, damit wir Kunden überzeugen und eine tragfähige Nachfragebasis aufbauen können? Und *erst dann* Geld in die Hand nehmen und investieren.

Am Beispiel Waschkampagne:
Ist potenziellen Kunden das Argument »Härtegrad« so wichtig, dass sie bereit sind, von ihrem gewohnten Waschmittel umzusteigen? Kennen sie überhaupt den Härtegrad ihres Wassers? Oder könnte sich dies als Ursache erweisen, woran das ganze Projekt scheitert? Und dann das Thema Duftstoffe. Ist das Riechen der frischen Wäsche bereits so tief im Unterbewusstsein verankert, dass eine nicht riechende Wäsche gar nicht mehr als frisch betrachtet wird? Hat argumentatives Vorgehen an dieser Stelle eine Chance? Die Experten, die wir befragten, haben einhellig davon abgeraten, auf die Duftstoffe zu verzichten. Überraschenderweise war es aber bei den meisten Kunden relativ einfach, mit Argumenten über die Schwelle des Ungewohnten hinwegzukommen. Menschen, die mit Allergieproblemen zu kämpfen haben, reagierten sogar ausgesprochen enthusiastisch: eine Quelle weniger, die sie chemischen Substanzen aussetzt.
Also potenzielle Kunden befragen. Zur Funktion Ihres Produkts, zum Nutzen, zum Preis, zum Design, zum Vertriebsweg. Es sind viele Fragen, so wie Sie viele Annahmen machen. Fragen Sie Kunden, wenn möglich, die ein Konkurrenzprodukt kaufen. Machen Sie sich gegebenenfalls die Erfahrungen der Hersteller Ihres Produkts zunutze.
Noch besser wäre es, schon zu testen, ob die Kunden auch tatsächlich bestellen würden. Also reale Bestellungen einholen. Ein harter Test zwar, aber ein guter; er zeigt, ob Sie wirklich das Vertrauen Ihrer Kunden mit Ihrem Konzept gewinnen können. Aber kann man das, wenn man sein Unternehmen noch gar nicht gegründet hat? Vielleicht doch. Sie können Ihr Konzept erklären. Und könnten etwa Folgendes sagen:

»Werden Sie mein Testkunde, mein *early adopter*. Bitte haben Sie Verständnis dafür, dass es mir als Test ungeheuer wichtig ist, Sie schon jetzt als meinen Kunden zu gewinnen. Mit Ihrer verbindlichen Unterschrift würden Sie mich und mein Projekt entscheidend ermutigen. Ich komme Ihnen im Preis entgegen. Ich werde mich ganz besonders um Sie bemühen und bin natürlich an Ihren Rückmeldungen höchst interessiert. Allerdings kann es durchaus sein – wenn ich nicht genügend Testkäufer finde –, dass ich mein Unternehmen gar nicht gründe. In diesem Fall erlischt Ihre verbindliche Bestellung natürlich, aber Sie haben mir bei meiner Entscheidung, ob ich gründe, sehr geholfen.«

Im Prinzip hat es diese Verfahren schon gegeben. Bei Buchsubskriptionen entschied die Anzahl der Besteller darüber, ob das Buchprojekt überhaupt zustande kam. Also nicht eine hohe, riskante Wette eingehen, sondern den Proof of Concept mit kleinen Mitteln durchführen.

Es gibt einen Typ von Gründern, meistens sind es Männer, die offenbar glauben, ein Projekt sei umso überzeugender, je größer es angegangen wird. Wir haben diesen Typ in Kapitel 2 schon kennengelernt: Es sind *die Grandiosen*.

Das klingt dann ungefähr so: »Ich möchte Deutschland mit einem Netz von neuen Fitnessstudios überziehen. Dazu brauche ich 50 Millionen Euro.« Selbstverständlich ist der Gründer von seinem Vorhaben völlig überzeugt, ja hat sich längst in sein Konzept verliebt. Meine Erfahrung sagt, dass es ziemlich aussichtslos ist, ihn davon wieder abbringen zu wollen. Er wird nur noch mehr Argumente generieren, die die Grandiosität seines Konzepts belegen.

Ich halte ihm stattdessen Folgendes vor Augen:

1. Ich kann Deutschland mit einer Kette von Fitnessstudios überziehen. Kosten: 50 Millionen Euro. Es ist eine tollkühne Wette darauf, dass die Kunden ausgerechnet *mein* Konzept eines Fitnessstudios annehmen werden.
2. Ich kann in einem einzelnen Bundesland meine Studios anbieten. Kosten: Fünf Millionen Euro.
3. Ich kann mit einem einzelnen Studio anfangen. Und ausprobieren, ob das Studio ankommt. Kosten: 0,5 Millionen Euro.
4. Ich kann versuchen, die Geräte beim Hersteller für einen bestimmten Zeitraum *zu leihen*, um den Erfolg des Studios zu testen. Kosten: 0,05 Millionen Euro.

5. Ich kann eine Webseite starten und testen, wer ein Studio meines Konzepts nutzen würde, und mit der Aufforderung zur Vorausbuchung Eintrittskarten zu einem ermäßigten Preis anbieten. Kosten: 0,005 Millionen Euro.

Jeder dieser Schritte macht den Proof of Concept um den Faktor Zehn weniger kapitalaufwendig.

Der letzte Schritt verlangt nur noch so wenig Kapital, dass der Gründer aus eigenen Mitteln und ohne großes Risiko zu einer frühen und halbwegs realistischen Einschätzung seiner Erfolgsaussichten kommen kann.

Wenn Ihnen der Weg des »Bootstrapping« (klein und mit eigenen Mitteln anfangen) nicht gefällt oder Ihrem Entrepreneurial Design nicht angemessen ist, kann Crowdfunding die für Sie passende Lösung sein. Gerade wenn Ihr Vorhaben einem Anliegen folgt, Authentizität und Sympathie ausstrahlt, haben Sie beim Crowdfunding gute Chancen, Aufmerksamkeit zu finden.

Die Idee: Viele kleine Geldgeber helfen dem Gründer. Hier ist die Demokratisierung des Gründens bereits im Gange und für jedermann sichtbar. Jeder hat Zugang, jeder kann mitmachen. Es gibt kleine Projekte, große Projekte, aus allen Bereichen des Entrepreneurship, die man sich überhaupt nur denken kann. Vom kleinen Café über das Filmemachen; vom Stadtteilprojekt zur weltweiten Aktion.

Allerdings funktioniert Crowdfunding nur, wenn es dem Gründer gelingt, seine Idee so überzeugend darzulegen, dass er Anhänger findet, die mitmachen. Das Konzept muss überzeugen und die Menschen dahinter auch. Das ist auch gut so, zwingt sie doch die Gründer, dort anzusetzen, wo es für das Überleben auch entscheidend ist: eine gut durchdachte, ausgereifte Konzeption anzubieten.

Einen wirklich großen, fast möchte ich sagen entscheidenden Vorteil dieser Art von Finanzierung bekommen Sie obendrein: Sie testen damit, wie Ihr Konzept bei potenziellen Kunden ankommt. Sie erhalten so ein Stück Proof of Concept geschenkt. Und schließlich: Ihre Geldgeber werden höchstwahrscheinlich auch Kunden werden und – wenn und weil Ihr Konzept diese Menschen überzeugen konnte – nicht zuletzt auch Botschafter Ihres Projekts sein. Also Aufmerksamkeit, Proof of Concept, Finanzmittel, Kunden und Botschafter – eine ideale Konfiguration, von der Gründer noch vor wenigen Jahren nur träumen konnten.

Barack Obama finanzierte und gewann seinen ersten Wahlkampf mit kleinen, dafür aber sehr zahlreichen Beiträgen und Spenden seiner Fans. Auch die amerikanische Freiheitsstatue wurde durch viele kleine Beträge finanziert. Wir sind das Kapital – diesmal im wahrsten Sinne des Wortes.

Bleibt nur zu hoffen, dass das Instrument Crowdfunding nicht durch Trickser und Betrügereien in Misskredit gerät. Geldanleger zu betrügen, hat eine lange Tradition. Was die Gaunereien betrifft, aber auch, was die Leichtgläubigen angeht, die in schöner Regelmäßigkeit auf große Versprechen hereinfallen. Die Finanzaufsicht und der Gesetzgeber haben gut daran getan, Vorschriften und Verfahren einzubauen, um Betrügern das Handwerk zu legen oder wenigstens zu erschweren. Beim Crowdfunding steht das noch aus. (Ja, ich weiß, es gibt viele unnütze und behindernde Regularien. Aber das wundervolle Prinzip des Crowdfunding vor gerissenen Betrügereien zu schützen, ist ausnahmsweise ein paar Regularien wert.) Und schon heute an alle momentan begeisterten großen und kleinen Geldgeber gerichtet: Seid vorsichtig, seid extrem vorsichtig! Ein schöner Text ist schnell geschrieben. Auch die sozialen, umweltfreundlichen oder sonst wie an die Emotionen rührenden Worte werden nicht fehlen. Seht euch die Gründer genau an. Recherchiert im Netz über sie. Lasst euch, so gut es geht, Garantien geben, dass die Versprechen auf der Website auch eingehalten werden.

Dort, wo es um ein handfestes einzelnes Produkt geht, kann Rapid Prototyping angewandt werden. Die Methoden dafür sind heute einfacher und schneller, denken wir nur an die Methode des 3D-Printing. Aber auch wenn solche Verfahren aus technischen oder finanziellen Gründen nicht auf Ihr Konzept anwendbar sind, können Sie sich die Methode des Prototyping zunutze machen.

Es geht im Kern um Veranschaulichung, also um die Frage, wie viel Sie durch die Konkretisierung mittels eines Prototypen im wahrsten Sinne des Wortes *begreifbar* machen können. Es geht also nicht um technische

Perfektion oder ein bereits völlig ausgereiftes Produkt. Im Gegenteil. Die Annahmen Ihres Konzepts zu testen, heißt ja vor allem, unzutreffende Annahmen frühzeitig zu erkennen und andere Wege und Lösungen zu suchen.

Denken Sie sich, wenn Sie die Annahmen nicht anders verifizieren können, Test*simulationen* aus. Abstürze macht man besser in einem Flugsimulator, nicht in der Realität – besonders dann nicht, wenn man weiß, dass statistisch 80 Prozent der Gründungen scheitern.

Damit es Ihnen nicht so geht wie im folgenden Bild:

Diese Karikatur hat uns der Kasseler Künstler Nel[103] zur Verfügung gestellt.

Maximales Risiko definieren

Auch die Übernahme von Risiko und Verantwortung steht damit an. Deshalb ist es so wichtig, sich intensiv vorzubereiten, die Chancen sorgfältig abzuwägen und erst dann ins Risiko zu gehen, wenn das Konzept erfolgreich eine Erprobungsphase durchlaufen hat.

Überlegen Sie, was bei Ihrem unternehmerischen Abenteuer im schlimmsten Fall passieren kann. Wie groß Ihr maximales Risiko ist, dass Sie sich leisten wollen und können – eine Überlegung, die der Effectuation-Ansatz von Sarasvaty in den Mittelpunkt stellt.[104] Nehmen wir an, Sie bleiben völlig auf der von Ihnen eingekauften oder in Ihrem Auftrag produzierten Menge sitzen. Überlegen Sie sich diesen Punkt. Ist Ihre Ware verderblich? Wie lange hält sie sich maximal? Was kostet die Lagerung? Es heißt also: Wie lange haben Sie Zeit mit dem Abverkauf? Können Sie dieses Produkt auch als Geschenk nutzen? Können Sie es anderen anbieten, die es als Geschenk nutzen? Wie lange bräuchten Sie selber, um in Ihrem eigenen Umfeld dieses Produkt zu verbrauchen? Wenn das alles nicht hilft und immer noch eine große Menge übrig bleibt – was ist dann tatsächlich Ihr finanzieller Verlust? Sie sollten nie ein Risiko eingehen, das Sie in den finanziellen Konkurs treiben kann. Nicht alle Ideen gehen auf. Wichtig ist, dass Sie mit solchen Ideen nicht Ihr ganzes Kapital und Ihre ganze Reputation aufs Spiel setzen, sondern das Risiko begrenzen. Testen Sie Ihre Ideen, probieren Sie sie aus, und wenn Sie merken, dass es nicht funktioniert, hören Sie auf. Lange bevor Sie Ihr letztes Geld in dieses Unternehmen tragen. Und Sie kennen den Spruch: Wenn man merkt, dass man ein totes Pferd reitet, ist die beste Strategie, rasch abzusteigen. Nicht das tote Pferd bewegen wollen, sondern akzeptieren, dass man mit falschen Annahmen gestartet ist. Und daraus lernen, dass man Annahmen möglichst früh und ernsthaft prüfen muss.

Um unzutreffende Annahmen zu erkennen, sind Intuition und Einfühlungsvermögen hilfreich. Man spürt etwas. Man wittert es förmlich. Man hat ein Bauchgefühl, dass etwas nicht stimmt. Dann heißt es: korrigieren und umsteuern.

Ich würde argumentieren, dass das beharrliche Tüfteln, das kontinuierliche Arbeiten und das ständige Verändern eines Entrepreneurial Design dem Beschreiben und Ausführen von Businessplänen schon vom Ansatz her überlegen ist. Dies zeigt sich vor allem, wenn es darum geht, offen und rasch Änderungen vorzunehmen. Ein Plan ist etwas viel zu Starres. Ja, es gilt sogar als Tugend, am Plan festzuhalten und nicht abzuweichen. Ein Design so zu verändern, dass es besser zu den Bedürfnissen der Nutzer passt, ist dagegen geradezu Alltag und selbstverständlich.

Andere Autoren favorisieren den schnellen Start: investieren, produzieren, werben, Marktanteile erobern. Klotzen statt kleckern. Ich favorisiere die schnelle Reaktion auf unzutreffende Annahmen. Nicht der Stärkste setzt sich auf Dauer durch, wie man Charles Darwin fälschlicherweise interpretiert hat, sondern der Anpassungsfähigste.

Was zählt, ist nicht die Zahl der Start-ups, sondern die Zahl der überlebenden Gründungen.

Sparringspartner finden

Sie brauchen Gesprächspartner, um Ihr Konzept zu diskutieren und infrage stellen zu lassen. Das werden in der Regel zunächst Freunde und Bekannte sein, auf die Sie zugreifen. Der Vorteil daran ist, dass man Sie seit Langem als Person kennt, Ihre Stärken und Schwächen zuweilen besser erkennt als Sie selbst. Machen Sie jedoch von Anfang an klar, dass die Entscheidung von Ihnen selbst getroffen wird und nicht dem guten Zureden Ihrer Freunde folgt.

Was die Mühen der Ebene angeht, sind Entrepreneure allerdings die besseren Gesprächspartner, weil sie an ihrem eigenen Ideenkind arbeiten und mit Ihren Problemen vertrauter sind als Menschen, die sich nicht selbst mit Entrepreneurship befasst haben. Sie haben die Ambivalenz selbst erfahren, Albträume erlebt, und lassen Sie spüren, dass Sie nicht allein solche Spannungszustände erleben und aushalten müssen.

Bieten Sie an, auch selbst als Sparringspartner zur Verfügung zu stehen. Sie werden dann als Diskussionspartner Erfahrungen sammeln, die Sie auch für Ihr eigenes Projekt brauchen können. Vor allem wird Ihnen die Befangenheit, um nicht zu sagen *Ge*fangenheit vieler Gründer in ihrer Gedankenwelt auffallen.

Um es gleich vorweg zu sagen: Nicht jeder ist als Sparringspartner geeignet. Gerade Menschen mit reicher Lebenserfahrung, wie zum Beispiel gestandene Unternehmer, machen nicht selten den Fehler, viel zu schnell Empfehlungen auszusprechen, weil sie den »richtigen« Weg zu kennen glauben. Was sie dabei übersehen, ist, dass es vielleicht der richtige Weg für *sie* war, nicht unbedingt für den Gründer, der sich in der Regel in einer völlig anderen Situation befindet. Wenn Sie selbst der Sparringspartner sind, denken Sie daran: Sparringspartner helfen dem Gegenüber, seine Fähigkeiten und Talente zu erproben und auszubauen. Sie sind der passive Teil – nicht Sie sollen sich produzieren und Ihr Können demonstrieren. Sie sind nicht der Trainer, der Anweisungen gibt und weiß, was besser ist. Sie dürfen auf keinen Fall den Entrepreneur aus seiner Verantwortung entlassen. Der Gründer allein muss entscheiden, ob, wann und wie sein Konzept reif ist.

Hier meine eigenen Erfahrungsregeln, wie sich ein guter Sparringspartner verhalten sollte:

1. Fragen, fragen, fragen.
2. Auf keinen Fall bewerten.
3. Bewerten Sie auch nicht indirekt: »Glauben Sie nicht auch, dass …«
4. Hören Sie sehr genau zu, und versuchen Sie zu verstehen, was Ihr Gegenüber bewegt – um daraus neue Fragen zu stellen.
5. Bauen Sie Ihr Gegenüber auf, wie beim Sport. Es geht um Trainieren, nicht um das K.-o.-Schlagen.
6. Haben Sie Geduld. Manche Fragen muss man mehr als einmal stellen.
7. Kein Psycho. Maßen Sie sich nicht an, Therapeut zu sein.

Um noch einmal zum Schluss dieses Kapitels »Methode« die Stimmigkeit zur Person zu betonen. Es ging nicht darum, meinen Sichtweisen oder meinen Beispielen zu folgen. Sie sollten Sie anregen, systematisch Fragen zu stellen und eigene Antworten darauf zu finden. Es geht um *Sie*, um Ihre Überzeugungen, um ein Entrepreneurial Design, das zu Ihnen passt. Sie sollen Ideenkinder in die Welt setzen, die *Ihre* sind, nicht meine.

Kapitel 4

Entrepreneure als Change Agents

Jenseits des Schlaraffenlands

Ich kann mich noch erinnern, in meiner Kindheit, dass das Märchen vom Schlaraffenland wirklich als Märchen angesehen wurde und wir Kinder und auch die Erwachsenen sich nicht im Traum hätten vorstellen können, dass noch in ihrer Generation das Märchen Wirklichkeit wird und man so viel Kuchen und überhaupt so viel essen kann, wie man will. Ja mehr als das: Wir sind durch das Stadium eines erfüllten Menschheitstraums hindurchgegangen, ohne es richtig zu merken. Die Glocken haben nicht geläutet, keine Feier wurde veranstaltet, und wir sind heute jenseits des Märchens. Aus dem Traum, so viel Kuchen essen zu können, wie man will, ist fast schon ein Albtraum geworden. Sobald wir Kuchen sehen, denken wir an unser Gewicht.[105]

Die Ökonomie hat ihre Schuldigkeit getan. Sie hat uns von materieller Not befreit. Jedenfalls in den reichen Ländern.[106] Unser Wirtschaftssystem ist zu großer Form aufgelaufen.

Erinnern wir uns an Rifkin: Wir leben in einer Nahezu-null-Grenzkosten-Gesellschaft. Sie sei der Zustand optimaler Effizienz.[107] Der Wohlstand eines durchschnittlichen Angehörigen der oberen Mittelschicht übertreffe heute den von Kaisern und Königen nur 400 Jahre zuvor. Wir stünden vor einer ganz neuen Realität, die zu erfassen uns noch schwerfalle. Wir hätten uns die Ökonomie der Knappheit derart einreden lassen, dass wir an die Möglichkeit einer Überflussökonomie nicht glauben wollen, so Rifkin. Die Zeit der Knappheit weiche der Zeit des Überflusses.

Jetzt, wo wir diese Stufe erreicht haben, sollten wir einen Moment innehalten. Das Ziel ist erreicht. Wie soll es weitergehen?

Winston Churchill wurde nach dem Sieg über Hitler-Deutschland nicht wiedergewählt. Die Briten, trotz Hochachtung vor Churchills Verdiensten, waren mehrheitlich der Ansicht, dass jetzt eine neue Aufgabe angegangen werden müsse. In anderer personeller Besetzung.

Erlauben Sie mir eine Analogie.
Heute stehen wir vor der Situation, unser Wirtschaftssystem für eine neue Aufgabe vorzubereiten. Der Sieg über den Mangel ist im Großen und Ganzen gelungen. Eine Epoche geht zu Ende.
»Kulturen blühen auf, wenn auf Fragen von heute Antworten von morgen gegeben werden. Kulturen zerfallen, wenn für Probleme von heute Antworten von gestern gegeben werden«, sagte Arnold Toynbee, britischer Historiker und Kulturtheoretiker.
In Zukunft wird es darum gehen, sich anderen Herausforderungen zu stellen, statt wie automatisch die Schlachten der Vergangenheit weiterzuführen. Und dazu braucht es eine andere personelle Besetzung. Jedenfalls mehr Impulse, als sie von den alten Akteuren ausgehen.
In der Politik haben wir gelernt, dass man expansionistischen Politikern, die die Grenzen des Landes ausweiten wollen, die wegen materieller Ressourcen bereit sind, Kriege zu beginnen, entgegentreten muss. Friedenspolitik heißt Verhinderung expansionistischer, aggressiver Politik.
Wenden wir den Gedanken auf die Ökonomie an. Treten wir expansionistischer Ökonomie entgegen! Einer Ökonomie, die unsere Bedürfnisse nach Mehr anstachelt, also die Grenzen ständig ausweitet. Die jeden erreichten Zustand zum Sprungbrett einer weiteren Ausweitung der Grenzen macht. Wir spüren, und wissen dies auch aus Studien zur sogenannten Glücksforschung, dass ein weiteres Anheben der Versorgung mit materiellen Gütern *nicht* zu einer Steigerung unserer Zufriedenheit führt. Lassen Sie uns einen anderen Weg versuchen. *By letting go of expansionist economics.*

Richten wir uns im Schlaraffenland ein. Versuchen wir nicht länger, die Grenzen expansionistisch weiter zu verschieben. Wir haben es nicht nötig, es bringt uns nicht weiter, aber wir riskieren mittlerweile unser Überleben.

Sich im Schlaraffenland einrichten – das mag behäbig, satt, stagnierend, ja dekadent klingen. Gemeint ist aber das genaue Gegenteil. Wirtschaften wir intelligenter, umweltschonender und sozial verträglicher. Mit besseren Produkten, weniger Verschwendung, niedrigeren Preisen.

Anders gesagt: Wir haben die Chance, ja die Pflicht, einen Entwicklungssprung zu machen. Wenn wir nach mehr Glück streben, müssen wir es nicht auf dem Weg eines Mehr an materieller Güterversorgung suchen. Es geht also nicht nur um den ökologischen Umbau unserer Industriegesellschaft und ein sozial verträglicheres Wirtschaften. Es geht auch keineswegs um Verzicht. Wir bewegen uns vielmehr in einer uralten Hoffnung der Menschen in ihrem Streben nach Glück. *Pursuit of happiness* – wie es die Gründungsväter der Vereinigten Staaten in ihre Verfassung schrieben.

Nennen wir diesen Prozess in Anlehnung an die Begriffe von Erich Fromm aus den 1970er-Jahren den Übergang vom Haben- in den Seins-Modus.[108]

Dieser Gedanke ist nicht neu, auch wenn es so klingen mag. Es geht um den Übergang von einer quantitativen Sicht- und Denkweise zu einer qualitativen Lebenssicht, wie er bereits Ende der 1990er-Jahre in der Studie *Zukunftsfähiges Deutschland* mit dem Gedanken »Mehr Zeitwohlstand statt Güterreichtum« dargelegt wurde.[109]

Im Grunde stimmen die Weisheitslehren und Religionen aller Kulturen darin überein, dass das Akkumulieren materieller Güter kein Weg zum Glück sei. Längst gibt es, ganz offiziell, Versuche, den »Wohlstand« einer Nation nicht nur an dem Wert der produzierten Güter und Dienstleistungen zu messen, sondern um andere Faktoren zumindest zu ergänzen. Wir erleben bereits heute eine zunehmend kritische Haltung gegenüber dem Besitz möglichst vieler Konsumgüter – wir erleben eine Renaissance des Teilens, und dies, ohne unser Wirtschaftssystem grundlegend verändern zu müssen.

Ein Dialog

In einer Szene seines Romans *Die Brüder Karamasow* konfrontiert Dostojewski den auf die Erde zurückgekehrten Jesus mit dem spanischen Großinquisitor. Der Autor setzt die Argumente konservativer Staatsräson gegen die Gebote der Liebe und Demut. Der Inquisitor beschuldigt Jesus, gefährliche Irrlehren zu verbreiten.

Denken wir uns eine zeitgemäße Version.

Draghi, Chef der Europäischen Zentralbank: »Du bist nicht nur ein Spinner, Du bist ein gefährliches Subjekt.«

Jesus: »Meine Botschaft ist die Liebe. Wie kann ich ein gefährliches Subjekt sein?«

Draghi: »Du redest von immateriellen Werten. Wir müssen die Nachfrage nach Gütern ankurbeln, nicht abwürgen.«

Jesus: »Ich predige die Nächstenliebe, was könnte daran falsch sein?«

Draghi: »Nächstenliebe muss heute heißen: Arbeitsplätze schaffen. Deshalb brauchen wir mehr Wachstum.«

Jesus: »Unser Amt ist es, die Schöpfung zu bewahren, nicht zu zerstören.«

Draghi: »Wir brauchen mehr Arbeitsplätze und mehr Wohlstand, damit mehr Menschen ein würdiges Leben führen können.«

Jesus: »Lebe ich nicht ein würdiges Leben?«

Draghi: »Du solltest vernünftige Schuhe tragen. Und auch Dein Gewand ist elend.«

Jesus: »Es sind nicht die äußeren Dinge, die Würde ausmachen.«

Draghi: »Sieh Deinen Nachbarn an! Er fährt einen neuen Wagen, und sieh, wie stolz er darauf ist.«

Jesus: »Das Anhäufen von Gütern, das Streben nach immer mehr Besitz ist ein Irrweg.«

Draghi: »Ich habe gehört, dass Du die Händler aus dem Tempel vertrieben hast. Welch ein Unsinn! Lass die Händler in den Tempel hinein, mehr davon. Organisiere eine Messe! Zeige den Menschen, wie schön die Welt sein kann, im Hier und Jetzt. Lass sie selber frei entscheiden, wenn sie all die schönen Dinge sehen.«

Jesus: »Der Glanz der Dinge blendet. Was wirklich wichtig ist, sind Freundschaft und Liebe.«

Draghi: »Die Menschen hängen an materiellem Besitz.«

Jesus: (schweigt).

Draghi wendet sich ab, murmelnd: »Konsumscheues Gesindel.«

Haben-Modus gegen Seins-Modus. Wachstum sei wichtig, Nachfrage schaffe Arbeitsplätze. Alles, was den Seins-Modus angeht – Fragen nach dem Sinn, statt das Glück im Besitz von Gütern finden zu wollen –, ist schwer fassbar, geradezu verdächtig. Freundschaft, Liebe, Gelassenheit statt expansionistischer Ökonomie. Wo sollen bei den Werten des Seins-Modus die Nachfrage und damit die Arbeitsplätze herkommen?

Dabei ist es den Ökonomen eigentlich klar, dass eine Stunde Therapie oder Massage ebenso viel Wert darstellt wie eine Stunde Industriearbeit. So wie man früher einzig der landwirtschaftlichen Arbeit Wert zusprach und es erst der Gewöhnung bedurfte, auch Fabrikarbeit als wertschöpfend zu betrachten, stehen wir heute in einer Situation, die uns Schwierigkeiten macht, zu verstehen, dass der technische Fortschritt mehr Raum für Tätigkeiten ganz anderer Art schafft. Mehr Möglichkeiten etwa für Menschen, sich in emotiven (sozial-emotionalen) Berufen zu engagieren. Warum sollten wir uns nicht einen Wohlstand im Seins-Modus vorstellen können? Immerhin sehen selbst schon Ökonomen »a world of artists and therapists, love counsellors and yoga instructors« entstehen.[110] Für die Zukunft könnten solche auf der Befindlichkeits- und Beziehungsebene angesiedelten Tätigkeiten genauso wichtig werden, wie es Schmiedearbeit zu Beginn der Industrialisierung war, auch dann, wenn sie zunächst auf wenig Anerkennung stoßen.

Mehr Vielfalt, mehr Alternativen

Vielleicht ist ein Vergleich erhellend, der an den geschichtlichen Erfahrungen beim Übergang vom Feudalismus zur Demokratie ansetzt. Ich habe in *Kopf schlägt Kapital* argumentiert, dass es im 18. und frühen 19. Jahrhundert nicht die aufgeklärte Rhetorik allein war, die dem Bürgertum die politische Teilhabe erfochten hat, sondern vor allem die hinter ihr stehende zunehmende Entfaltung seiner wirtschaftlichen Kraft. Es reicht also nicht, nur Forderungen aufzustellen. Man muss auch die Bedingungen schaffen, unter denen die Forderungen Gewicht bekommen. Ökonomisches Gewicht.

In einem offenen, demokratischen Dialog werden mehr und andere Ideen erdacht, kommen mehr Alternativen ans Licht als in autoritären Strukturen. Das Argument der Demokratie setzt nicht darauf, dass die Menschen, die neu hinzustoßen und mehr Gehör als früher finden, *bessere* Menschen wären. Wir müssen deshalb auch nicht auf den neuen, besseren Menschen warten. Die neuen Akteure erweitern das Spektrum der Interessen und Ideen. Es ist der Wettstreit der Konzepte, der insgesamt bessere Lösungen entstehen lässt.

Wir sind das Kapital.
Wir sind es, die neue Akzente setzen, die Alternativen ins Spiel bringen und sinnlich erfahrbar machen können. Wir wollen zukunftsfähig Handelnde sein.
Es ist die Übertragung des Grundgedankens der Demokratie auf das Feld der Wirtschaft. Lassen wir nicht einige wenige unser (ökonomisches) Schicksal bestimmen, unseren ökonomischen Alltag formen. Eine Produktwelt schaffen, die überwiegend dem *Irgendetwas, Hauptsache Gewinn* als Gestaltungsprinzip folgt.
Es war unrealistisch zu erwarten, dass die Adeligen die Interessen der Bürger vertreten würden oder die Bürger die Interessen der Arbeiter. Erst die aktive Mitwirkung der Betroffenen bewegt die Dinge. Andere Sichtweisen, andere historische und kulturelle Erfahrungen kommen ins Spiel.
Erwähnenswert auch die Beobachtung aus der Politik, dass Systeme mit

funktionierender Demokratie weniger häufig expansionistische Strategien verfolgen als autoritäre Regime. Warum sollten wir nicht im Bereich der Ökonomie vergleichbare Resultate erzielen?

In der Politik hat sich das Prinzip *One man, one vote* durchgesetzt, weil die Mitsprache der vielen den Prozess des Interessenausgleichs, den gesellschaftlichen Zusammenhalt und die Suche nach intelligenten, dauerhaften Lösungen begünstigt. Es ist, wie wir wissen, kein ideales Prinzip, aber doch deutlich besser, als den Vorstellungen und Marotten einer Person oder einer Clique zu folgen.

In der Wirtschaft hingegen herrscht ein aristokratisches System. Es sind verhältnismäßig wenige Topmanager oder -banker, die mit ihren Entscheidungen unseren Alltag in Form und Inhalt gestalten. In der Krise von 2008 und danach gelang es den Banken sogar, die Politik zur Geisel zu nehmen und so die Verursacher der Krise mit Steuergeldern und staatlicher Unterstützung zu retten. »Systemrelevant« hieß der Zauberbegriff. Weil die großen Banken systemrelevant seien, ohne sie das Finanzsystem zusammenbreche, könne man sie nicht fallen lassen.

Sind es nicht *wir*, die systemrelevant sein sollten – und zwar an erster Stelle? Dient die Ökonomie der Gesellschaft oder dienen wir der Ökonomie?

Die Wirtschaftsaristokraten suggerieren, dass wir Normalmenschen nicht mitreden könnten und nicht qualifiziert genug seien. Genau wie einst in der Politik. Auch dort gab es, bis in die Neuzeit hinein, eine große Skepsis gegenüber demokratischen Ansätzen: Sklaven, Bauern, Arbeitern und zuletzt den Frauen wurde nachgesagt, dass sie nicht gebildet genug seien, dass ihnen die Urteilskraft für wichtige Entscheidungen fehle.

Es war ein historischer Prozess, dass die Aristokraten ihre Privilegien verloren und sich auch andere Schichten der Gesellschaft Zugang und Mitsprache erkämpften. Weil sie gebraucht wurden, weil sie als wirtschaftliche Macht in Erscheinung traten. Es war aktive Teilhabe im politischen Prozess – durch neue Parteien und deren Programme. Zeichnen sich diese Entwicklungslinien heute nicht auch auf dem Gebiet der Wirtschaft ab?

Wir reden hier von Entrepreneurship, nicht von Mitbestimmung in Aufsichtsräten. Es geht um die Entwicklung von Entwürfen und Konzepten.

Und ihre Erprobung in der Praxis. Weil langfristig entscheidend sein wird, wer die besseren Konzepte hat, wer sich im wirtschaftlichen Bereich als nachhaltiger und überlebensfähiger erweist.

Mehr neue Konzepte, mehr Möglichkeiten. Ein Wettstreit der Ideen. Mehr Entrepreneure bringen neue Gedanken, neuen Wind. Das wiederum bringt mehr positiven Wettbewerb, mehr Wettstreit der Köpfe, macht Wirtschaft und Gesellschaft facettenreicher – und erhöht das Spektrum zukunftsfähiger Alternativen.

Mehr Opposition –
die Anstöße kommen von außen

Wenn es um neue Technologien geht, ist es allgemein akzeptiert, dass die damit aufgeworfenen gesellschaftlichen Fragen nicht den Ingenieuren und Forschern alleine überlassen werden können. Weil es immer auch Fragen der Risiko- und der Folgenabschätzung gibt, die von den Betroffenen anders beantwortet werden als von den Handelnden. Nicht alles, was machbar ist, macht die Welt besser. Für die Ökonomie trifft das in verstärktem Maße zu: Nicht alles, was Profit maximiert, macht die Welt lebenswerter. Wir profitieren eher, wenn es mehr Opposition gibt, mehr Alternativen.

Ja, werden Sie antworten, aber auch im jetzigen System gibt es mannigfaltige Alternativen. Eher mehr, als wir überhaupt überblicken können. Doch es sind Alternativen innerhalb der vorhandenen Denkmuster der etablierten Akteure, nicht außerhalb davon.

Lassen Sie mich dies am Beispiel der Teebranche verdeutlichen, wie sie vor der Gründung der Teekampagne aussah. Es gab eine große Zahl von Teeläden im ganzen Land, und es gab eine Vielzahl an Produkten, an Sorten, an Verpackungen. Also kein Mangel an Tee und seiner Vielfalt. Und doch bewegten sich alle innerhalb eines ganz bestimmten Systems. Eines Systems, das Tee für den Verbraucher teuer machte, den Produzenten nur einen Bruchteil des Erlöses abgab und von wenigen, aber mächtigen Importeuren dominiert wurde.

Dann kam die Teekampagne. Und mit ihr traten andere Koordinaten in den Vordergrund, man könnte sagen, ein anderes Wertesystem. Fairer Umgang mit den Erzeugern, Abbau des Chemieeinsatzes und seiner Rückstände, Mittel für Wiederaufforstung, Kampf gegen die Verfälschung des Darjeeling-Tees, mehr Transparenz. Ein Teil dieser neuen Koordinaten war im alten System schlicht unvorstellbar: die Offenlegung der Kalkulation etwa oder der offensive statt beschwichtigende Umgang mit Chemierückständen. Auch die Rückverfolgbarkeit des Inhalts jeder einzelnen Teepackung ist den Fürsten mit ihren raffinierten Teemischungen kein Thema. Der andere Teil der Koordinaten hätte im alten System das Produkt erheblich verteuert: Die »Kosten« des fairen Handels etwa, der biologisch-organische Anbau, das Engagement für Wiederaufforstung oder das Beharren auf 100 Prozent reinem Ursprungstee, statt unterzumischen.

Um zu verhindern, dass sich unser Tee massiv verteuert und wir durch den hohen Preis nur eine Existenz am Rande des Marktes spielen würden, haben wir uns Gedanken gemacht, welche Einsparungen man vornehmen kann, um den Tee auch preislich attraktiv zu machen. Wenn man so will: fairer Handel auch für den Konsumenten. Nicht den Preis vervielfachen zwischen Plantage und Verbraucher. Wo also kann man einsparen, ohne gegen seine eigenen Werte zu verstoßen?

Wir haben uns radikal auf eine einzige Sorte Tee beschränkt. Damit aber konnten wir so große Einkaufsmengen generieren, dass es möglich wurde, die vielen etablierten Handelsstufen zu überspringen und an der Quelle einzukaufen. Erst diese Einsparungen öffneten den Weg, einen Spitzentee für alle erschwinglich zu machen und Einfluss auf den Markt zu nehmen.

Im alten System gab es niemanden und nichts, was die spätkoloniale Architektur des Handels infrage gestellt hätte. Der Anstoß kam nicht aus dem etablierten Teehandel, sondern von außen. In unserem Falle aus der Universität.

So wie Fair Trade nicht im konventionellen Handel entstand und das Carsharing nicht in der Automobilindustrie. Auch der Gedanke von Nachhaltigkeit hatte nicht seinen Ursprung in den Konzernzentralen von Nestlé, Siemens oder Shell, der Umschwung zu dezentraler Stromproduktion nicht in den Planungsabteilungen der Stromkonzerne. Von der Diskussion um die Gefahren der Kernkraft ganz zu schweigen.

Sicherlich, manchmal gibt es auch *innerhalb* des Systems kluge und vorausdenkende Köpfe, die erkennen, dass Weiterentwicklung innerhalb des gesetzten Rahmens nicht ausreicht – dass man selbst das System von innen heraus erweitern muss und nicht darauf warten sollte, von außen attackiert zu werden.

In den 1970er-Jahren war Herbert Gruhl ein solcher Kopf innerhalb der CDU. Er hätte der Partei frühzeitig den Weg zu einer ökologischen Orientierung weisen können.

Daniel Goeudevert versuchte es innerhalb der Autoindustrie. Anfang der 1990er-Jahre hätte er aus dem Vorstand des VW-Konzerns heraus den Übergang vom Autobauer zum Mobilitätsdienstleister einleiten können, 20 Jahre früher, als es dann schließlich passierte. Doch der VW-Aufsichtsrat entschied sich damals dagegen, dem Systemdenker Goeudevert zu folgen und ihm die Konzernleitung weiter anzuvertrauen. Goeudevert stieg kurz danach für immer aus der Autobranche aus.

Tim Renner war ein solcher Kopf innerhalb der Musikindustrie. Als Programmmanager der Plattenfirma Polydor hatte er schon 1993 erkannt, welche Gefahren dem Geschäftsmodell der Branche durch die Entwicklung des Internets drohten und wie sich gerade durch die Individualisierung auch neue Chancen für die Musikindustrie ergeben. Doch, so Renner, bei den Konzernchefs drang er nicht durch: »Nichts von unseren Ideen wurde vom Management akzeptiert.« Der Chef der Rechtsabteilung unterbrach Renner damals mit dem Zuruf: »Das ist doch Kommunismus!« Renners Antwort: »Nein, das ist Demokratie.«[111]

Drei Beispiele für brillante Köpfe mit weit vorausschauenden Konzepten und einem Gespür für notwendige Veränderungen – drei Beispiele dafür, wie diese Anläufe gescheitert sind. Ein Standardschicksal von Vordenkern in großen Bürokratien.

Seien wir also skeptisch gegenüber dem aristokratischen Ansatz der Herrschaft der wenigen. Demokratisch funktionierende Strukturen sind besser. Weil es Opposition gibt, weil Alternativen aufgezeigt werden, weil mehr Transparenz entsteht. Opposition ist etwas, das sich die jeweils Regierenden gefallen lassen müssen. Es ist Teil des demokratischen Prozesses. Und das sollte für die Fürsten der Wirtschaft ebenso gelten.

Die Entrepreneure, die hier als neue Kraft gesehen werden, sind die Opposition zur real existierenden Ökonomie. Und wie jede politische Opposition sollte auch diese eines Tages in der Lage sein, selbst die Mehrheit zu stellen und Richtungsentscheidungen maßgeblich zu beeinflussen.

Politik sei ein schmutziges Geschäft, denken nicht wenige Menschen. Und für Wirtschaft gelte das erst recht. Eine fatale Haltung, eine *self-fulfilling prophecy*. Wenn wir die Welt der Wirtschaft allein den Geschäftemachern überlassen, müssen wir uns nicht wundern, was dabei herauskommt. Gerade diejenigen von uns, die den Inhalten und Ergebnissen unserer Wirtschaftsweise kritisch oder ablehnend gegenüberstehen, sind gefragt. Wer sonst sollte als *change agent* infrage kommen?

Wenn wir vor unseren Augen Revue passieren lassen, welchem Berufsstand wir am wenigsten zutrauen würden, unternehmerisch erfolgreich zu werden, fällt unsere Auswahl vermutlich auf den des Philosophen. Er scheint am wenigsten jene Fähigkeiten mitzubringen, die wir erfolgreichen Entrepreneuren zuschreiben. Erstaunlich, dass schon der erste Philosoph des Abendlandes uns eines Besseren belehrt.

Thales von Milet. Der unternehmerische Philosoph

Thales (circa 624 bis 547 vor Christus) war Philosoph, Mathematiker und Astronom. Seine Mitbürger verspotteten ihn, dass er trotz seines Ansehens arm geblieben sei und seine Philosophie offenbar zu nichts Praktischem tauge. Das wollte er nicht unwidersprochen lassen. So mietete er im Winter, als niemand an die nächste Olivenernte dachte, sämtliche Ölpressen. Als die Zeit der Ernte kam und viele Pressen gebraucht wurden, konnte er seine vorweg gemieteten Pressen so teuer verpachten, dass er viel Geld damit verdiente. Ein temporäres Unternehmen – aber höchst lukrativ.

Thales wollte nicht hinnehmen, dass ein Philosoph zu unfähig sei für so etwas wie Ökonomie. *Er unternahm etwas.* Es war seine Bildung, sein offener Blick auf seine Umwelt – und eben auch auf die Ökonomie –, die wohl den Ausschlag gab. Die ihn erkennen ließ, dass der Preis der Ölpressen ein zyklisches Phänomen war, das sich an den Jahreszeiten ausrichtete.

Nehmen wir Thales als Vorbild. Wir können Ökonomie. Und zwar besser. Weil wir offener sind, sensibler, und mehr Dimensionen wahrnehmen als nur Profit.

Die Philosophie als Liebe zur Weisheit sieht den Besitz von Geld nicht als hohes Ziel. Thales unterlag nicht der Magie der Nullen. Er mutierte nicht zum Profit maximierenden Geschäftsmann, trotz seines Erfolgs. Für Philosophen, so Aristoteles, sei es ein Leichtes, reich zu werden, wenn sie dies wollten. Es sei aber nicht das, was sie wollen.[112]

Deshalb: Schließen Sie sich nicht aus! Eine »Kultur des Unternehmerischen« im oben dargelegten Sinne braucht ausdrücklich Menschen, die andere Sichtweisen und Inhalte einbringen. Wir brauchen nicht auf ein neues System zu warten. Wir können heute beginnen. Hier und jetzt. Aktive Teilhabe am wirtschaftlichen Geschehen ist möglich geworden. Für fast alle von uns.

Die bessere Ökonomie können wir gestalten – ob wir den besseren Menschen schaffen, ist eine andere Frage. Ja, wir brauchen auch ein neues Bewusstsein. Die Probleme, warum wir es brauchen, werden mit jedem Tag deutlicher. Aber warten, bis dieses Ziel erreicht ist?

Entrepreneure als Agenten des Wandels

Die Betriebswirtschaftslehre ist nicht nur kein Fach für Fantasie, sie ist auch keine Disziplin, die besonders befähigen würde, in die Zukunft zu sehen. Im Gegenteil. Ihr Augenmerk ist nach innen gerichtet. Sie ist aus dem Bedarf nach effektiver Organisation von Großunternehmen entstanden: Daten aus den Unternehmen und den Märkten zu erheben und aus Zahlenwerken Schlüsse zu ziehen. Dafür ist die Betriebswirtschaftslehre gut und wichtig. Ökologische oder soziale Fehlentwicklungen früh zu erkennen und gegenzusteuern, ist nicht ihr Fokus. Das kann und soll man ihr auch nicht anlasten. Dennoch dürfen wir die Frage aufwerfen, ob wir gut beraten sind, einen so zentralen Teil der Gesellschaft wie die Wirtschaft weitgehend Betriebswirtschaftlern zu überlassen.

Bei oberflächlichem Hinsehen sieht es so aus, dass die unangepassten, die kreativen, die künstlerischen Menschen mehr oder weniger stark gegen Ökonomie eingestellt sind. Genauer betrachtet muss das nicht richtig sein. Die Popularität, die *Social Entrepreneurship* in letzter Zeit gewonnen hat, deutet darauf hin, dass das Interesse an und das Verständnis für unternehmerisches Denken und Handeln durchaus vorhanden ist, aber die Formen und Denkweisen der konventionellen Ökonomie auf Ablehnung stoßen.

Gegenüber dem politischen hat das ökonomische Engagement nicht zu unterschätzende Vorteile. Wir brauchen keine Mehrheiten, um etwas bewegen zu können. Gerade unangepasste Menschen, Querköpfe oder Idealisten tun sich auf diesem Gebiet oft schwer. Aber als Entrepreneur brauche ich nicht auf Mehrheiten zu warten. Wenn Sie in einer Partei, Organisation oder Initiative mitarbeiten und sich an den Konventionen und Mainstream-Ideen zerreiben: Werden Sie Entrepreneur! Zeigen Sie Ihre Alternative. Führen Sie sie vor. Machen Sie sie sinnlich erfahrbar. Kunden für eine kleine, überschaubare Sache zu finden, ist leichter, als Menschen von großen gesellschaftlichen Neuentwürfen zu überzeugen.

Alternativen sinnlich erfahrbar zu machen, hat eine ganz eigene Qualität. Argumente allein bleiben abstrakt. Reizen zu Gegenargumenten. Neues dagegen zu erfahren und mit allen Sinnen erfassen zu können, hat viel mehr Überzeugungskraft.

Meine Mutter Else engagierte sich in den 1950er-Jahren aktiv für die Hausfrauen unserer Kleinstadt. Der Verein war eine Art Hort, in dem sich die Frauen gegenseitig ihr Leid klagten. Irgendwann hatte meine Mutter die Nase voll davon. Sie packte die Frauen in einen Bus. Nach Italien. Für 14 Tage. Für die Männer wurde vorgekocht.
Italien. Was sich Kleinstadtfantasie alles ausmalen konnte, was die Hausfrauen dort anstellten. Und die Männer zu Hause, allein am Tisch, nachdem sie das Essen aufgewärmt hatten. Es war ein Skandal.
Die Ehemänner drängten meinen Vater: »Du musst es der Else verbieten!« Aber Else und ihre Frauen ließen sich ihre Reisen nicht verbieten. Die sinnliche Erfahrung, dass es eine Welt außerhalb der eigenen

gibt, war stärker. Das Rad ließ sich nicht zurückdrehen. Sich ein Stück Freiheit nehmen zu können, die temperamentvolle Art der italienischen Männer, das Licht, die Farben, die pittoresken Gassen und Restaurants – diese Eindrücke veränderten das Leben der Frauen. Und das der Männer.

Das unternehmerische Engagement hat noch einen zweiten Vorteil: Sie können sich mit Ihrer Initiative auch eine ökonomische Lebensperspektive schaffen. Statt über die Geschäftspolitik der Konzerne, über Profitmaximierung und Managementgehälter zu klagen – fangen wir an, ihnen Geschäftsfelder und Marktanteile wegzunehmen. Mit besseren Produkten. Mit mehr Produktwahrheit. Mit günstigeren Preisen statt teurem Marketing.

Um mit politischem Engagement Ihren Lebensunterhalt zu bestreiten, um eine der wenigen *bezahlten* Positionen zu ergattern, brauchen Sie wiederum Mehrheiten in Ihrer Organisation, müssen Sie Kompromisse eingehen und Abstriche von Ihrer Position machen. Mit einer ökonomischen Initiative sind Sie unabhängiger. Je radikaler es Ihnen gelingt, die ökonomischen und nicht ökonomischen Vorteile Ihrer Initiative herauszuarbeiten, desto höher liegen Ihre Chancen auf Erfolg. Wenn Sie also bisher mit Ihrer Initiative nicht den Anklang finden, den Ihre Idee verdient: Werden Sie Entrepreneur!

Unsere Ökonomie läuft in eine Sackgasse. Ist es angesichts dieser Situation nicht angemessen und legitim, die Frage nach anderen Akteuren zu stellen? Nach *change agents*, die handlungsfähig geblieben sind, die Alternativen erkennen und umsetzen? Mit dem Wort »Sackgasse« entsteht ein Bild, das den Ausweg zunächst nur als Umkehr, als Zurückfahren möglich erscheinen lässt. Kreative Menschen werden aber viele Möglichkeiten denken und erproben – und andere Alternativen finden. Steht eine Mauer im Weg, kann man sogar auf historische Vorlagen zurückgreifen. Über die Mauer klettern. Einen Lastwagen mit Stahlplatten armieren und durch die Mauer brechen. Tunnels bauen. Mit einem Ballon über die Mauer fliegen.

Oder den demokratischen Weg gehen – aktiv, mutig, gemeinsam – und die Mauer zum Verschwinden bringen.

Wer können die *change agents* sein?

Der Kapitalismus sei ein lernfähiges System, heißt es. Ist es »der Kapitalismus«? Nein – es ist sein Motor: die Unternehmer. Aber auch davon nur ein kleiner Teil. Besinnen wir uns auf Schumpeter. Er unterscheidet die Verteidiger, die »Wirte«, diejenigen, die sich im Markt etabliert haben und Besitzstände bewahren wollen, von den »Angreifern«, denjenigen, die mit Innovationen, zuweilen radikalen Innovationen, die Besitzstände der Etablierten attackieren. Wir nennen sie Entrepreneure.

Sie sind die eigentlich bewegenden Kräfte, die eigentlich verändernden Kräfte im Getriebe der Ökonomie. Dieser kleine Kreis von Agenten des Wandels ist es, der neu formt und neu gestaltet. Sie sind es, die nicht einfach nur Kunden befragen, sondern in Dimensionen der Zukunft denken. Wir können ihnen zutrauen, Probleme zu erkennen und auf sie zu reagieren. Mit innovativen Lösungen. Gehen wir in diesen Kreis hinein. Aber bringen wir unsere eigenen Werte und Ideen mit.

Man kann auch im Seins-Modus Geld verdienen. Muss es sogar. Sich den Lebensunterhalt zu verdienen, ist eine Grundbedingung. Zugleich ist es hilfreich, wenn es sich um Menschen handelt, die ihren ökonomischen Lebensunterhalt nicht dem Zwang der Gewinnmaximierung aussetzen wollen, die stattdessen ihr Ideenkonzept in den Mittelpunkt stellen und eigene Ideenkinder in die Welt setzen. Die sich für ihre Kinder einsetzen und ihnen helfen, tüchtige, lebensfähige Erwachsene zu werden. So wie man es mit seinen eigenen biologischen Kindern auch tut.

Unsere Vorstellungen von Business sind überholungsbedürftig. Wir sind viel zu befangen in Bildern von »Geschäftsleuten«, Ellenbogenverhalten und unfairen Praktiken. Lassen wir uns nicht länger einschüchtern. Lassen wir uns nicht einreden, die Welt der Wirtschaft sei zwangsläufig eine

Welt der Ellenbogen, der Ego-Riesen, der Geschäftemacher. Machen wir es anders. Anders? Soll heißen: Ganz normal, wie normale Menschen miteinander umgehen. Wie wir mit unseren Freunden und Bekannten, mit unseren Nachbarn, mit jedem, dem wir unvoreingenommen begegnen, umgehen.

Wenn Business *nur* Business ist, dann ist es auch im Sinne von Business kein gutes Business. Klingt nach Karl Valentin, trifft aber den Kern. Business, das Sinn macht, ist das bessere Business.

Das Thema Entrepreneurship ent-heroisieren

Ist es jedem Menschen gegeben, Entrepreneur zu sein? Legen wir die Latte nicht allzu hoch? Jedenfalls für einen großen Teil unserer Mitmenschen? Ich würde die Frage anders stellen: Was ist so außergewöhnlich am Unternehmerischen? Ist »etwas unternehmen« nicht eine Selbstverständlichkeit? Wo liegt der Unterschied, ein Fest zu organisieren, sich auf einen Marathon vorzubereiten oder ein kleines Unternehmen zu gründen?

Es ist an der Zeit, das Thema Entrepreneurship zu ent-heroisieren. Man muss nicht Betriebswirtschaftslehre beherrschen. Eine alleinerziehende Mutter mit zwei Kindern hat oft mehr Organisationsfähigkeiten als so mancher Master of Business Administration (MBA). Sie wird kein Großunternehmen managen können – etwas, wofür die BWL geschaffen wurde. Aber für eine einfache, überschaubare Gründung reicht es allemal. Ein ungenutztes Potenzial unserer Gesellschaft.

Man muss nicht sein Leben, seine Haltung, seine Überzeugungen ändern, um Entrepreneur zu werden. Es reicht, zu erkennen, dass Entrepreneurship heute fast jedem Menschen zugänglich geworden ist und dass man ein Unternehmen gründen und betreiben kann, ohne sich verbiegen, ohne seine Verhaltensweisen und Werte aufgeben zu müssen.

Entrepreneurship für viele –
statt Neuauflage des Mythos vom »Marschallstab im Tornister«

Viele reden vom *next big thing*. Tun *Sie* es nicht. Die Wahrscheinlichkeit, dass einer von uns ein Unternehmen mit einer Milliarde Euro Umsatz schafft, ist ziemlich gering. Ein Lottohauptgewinn ist wahrscheinlicher. Ein solches Versprechen wäre nichts anderes als die Neuauflage des Mythos vom »Marschallstab im Tornister«. Um als Gründer so erfolgreich zu sein, müssen viele Bedingungen zusammenkommen. Denken Sie an Bill Gates oder Steve Jobs. Zur richtigen Zeit am richtigen Ort zu sein (was sich fast immer nur im Nachhinein herausstellt – nicht dort, wo die Mehrheit gerade hinrennt). Die richtigen Menschen um sich zu haben, neue Technologien frühzeitig zutreffend beurteilen zu können, den richtigen Weg zu erkennen, und zwar bevor andere es tun. Ziemlich unwahrscheinlich, dass ausgerechnet Sie es sind. Und muss es denn gleich der Marschallstab sein? Geht es nicht auch eine Nummer kleiner? Dafür aber erfolgversprechender?

Wenn wir uns die Milliarde dagegen in kleinen Portionen vorstellen – sagen wir in 100 000er-Portionen –, wird es sehr viel realistischer. Sich auf ein Produkt zu konzentrieren, ein gutes Angebot auszuarbeiten – damit liegen Sie auf der sichereren Seite. Wenn 10 000 Menschen das tun und jeder 100 000 Euro Umsatz einfährt – was keine so ganz große Sache ist, denken Sie an den Studenten mit seinem Olivenöl –, dann sind wir schon bei einer Milliarde Umsatz. Die vielen »Kleinen« können durchaus, wenn sie einfach und schlank gründen, sogar weiter ihrer bisherigen Beschäftigung nachgehen. Ihr Risiko ist begrenzt. Im Grunde genommen können sie es zunächst als Hobby betreiben (und es ist zweifellos spannender als viele der Hobbys, denen wir sonst frönen) und erst dann ganz »ernst« machen, wenn der Proof of Concept vorliegt. Einen Umsatz von 100 000 Euro erhalten wir mit 100 Kunden, die für 1000 Euro im Jahr kaufen, oder – vielleicht realistischer – 400 Kunden, die für 250 Euro bestellen.

Ein solches Szenario hat mehrere Vorzüge:

1. Es partizipieren viel mehr Menschen (mit positiven Folgen für die Ein-
kommens- und Vermögensverteilung).
2. Ein Ziel von 10 000 Menschen ist nicht außer Reichweite. Auch wenn
wir die ganze Rechnung um den Faktor Zehn verringern, also nur
von 1000 Menschen ausgehen, schaffen wir einen Umsatz von immerhin 100 Millionen Euro.

Vergessen wir nicht, es geht um ein geglücktes Leben

Ob der Aufbau eines Milliarden-Umsatz-Unternehmens Sie glücklich
werden lässt oder Ihre Partnerschaft, Ihre Beziehungen und Ihre Gesundheit ruiniert, mag jeder für sich beurteilen. Mit vielen anderen
Menschen dagegen an einem gemeinsamen Ziel zu arbeiten, wobei jeder
für sich sein eigenes zu seiner Person stimmiges Projekt realisiert, scheint
mir in Sachen Glück etwas plausibler.

Früher habe ich die Bemerkung von Peter Sloterdijk über die »Klasse
der Kapitalbesitzer und Unternehmer, die mit verheerend progressiver
Energie alle stationären Verhältnisse in die Luft sprengen und sämtliche
soliden Zustände verdampfen lassen« als negativ gesehen. Als anti-inno-
vatorisch, anti-entrepreneurial, kontra Schumpeter. Heute bin ich mir
nicht mehr so sicher. Innovation um der Innovation willen? Ist alles Unternehmerische wirklich gewinnbringend? Oder ist es das nur für den
Unternehmer? Das wäre ein enger Gewinnbegriff. Zu eng, wenn man
unseren kleinen Planeten mit ins Auge fasst. Zu eng vielleicht auch für
den Unternehmer selbst. Wer nur an sich denkt, weckt wenig Sympathie.
Wir erkennen heute, dass Sympathie eine wachsende Rolle spielt.

Sympathie hat etwas mit Fairness zu tun. Im Sport ist Fairness längst
ein selbstverständlicher, von allen anerkannter und akzeptierter Begriff.
Wettkampf unter fairen Bedingungen wurde schon im griechischen
Olympia praktiziert. Warum sollte dies nicht auch in der Wirtschaft
möglich sein? Im Handel ist Fair Trade auf dem Vormarsch. Und, das
muss man fairerweise sagen, auch außerhalb des Bereichs der Fair-Trade-
Organisationen. Ein gutes Beispiel macht eben Schule. Nein, nicht überall, aber doch mehr als vorher. Kein Händler will als unfair dastehen.

Dabei ist Fairness alles andere als ein selbstverständliches Gut. Es reicht nicht, Fairness als wertvolles Gut zu postulieren. Wir müssen sie auch durchsetzen. Es braucht Initiative. Fairen Handel zu fordern, half wenig. Man musste es *tun*. Die Redeweise von der Verschlechterung der *Terms of Trade* zuungunsten der Entwicklungsländer war jahrzehntelang ein Topos in den Wirtschaftswissenschaften. Es brauchte die Initiative von Menschen, ein Konzept daraus zu machen, das praktisch umsetzbar, sinnlich erfahrbar war und funktionierte. Erst dann änderte sich etwas. Erst dann verstummte das Argument, fairer Handel sei eine Utopie. Ja, es waren Menschen von außerhalb. Kurz: *Es brauchte eine andere personelle Besetzung.*[113] Wissen über einen Tatbestand ist *eine* Sache. Etwas dagegen tun, etwas dagegen unternehmen, und zwar erfolgreich, so, dass andere mitziehen, bringt eine neue Qualität ins Spiel. »Wissen ist Macht« bleibt abstrakt, kraftlos, wenn wir es nicht formen zu »Wissen heißt: macht!«. Mischen wir uns ein, konkret, überzeugend, sinnlich erfahrbar. Zeigen wir, dass wir Ökonomie besser können.

Was ist mit den Arbeitsplätzen?

Glauben wir im Ernst, dass wir im Zeitalter von technischem Fortschritt, Globalisierung und im Zeitalter der zu Ende gehenden Ressourcen, also der Notwendigkeit zu weniger Konsum, wirklich mehr Arbeitsplätze schaffen können? Wäre es nicht angebrachter, mit uns wie mit Erwachsenen zu sprechen und zu sagen, dass wir immer weniger traditionelle Arbeitsplätze vorfinden werden.

Was kommt danach? Die Wut derjenigen, die im Hamsterrad rennen und die Arbeitslosen als faul und Nichtstuer abqualifizieren? Die Angst der Stadtkämmerer, die ihre Steuersäckel kontinuierlich schrumpfen sehen? Leer stehende Fabriken und Einzelhandelsgeschäfte, Verödung ganzer Stadtteile und Regionen? Alles ein Skandal? So kann man es abtun. Aber es wird ein ziemlich dauerhafter Skandal werden, und das mit zunehmender Dramatik.

Sie merken: Auch Entrepreneure können keine Lösung für ein Problem aus dem Hut zaubern, das auf einer ganz anderen Ebene liegt. Sie sind nicht die Reparateure eines nicht zukunftsfähigen Modells, des quantitativen Wachstumsmodells. Sie können allerdings Wegbereiter sein in einen anderen Zustand. Sie können eine Brücke bauen, wo derzeit nur ein Abgrund droht. Es ist die Differenz zwischen quantitativem Wachstum – einem Mehr an Konsum – und einem geglücktem Leben, die uns interessiert. Diese Diskrepanz ist der Stoff, an dem unsere Träume ansetzen. Für eine zukunftsfähige, sinnstiftendere Ökonomie.

Wir wissen längst, dass in einer übervölkerten Welt mit endlichen Ressourcen die Idee des Expansionismus überholt ist. Aber wenn es praktisch wird, vor allem wenn das Gespenst Arbeitslosigkeit – »dann haben wir ja noch weniger Arbeitsplätze« – sichtbar wird, sind die zarten, guten Ansätze wie weggeweht.

»Ein neues Zeitalter kann beginnen, wenn die alten Illusionen zu Grabe getragen werden«, sagt Arthur Miller. Der Teufel tritt heute nicht mehr mit Hörnern und Schwanz auf, sondern in Gestalt des Begriffs »Arbeitslosigkeit«. Ein Menschheitstraum, nicht mehr so viel arbeiten zu müssen, verkehrt sich zur Geißel. Jedenfalls glauben die meisten von uns das.

Die Geschichte von der Neugier und dem Segen der Götter

Stellen wir uns ein Dorf vor. Irgendwo auf der Welt. Nichts Außergewöhnliches. Normale Menschen, darunter ein paar, die sich die Neugier bewahrt haben.

Die Geschichte ist einfach. Alle Einwohner müssen arbeiten, um ihren Lebensunterhalt zu erwirtschaften. Im ersten Jahr unserer Geschichte ist die Dorfgemeinschaft voll beschäftigt. Ein paar Einwohner des Dorfes haben Spaß, nach Feierabend lustige Ideen zu spinnen. Darunter auch welche, die die Arbeit, die sie tagsüber tun, vereinfachen. Darunter sind auch ein paar Einfälle, die sich tatsächlich praktisch umsetzen lassen. Nehmen wir an, dass sich damit im nächsten Jahr zwei Prozent der Arbeit einsparen lassen. Was passiert? Im zweiten Jahr unserer Geschichte sind nur noch 98 Prozent der Arbeit von vorher notwendig. Auch im zweiten Jahr gibt es Einfälle und Ideen, wie man Arbeit einsparen kann. Im dritten Jahr haben wir noch knapp 96 Prozent der Arbeit des ersten Jahres. So geht es jedes Jahr weiter. Den Dorfbewohnern fällt auf, dass sich etwas verändert. Immer mehr freie Zeit steht ihnen zur Verfügung.

Wie werden sie mit der neuen Situation umgehen? Die Vermutung liegt nahe, dass die Bewohner sich freuen, dass sie jedes Jahr weniger arbeiten müssen. Allerdings kann es sein, dass es Streit gibt. Wer kommt in den Genuss der gewonnenen Freizeit? Alle Dorfbewohner gemeinsam? Oder werden sie debattieren, nach welchen Kriterien Freizeit verteilt wird? Etwa mehr Freizeit für Alte und Kranke? Es sieht alles danach aus, dass man eine verträgliche Lösung findet für das Geschenk des Himmels, jedes Jahr weniger arbeiten zu müssen. Dass man einfallsreich damit umgeht, weniger arbeiten zu müssen. Schließlich gibt es ganz andere Probleme als solche angenehmen der zusätzlichen Muße und freien Zeit.

Eines Tages geschieht etwas Unerwartetes. Ein Fremder tritt auf den Plan. Sei es, dass er glaubt, dass Gott die Menschen züchtigen wolle und zu harter Arbeit verdammt hätte, sei es, sein handlungsleitendes Interesse ist es, dass er sich einen Vorteil davon verspricht, die freie Zeit der Dorfbewohner zum Verschwinden zu bringen. Wie kann er seine Intentionen durchsetzen? Er kann die Genügsamkeit der Dorfbewohner karikieren und ihnen versprechen, dass sie mit mehr Konsum glücklicher werden. Er kann auch versuchen, die Qualität der Produkte, die im Dorf hergestellt werden, zu sabotieren. Dann braucht man mehr von der gleichen Sache, oder es verdirbt leichter, oder die Häuser der Dorfbewohner müssen öfter repariert werden. Bleibt zu hoffen, dass die Dorfbewohner einen klaren Blick behalten und den Bösewicht aus dem Dorf hinauswerfen. Ein Blick in die Geschichte scheint zu zeigen, dass das in vielen Fällen auch der Fall war. Die Menschen akzeptierten ihr Glück, feierten Feste über die gute Ernte, dankten den Göttern, damit die ihnen auch weiterhin ein gutes Leben und noch mehr Arbeitserleichterungen gönnten.

Der technische Fortschritt führt dazu, dass die lebensnotwendigen Güter mit immer weniger Arbeitskraft hergestellt werden können. Das bietet die Chance, den Zuwachs an Freiheitsräumen mit Dingen zu nutzen, die die alte Ökonomie für nicht lebensnotwendig hielt, die aber unter

Betrachtung einer Bedürfnispyramide, die über Grundbedürfnisse und materiellen Konsum hinausweist, erstrebenswert sind. Heute haben wir ein größeres Gesundheitswesen, ein umfangreicheres Bildungssystem und mehr Zeit für Tätigkeiten, die dem kulturellen Bereich zuzurechnen sind.

Vielleicht haben wir mit dem Begriff von »Arbeit« – geprägt aus unserer Geschichte – viel zu sehr *materielle* Ausprägungen vor Augen und können uns etwas anderes kaum vorstellen. So wie man eben früher glaubte, die Landwirtschaft sei die wichtigste Quelle der Wertschöpfung.

Zugegeben, keine Generation vor uns stand vor der Aufgabe, die Freisetzung von Arbeit in sinnvolle und von allen Teilen der Gesellschaft akzeptierte Bahnen zu lenken. Ein Luxusproblem eigentlich. Aber wir scheinen an dieser Aufgabe zu scheitern.

Nur weil wir mit dem Segen der Freisetzung von Arbeitskraft nicht umgehen können, opfern wir auf dem Altar des Wachstums unsere Werte von Sparsamkeit, Bescheidenheit und Maß, vom Auskommen mit den vorhandenen Ressourcen. Ja wir sind sogar bereit, die Zukunft unseres Planeten zu riskieren.

Den Seins-Modus attraktiver machen – mit unternehmerischen Initiativen

»Durch Geld ist noch niemand reich geworden«, so der römische Philosoph Seneca.

Wenn ich mir Dinge leiste, vor allem, wenn ich sie vorführe, die sich andere nicht leisten können, was kann ich dann erwarten? Dass ich bewundert werde? Glauben wir das im Ernst? Wir werden beneidet werden. Wir werden eine Reihe von negativen Gefühlen evozieren. Ein paar Dummköpfe vielleicht, die uns bewundern, aber auf die können wir verzichten.

Eine vernünftigere Lebensform, ein angemessener Umgang mit Konsum, ein Leben in Einklang mit den vorhandenen Ressourcen wird kommen. Die Frage ist nur: Durch Einsicht oder durch den Zwang der Umstände? Das heißt nicht, mittelalterliche Demut zu predigen und die Menschen zu bewegen, sich mit ihrem Schicksal abzufinden. Im Gegenteil. Die Ökonomie in die eigene Hand zu nehmen, eigenes unternehmerisches Handeln an die Stelle abhängiger Beschäftigung zu setzen.

Unser Bildungssystem versagt an dieser Stelle. Unternehmerisches Handeln kommt im Zweifel gar nicht vor. Das Mittelalter lebt fort in den Bildungseinrichtungen in dem Sinne, dass die abhängige Beschäftigung unser Schicksal ist. Zu Höherem, so scheint es, sind wir nicht geboren. Das sei denen vorbehalten, die über Kapital verfügen, die Genies, Glückspilze oder raffgierige Ellenbogenmenschen sind. Unsere Zukunft liege in einem Beruf. Zugegeben, wir sind ein bisschen fremdbestimmt, aber dafür haben wir ja die Erfüllung in Familie und Freizeit. Work-Life-Balance. Da liegt unser Glück.

Es ist eine Lebenslüge. Meistens. Abhängige Beschäftigung bleibt abhängige Beschäftigung. Der Rahmen ist eng. Auch der Ausgleich in Familie und Freizeit wird fraglicher.

Der Entrepreneur modernen Typs setzt auf weniger

Von allen Lebewesen ist nur dem Menschen das schöpferische Potenzial gegeben. Heute benötigen wir es dringender denn je, weil ein Fortschreiben der momentanen Entwicklung uns in die Katastrophe zu führen droht. Wir brauchen nicht mehr, sondern bessere, intelligentere Produkte.

80 Prozent Einsparung von Ressourcen müssen das Ziel sein, sagen verantwortungsbewusste Ökologen. Die Aufgabe kann daher nicht mehr heißen, neue Produkte zu erdenken und auf den Markt zu werfen, sondern die Bedingungen zu schaffen, unter denen man auf die Produkte verzichten kann. Die Frage lautet: Was können wir weglassen? Wo können wir Dinge radikal vereinfachen? Wie können wir sparsamere Lösungen attraktiver machen?

Wir würden das Falsche perfektionieren und es dann Umwelttechnik nennen, sagt Michael Braungart, Verfahrenstechniker und Chemiker.[114]

Unsere heutige Produktwelt sei primitiv. Wir stellten Dinge her, die voller Schadstoffe seien.

»Ein Werbeprospekt, gedruckt in Malaysia, erhält rund 90 giftige krebserzeugende Substanzen. Er landet in unserem Altpapier und wird wiederaufbereitet. Die giftigen Chemikalien landen dann in Schlamm und Schlacke und am Ende als Füllstoff in Kartons. Das Mistzeug, einmal in der Welt, vergiftet also am Ende unsere Pizzapackung und unsere Adventskalender.«[115]

Braungart will gute Produkte machen. Ohne Schadstoffe. Die entweder als unproblematischer Kompost enden oder als wertvoller, sortenreiner Rohstoff wiederverwendet werden können. Damit die Rohstoffe auch wirklich zurückgeführt werden, sollten Waren besser geliehen statt gekauft werden, mit einer Rücknahmepflicht der Produzenten. Wenn die Hersteller ihr Material zurückbekämen, würde es sich für sie auch lohnen, hochwertige Stoffe zu verwenden.

Vor wenigen Jahren hat Braungart gemeinsam mit Philips einen Fernseher entwickelt, der nicht nur zwei Drittel weniger Strom verbraucht, sondern auch kein PVC und Flammschutzmittel enthält. Dadurch hätte Philips den Fernseher deutlich preiswerter auf den Markt bringen können. Aber was ist passiert? Philips verkaufte das Gerät 200 Euro *teurer*.

Würden *wir* in der gleichen Situation nicht auch so handeln? Also korrumpierbar sein? Weil wir ja unseren Gewinn damit erhöhen können? Also im Zweifelsfall eben auch so handeln wie die meisten Unternehmen? Eine gute Frage. So wie es Sonja, die Studentin, befürchtete: »Dann werde ich ja auch so ein Schwein!«

Würden engagierte Bürger, die mit politischen Mitteln versuchen, ihre Ziele umzusetzen, umfallen, nur weil sie einen Geldgewinn aus ihrer Aktion erzielen können? Ich kann das nicht erkennen. Warum sollten sie ihre Ziele ändern? Nur weil sie statt mit politischen Mitteln jetzt mit den Mitteln einer, sagen wir, *unternehmerischen Bürgerinitiative* arbeiten? Es ist nicht selbstverständlich, dass der Profit den Fahrersitz einnimmt.

Es spricht vieles dafür, dass wir in Zukunft mit weniger materiellem Konsum auskommen müssen. Die Kunst wird wahrscheinlich darin bestehen, das Weniger so attraktiv zu machen, dass die Menschen es annehmen. Gerne annehmen. Eine absolut neue Aufgabe für Ökonomen. Weil bis heute in den meisten Köpfen die Vorstellung des Mehr als Glücksbringer sitzt.

Zukunftsfähiges Entrepreneurship setzt auf weniger. Weniger Belastung durch Wartung und Reparatur, weniger Stress beim Umzug, weniger Neukäufe durch längere Haltbarkeit, geringere modische Abhängigkeit durch selteneren Modellwechsel.

Schaffen wir zeitlose Designs, seien wir stolz darauf, gerade *keinen* Modellwechsel zu propagieren.

Sagen Sie nicht, das sei eine utopische Forderung. Die Teekampagne hat seit 30 Jahren das gleiche Design und die gleichen Produkte. Ich bin fest davon überzeugt, dass dies einen Teil unseres Erfolges ausmacht. Eine gegebene Menge an Bedürfnissen so exzellent wie möglich zu befriedigen, statt immer mehr und immer neue Bedürfnisse herauszukitzeln.

Eine Ökonomie, die sich den Herausforderungen der Zukunft stellt, kann es sich zur Aufgabe machen, die Bedürfnisse des Schlaraffenlandes so exzellent wie möglich zu erfüllen – aber nicht, die Definition des Schlaraffenlandes immer weiter hinauszuschieben. (Es gäbe uns als Nebeneffekt den ökonomischen Spielraum, lieber denen zu helfen, die in Not sind, die noch nicht unsere Stufe erreicht haben, materielle Not hinter sich zu lassen.)

»Wir werden sogar mit Sicherheit dahin gelangen, dass zu Recht die Frage gestellt wird, ob es noch immer richtig und nützlich ist, mehr Güter, mehr materiellen Wohlstand zu erzeugen, oder ob es nicht sinnvoll ist, unter Verzichtleistung auf diesen Fortschritt mehr Freizeit, mehr Besinnung, mehr Muße und mehr Erholung zu gewinnen.«

Sie denken, es sei ein Zitat aus dem frühen Marx? Leider daneben! Das Zitat stammt von Ludwig Erhard aus dem Jahre 1957 aus seinem Buch *Wohlstand für alle.*

Konsum ent-materialisieren

Die Schachtel aus Goldpapier – die Geschichte vom Vater, seiner fünf Jahre alten Tochter und dem Verschwenden von Verpackungspapier.[116]

Das Geld ist knapp, und der Vater wird wütend, als sein Kind das ganze Goldpapier verbraucht, um eine Schachtel zu verzieren, die es später unter den Weihnachtsbaum legen will. Dennoch bringt das kleine Mädchen am nächsten Tag die Geschenkschachtel ihrem Vater und sagt: Das ist für Dich, Papa.

Der Vater ist verlegen, weil er am Vortag so überreagiert hatte. Er öffnet das Geschenk und wird sehr zornig, als er sieht, dass die Schachtel leer ist.

Wütend sagt er zu seiner Tochter: Weißt Du nicht, junge Dame, dass auch etwas in der Verpackung sein sollte, wenn man jemandem ein Geschenk macht?

Das kleine Mädchen betrachtet ihn mit Tränen in den Augen und sagt: »Papa, sie ist nicht leer, ich habe so viele Küsse hineingegeben, bis sie ganz voll war.«

»Wir suchen überall das Unbedingte und finden immer nur Dinge«, sagt der Dichter Novalis.

Vielleicht wird später einmal jemand sagen, der Startpunkt des entmaterialisierten Konsums liege beim Beginn des World Wide Web. Einer Epoche, in welcher der Haben-Modus zurückgetreten ist, weil die Virtualität eine viel größere Rolle spielte als bisher. Weil Virtualität in aller Regel mit Entmaterialisierung, also weniger Verbrauch an Ressourcen einhergeht.

Ein bekanntes Beispiel dafür ist Musik. Früher war Musikhören an Tonträger gebunden. Der Musikhörende war gleichzeitig auch immer Tonträgerbesitzer. Die Tonträger waren nur ein notwendiges Begleitmaterial, das mit der Digitalisierung der Musik wegfiel.

Ein weiteres bekanntes Beispiel ist die Zeitungsbranche. Zellstoffproduktion, Papierherstellung, Druck und Vertrieb fallen durch die Digitalisierung weg. Qualitativer Journalismus ist wichtig, vielleicht wichtiger als je zuvor. Aber er ist nicht notwendig an das Bedrucken von Zeitungspapier gebunden. Der Content ist das Bleibende, die bisherigen Träger verschwinden, einer nach dem anderen. Der Verkaufsladen, das Vehikel des stationären Einzelhandels, ist ebenfalls eine Trägersubstanz, die in der virtuellen Welt immer mehr wegfällt.[117]

Man kann die These aufstellen, dass in einer virtuellen Welt auch Statussymbole weniger werden. Wir kommunizieren mit unseren Freunden und Bekannten virtuell, durch Fotos oder neuen Content. Die Selfies (Selbstporträts) zeigen, wie man *ist*, zeigen die momentane Befindlichkeit; weniger, was man *hat*, welche Statussymbole man besitzt (»Wir sind zusammen, wir haben Spaß«). Sie geben Ausdruck über die eigenen Gefühle. Wichtig ist: Mit *wem* bin ich zusammen; es geht weniger um die Produkte und damit die klassischen Statussymbole.

Der Haben-Modus als Durchgangsstadium? Kommt nach Kühlschrank, Waschmaschine und allen heute praktisch selbstverständlichen Einrichtungsgegenständen ein qualitativer Sprung? Statt »Wie kann ich neue Bedürfnisse wecken, für Konsumenten, die schon alles haben?«, die Alternative zu bieten: »Wir befreien den Nutzen vom *Träger* des Nutzens.«

Das Schlagwort vom »Internet der Dinge« macht derzeit von sich reden. Wir machen es uns zu leicht, wenn wir glauben, dass uns bisher selbstverständliche Überlegungen – keine Eier mehr im Kühlschrank – abgenommen werden. Die Logik ist viel radikaler und erschließt ganz andere Bereiche. Jedes Ding wird ansprechbar. Was sich in meinem Kleiderschrank befindet und selten genutzt wird, kann mit erprobten Verfahren im Internet angeboten werden. Das Hochzeitskleid, das Ballkleid, der schwarze Anzug. Ich selbst kann zum Entrepreneur meines Inventars werden. Ich mache mit meinem Kleiderschrank das, was Airbnb mit Zimmern macht.

Damit werden interessante neue Fragen aufgeworfen. Die gängige Statistik jedenfalls wird der Vielfalt der neuen Formen einer *entrepreneurial economics* nicht mehr gerecht. Die Aufgabe lautet, unseren Reichtum intelligenter zu nutzen. Sprich unsere ungenutzten Kapazitäten, die wir häufig genug als Ballast empfinden, besser auszulasten. Das müsste eigentlich auch die Betriebswirtschaftslehre aufgreifen können. »Kapazitätsauslastung« ist doch ihr Thema – statt die Diskussion um Sinn und Zukunft in die Ecke von Esoterik oder Wunschdenken zu stellen.

Beispiel: Nutzen statt Besitzen

Es gibt viele Wege, um mit unternehmerischen Mitteln den Seins-Modus attraktiver zu machen. Die folgenden Beispiele stammen alle aus nur einem von mehreren möglichen Feldern – nutzen statt besitzen. Ein derzeit boomendes Gebiet, aber eben nur eine von vielen Möglichkeiten.

Im Jahr 2000 propagierte Jeremy Rifkin die »Access Society«, die Zugangsgesellschaft. Besitz sei schwerfällig, behauptete er. Viel intelligenter sei es, die Produkte lediglich zu nutzen. Andere nennen es die »Share Economy« oder »Collaborative Consumption«. Das Automobil ist das überzeugendste Beispiel dieser Bewegung.

90 Prozent der Autos stehen im Durchschnitt still, nur zehn Prozent werden genutzt. Jeder Betrieb würde sofort geschlossen, wenn er nur zehn Prozent seiner Kapazität auslasten kann. Liegt es da nahe, noch mehr Automobile zu produzieren? Sie sind eine der großen Zerstörer der Natur, aber auch Zerstörer der Städte. Stellen Sie sich vor, wie Ihre Straße gewinnen würde, wenn keine parkenden Autos den Straßenraum belegen würden. Spielplätze wie in meiner Kindheit. Die Straße gehörte uns. Wenn ein Wagen kam, hörten wir kurz auf zu spielen, was so alle halbe Stunde passierte, und dann spielten wir weiter. Würden Sie nicht auch heute die eigenen Kinder ganz in der Nähe haben wollen?

Glauben Sie wirklich, dass die Automobilkonzerne die Autos abschaffen oder zumindest in die Schranken weisen werden? Glauben Sie, dass die Politik, gleich welcher Couleur, die Arbeitsplätze der Automobilindustrie ernsthaft gefährden will oder könnte? Und damit in Deutschland wesentlich höhere Arbeitslosigkeit riskieren würde? Wir müssen es schon selbst tun. Mit unternehmerischen Mitteln.

Das Unternehmen StattAuto in Berlin war 1988 ein erster Anlauf. Es war pure unternehmerische Initiative, die das Problem in Angriff nahm. Von Außenseitern. Erst als immer mehr Menschen den Gedanken einleuchtend fanden, reagierten auch die Automobilkonzerne.

In der Vergangenheit verbanden wir Konsum in der Regel mit dem Besitz von Waren. Diese Art von Konsum verbraucht Ressourcen. Wer sich mit Ökologie beschäftigt, weiß, dass der *sichtbare* Ressourcenverbrauch – also das, was man dem Konsumgut ansieht – nur ein kleiner Teil dessen ist, was wirklich an Ressourcen aufgebraucht wird. Wenn wir den ökologischen Rucksack mitbedenken, ist der Ressourcenverbrauch in Wahrheit um ein Vielfaches höher. Mit intelligenten Nutzungskonzepten sieht die Rechnung dagegen viel günstiger aus. Man kann deshalb die These wagen: Früher lagen die unternehmerischen Chancen für Entrepreneure in der *Herstellung* von Produkten und Dienstleistungen, heute liegen sie – gerade für ökologisch engagierte Entrepreneure – bei der Herstellung von *Nutzen*.

Wenn wir vom Nutzen her denken, geht es auch nicht mehr um Verzicht. Man verzichtet auf nichts, wenn man vom Besitz eines Automobils auf die Nutzung umsteigt. Es ist damit kein Verzicht auf Mobilität verbunden. »Nutzen statt Besitzen« – eine erste Gruppe von Konsumenten erkennt, dass sie mit einer solchen Handlungsanleitung sogar einen Wohlstands-*gewinn* erzielt.

Brücken bauen

Wenn die Zukunft in mehr ent-materialisiertem Konsum liegt, ist es hilfreich, wenn dieses Ziel nicht nur theoretisch postuliert wird, sondern es Akteure gibt, die Brücken bauen. Die helfen, den Seins-Modus näherzubringen. Die Ideen haben, wie man den Seins-Modus attraktiver machen könnte.

Das Gegenteil davon findet im Marketing statt. Die Sehnsucht nach dem Seins-Modus, so die Autorin Barbara von Meibom[118], werde von der Werbung benutzt, um den Haben-Modus zu stimulieren. Unsere Sehnsucht nach Anerkennung, Geborgenheit und Liebe werde vom Marketing genutzt, uns auf den Kauf von Gegenständen zu lenken, deren Besitz Anerkennung und Status versprechen. Etwas so Banales wie Waschmittel, das man besser von seiner Waschleistung und den Schäden für die Umwelt her beurteilen sollte, wird mit dem Versprechen emotional aufgeladen, dass das Familienglück und die Liebe des Ehemanns mit der richtigen Markenwahl gefördert würden. Ja, man kann sogar behaupten, es werde metaphysisch aufgeladen, wenn die »Weiß-heit« und »Reinheit« in der Werbung herausgestellt werden. Während man früher von Reklame sprach, ist es der Reklameindustrie gelungen, mit dem Begriff »Werbung« einen hochemotionalen positiven Begriff an die Stelle der übel beleumdeten »Reklame« zu setzen.

Natürlich ist der Gedanke des Teilens nicht neu. Auch die Idee der Wohngemeinschaft gehörte dazu. Allerdings sind WGs in der Regel ein Beispiel dafür, wie es *nicht* gut funktioniert. Die gemeinsame Küche ist unansehnlich, der Abwasch stapelt sich in der Spüle. Die Wahrnehmung von Schmutz ist bei den Mitgliedern unterschiedlich ausgeprägt – während die einen schon anfangen, sich zu ekeln, sehen andere den Schmutz noch gar nicht (ich spreche aus 17 Jahren WG-Erfahrung).

Die eigentlich innovative Leistung liegt darin, das Prinzip des Teilens so attraktiv zu machen, dass es in seiner Praxis konventionellen Verhaltensweisen überlegen ist. Die Tür tut sich auch dann auf, wenn moderne Technologien so eingesetzt werden, dass sie die Nutzung vereinfachen. Es braucht ein Smartphone, leistungsfähige Rechner, Minibezahlsysteme und einiges mehr, die Konzepte wie das Carsharing so sehr erleichtern, dass die attraktiven Seiten die Waage der Vor- und Nachteile zugunsten der Vorteile neigen lassen. Früher hätte man Verträge ausfüllen, mit Schecks, Bargeld oder Überweisung bezahlen müssen. Das alles nehmen uns heute im Hintergrund laufende Prozesse ab.

Volkswirtschaftlich spielt der Gemeinschaftskonsum erst eine geringe Rolle. Immerhin aber nannten in einer Umfrage des Unternehmens salesforce.com 70 Prozent der Befragten, dass sie dem Gedanken des Teilens positiv gegenüberstehen.[119] Intelligente Nutzungskonzepte haben Zukunft.

Positiv unternehmen

»Positiv denken« ist ein geläufiger Begriff geworden. Was wir brauchen, ist »positiv unternehmen«. Nicht auf den Minderwertigkeitsgefühlen spielen und Frust und Neid produzieren, sondern andersherum.

Können denn alle Unternehmer werden? Die Antwort ist überraschend, aber eindeutig: Das gab es schon. Dass wir alle Unternehmer waren. Mit Ausnahmen – wie den Dienern am Hof des Fürsten oder den Mönchen in den Klöstern. Alle anderen waren Bauern, Kaufleute, Gewerbetreibende und Ähnliche mit auf sich selbst gestellten Tätigkeiten. Bis zum Beginn des Industriezeitalters. Sicher, damals aus Zwang und unter meist bedrückenden Umständen. Unsere heutigen Möglichkeiten sind viel besser. Heute geht es darum, eine intelligentere, weniger Zerreißproben provozierende Ökonomie herbeizuführen. Dazu brauchen wir Gründer, die von anderen Wertvorstellungen geleitet sind, statt von Expansion zu schwärmen, die eine nachhaltig effizientere und sozial verträglichere Ökonomie entwerfen und in die Praxis umsetzen. Es gibt nicht *ein* Patentrezept, sondern viele Rezepte, viele kleine Dinge, die wir ändern können – und die in ihrer Gesamtheit viel bewirken.

Ich bin optimistisch, dass der Sprung auf zehn Prozent positiv unternehmende Entrepreneure gelingen kann. Ein Teil des Weges ist schon beschritten. Die vielen kleinen Selbständigen, die zahlenmäßig den weitaus größten Teil dessen ausmachen, was Selbständigenquote genannt wird, haben den Schritt in die Eigenverantwortung und damit auch die unternehmerische Unsicherheit längst getan. Man kann im Grunde genommen sagen, dass sie die *Negativ*-Dimension des Unternehmerischen, die Überlastung und Überforderung und das bei geringen Einkommen, schon leben.[120]

Mit den heute zur Verfügung stehenden Prinzipien des Entrepreneurship – Konzept und Komponenten – haben sie viel mehr Möglichkeiten, sich aus dieser Falle zu befreien und auf die positiven Elemente des Entrepreneurship zu fokussieren.

Doch – es könnten viel mehr Menschen Entrepreneur sein. Sie sind es im Grunde längst. Wir unternehmen vieles, wir benennen es nur nicht so. Weil es wie selbstverständlich passiert, weil wir es Freizeit nennen, weil wir eine massive Grenze zwischen »etwas unternehmen« und »Unternehmen« ziehen. Aber, werden Sie sagen, ein Unternehmen hat doch einen völlig anderen Charakter, rechtlich, organisatorisch, in seiner Schriftlichkeit, in seinem Verwaltungsaufwand. Diese Grenzziehung steckt tief in unserem Bewusstsein. Real ist sie sehr viel geringer. Das eben Genannte kann professionell delegiert werden, über Komponenten bezogen, oder, solange ich mich im informellen Bereich des eigenen Freundeskreises oder der Nachbarschaftshilfe bewege, auch ganz entfallen. Nichts ist mehr wie früher. Das gilt ganz besonders für den Bereich des Unternehmerischen.

Und nebenbei: Das Wort »Unternehmer« können Sie getrost ins Museum stellen. Es passt einfach nicht mehr in unsere Zeit, es ist überholt. Der Unternehmer im klassischen Sinne war gleichzeitig Kapitalgeber, er brachte die Idee für sein Unternehmen mit, und er organisierte die Firma. Drei Dinge gleichzeitig. Wie viele Menschen gibt es, die diese drei Anforderungen erfüllen? Nicht viele. Heute ist das Kapital kein Engpass mehr – hinter guten Konzepten laufen die Kapitalgeber hinterher. Organisation und Routinen können und müssen Sie abgeben. Bleiben die guten Konzepte. Sie sind rar. Hier liegt der Engpass. Darauf müssen wir uns konzentrieren. Was wollen wir unternehmen? Was macht Sinn? Was bewegt uns so, dass wir hoch motiviert und mit Leidenschaft unternehmen? Das ist unser Thema. Dazu sind wir alle aufgerufen.

Citizen Entrepreneurship

Entwerfen wir ein letztes Bild.
Wie kann man sich ein Zusammenleben vorstellen, das Menschen zukunftsfähiger, erfüllter, friedvoller und vielleicht auch ein wenig glücklicher werden lässt?
Eine der Leitplanken zeichnet sich ab.

> Jeder Mensch sollte möglichst das tun, was er gerne tut, was ihm Sinn macht, ihm Befriedigung gibt und er mit Begeisterung und Leidenschaft

betreibt. Die Welt des Entrepreneurial Design ist so facettenreich, so vielgestaltbar, dass jeder einen Platz finden kann, der seinen Fähigkeiten, aber auch seinen Wünschen und Wertvorstellungen nahe kommt. Für einen Markt allerdings, den wir uns offener, ideenreicher, vielfältiger und lebensfroher vorstellen können als das, was wir in den Einkaufsstraßen unserer Städte vorfinden. Ein Markt der Kreativität, der kindlichen Vergnügtheit, des Spielens mit künstlerischen und geselligen Elementen. Ein Markt, der viel mehr ist als der Kauf und Konsum von Waren oder Diensten. Einen Markt, den wir mit unseren Angeboten gestalten, einen Raum, den wir öffnen, lebendiger machen.

Das Bild des Straßenkünstlers kommt mir in den Sinn. Etwas tun, das Momente der Besinnung, des Lachens, der Gelassenheit und des Glücksgefühls auslöst. Kurz: Wir müssen unsere Berufung, müssen »Markt« selbst in die Hand nehmen.

Emanzipation aus den Fesseln ökonomischer Konventionen.

Teilhabe am Wirtschaftsgeschehen mit der uns innewohnenden Liebe zur Natur und mit Respekt, Verständnis und Empathie für Menschen.

Ja, wir haben die Chance, eine bessere Welt zu gestalten. Liebevoller, witziger, feinfühliger und künstlerischer, als es je zuvor möglich gewesen war. Aber wir müssen selbst in den Ring steigen, es selbst in Gang bringen, es selbst unternehmen. Es nicht den Aristokraten überlassen, den Gschaftlhubern oder den schnellen Jungs. Wir müssen selbst aktiv werden. Als Entrepreneure, als genügsame, aber als zukunftsfähig Handelnde. Bescheidener, was den Verbrauch an Ressourcen angeht. Anspruchsvoller, wenn es um geglücktes Leben geht.

Bringen Sie ein Ideenkind zur Welt. *Ihr* Ideenkind.

Gesucht ist der Citoyen als Entrepreneur und Künstler – für zivilgesellschaftliches Engagement im Bereich unternehmerischen Handelns.[121] Damit wir die verloren gegangenen sozialen, emotionalen und intellektuellen Qualitäten zurückgewinnen, die uns eine agressive, alle Bereiche unseres Lebens vereinnahmende Ökonomie gestohlen hat.

Anmerkungen

1 Diesen Aspekt der Bürgerbeteiligung hebt der Historiker Jacob Burckhardt als besonderes Merkmal der Renaissance in Italien hervor.

2 Klaus Wiegandt, früherer CEO von Metro, heute überzeugter Vertreter einer ökologischen Denkweise, hat dieses Phänomen der Nachkriegszeit der USA detailliert beschrieben. Ich beziehe mich auf seinen Vortrag im Rahmen der von ihm ins Leben gerufenen Stiftung »Forum für Verantwortung« in Saarbrücken im Oktober 2011.

3 Kinder sind den Versuchungen der Warenwelt am schutzlosesten preisgegeben. Unternehmen dürfen Kinder zwar nicht direkt mit ihrer Werbung zum Kauf ihrer Produkte auffordern. Doch sie finden immer wieder Schlupflöcher, wie sie Kinder ansprechen können: Sponsoring an Schulen zählt dazu, genauso wie Markenlogos auf eigens produzierten Lernmaterialien oder auf Sport-T-Shirts. Auch die Platzierung von Süßigkeiten in Supermärkten – nämlich auf Kinderaugenhöhe – ist kein Zufall. Gut für die Werbeindustrie: Die meisten Kinder dürfen selbst bestimmen, wofür sie ihr Geld ausgeben. Der Verbraucheranalyse zufolge investieren zwei Drittel der Kinder ihr Geld in Süßigkeiten, Kekse und Kaugummi. Vgl. *Spiegel online* vom 06.08.2013.

4 Musil, Robert: *Tagebücher*. Reinbek 1983, S. 730 f.

5 Überhaupt wirken Fords Gedanken immer noch sehr modern: Haltbarkeit, einfache Reparaturen, geringer Verbrauch und eine breite Usability des Fahrzeugs: von der Wasserpumpe über den Mähdrescher zur fahrbaren Kapelle.

6 Eine Studie mit 578 Teilnehmern, durchgeführt von Psychologen der britischen Universität in Hertfordshire (vgl. http://www.welt.de/wissenschaft/article1318 4570/Wer-teuren-Wein-kauft-betreibt-Selbstbetrug.htm).

7 Die Literaturklassiker zum Thema Verbrauchermanipulation, etwa Thorstein Veblens *The Theory of the Leisure Class* (1899) oder Vance Packards *Die geheimen Verführer* (1957), lesen sich im Vergleich zu dem, was heute passiert, eher wie Heimatromane.

8 Kröger, Michael: »Verbrauchertäuschung: Wenn nur das Fett vom Huhn kommt«. In: *Spiegel online* vom 01.09.2014.

9 Ebd.

10 Vgl. Bittner, Uta; Koch, Brigitte: »Düfte im Handel: Mit der Nase einkaufen«. In: *FAZ* vom 07.05.2012.

11 Ebd.

12 Donner, Susanne: »Düfte versetzen Kunden unfreiwillig in Kauflaune«. In: *Welt* vom 11.05.2007.

13 Ebd.

14 Ich danke Bernd Kolb, ehemaliges Vorstandsmitglied für Innovation der Deutschen Telekom, mich auf Bernays hingewiesen zu haben.

15 Miller, Mark Crispin: »Einleitung«. In: Bernays, Edward: *Propaganda*. Brooklyn, NY 2005, S. 18.

16 Ebd., S. 71.

17 Ebd., S. 37.

18 Ebd.

19 In einer Studie des Marktforschungsunternehmens Edelman Berland mit 15000 Teilnehmern in 15 Ländern wurden Konsumenten befragt, was sie als stärkste Bedrohungen ihrer Privatsphäre durch das Internet einschätzen. »When asked to name the leading threats to online privacy in the future, 51 percent of the global panel of consumers picked ›businesses using, trading or selling my personal data for financial gain without my knowledge or benefit‹.« Also deutlich mehr als die 35 Prozent, die »lone/crazy hackers, hacker groups or anarchist types«. »›My government spying on me‹ – was cited as a serious privacy threat by only 21 percent, even in the wake of the Edward Snowden leaks that showed the sweeping surveillance programs of American and British intelligence agencies.« Zitiert nach einem Bericht über die Studie in der *New York Times* vom 12.06.2014 (Autor des Artikels: Steve Lohr).

20 Schultz, Stefan: »Kapitalismus ist die Neurose der Menschheit«. In: *Spiegel online* vom 24. 06.2013.

21 Rifkin, Jeremy: *Die Null-Grenzkosten-Gesellschaft*. Frankfurt am Main 2014.

22 Gürtler, Detlef: *Wir sind Elite. Das Bildungswunder*. Gütersloh 2009.

23 http://resources.alibaba.com/article/268568/Small_firms_go_global_thanks_to_e_commerce.htm

24 Bitte winken Sie nicht gleich ab, wenn es um Einkaufen in Asien geht. Verfallen Sie nicht in den Fehler, ganz Asien gleichzusetzen mit Kinder- oder Gefangenenarbeit, schlechten Arbeitsbedingungen oder schlechter Produktqualität. Gerade China verfügt in vielen Bereichen über die momentan modernsten Fabriken mit neuesten Technologien.

25 Vgl. Jansky, Sven Gabor: »Trendanalyse: Das Markensterben beginnt«. http://www.trendforscher.eu/en/trendstudie/trendanalyse/detail/trendanalyse-das-markensterben-beginnt/

26 Boorman, Neil: *Good bye, Logo*. Berlin 2008.

27 https://www.entrepreneurship.de/artikel/prof-gerald-huether-discover-your-potential/

28 Vgl. Schwarzer, Ursula: »Manager tun mir leid«. In: *manager magazin* 4/2002 vom 01.04.2002.

29 »Gewichtseinsparung bei Elektroautos: Batterie nach Bedarf«. In: *Spiegel online* vom 29.09.2013.

30 Vortrag auf der Falling-Walls-Konferenz am 09.11.2013 in Berlin.

31 Csikszentmihalyi, Mihaly: *Flow. Das Geheimnis des Glücks*. Stuttgart 1991.

32 Brown, Les: *How to live your dreams* (Part 1). Video auf YouTube, deutsche Übersetzung in Anlehnung an: http://powerdeinleben.de/

33 Gassmann, Oliver; Frankenberger, Karolin; Csik, Michaela: *Geschäftsmodelle
entwickeln*. München 2013, S. VII.

34 Ähnlich Shikhar Ghosh, Harvard Business School: Er fand heraus, dass mehr als
die Hälfte der amerikanischen Start-ups die ersten fünf Jahre nicht überstün-
den, aber auch die, die überlebten, seien nicht großartig erfolgreich, sondern
stolperten mehr vor sich hin (*Economist* vom 20.09.2014.). Drei Viertel der
Gründungen, die Venture Capital erhielten – was in den USA als Auszeichnung
angesehen wird –, konnten das eingeworbene Kapital nicht zurückzahlen, geschweige denn Gewinne machen. http://www.economist.com/news/business/
/21618816-instead-romanticising-entrepreneurs-people-should-understand-
how-hard-their-lives-can?frsc=dg|d

35 https://www.entrepreneurship.de/artikel/entrepreneurship-summit-2014-in-
berlin-keynote-dr-maritta-koch-weser/

36 Andere sehen auch den amerikanischen Autor und Geistlichen Henry van Dyke
als möglichen Urheber des Textes.

37 Cordes, Walter (Hg): *Eugen Schmalenbach. Der Mann – sein Werk – die Wirkung*.
Stuttgart 1984.

38 Piketty, Thomas: *Das Kapital im 21. Jahrhundert*. München 2014.

39 Leick, Romain: »Das Kapital frisst die Zukunft«. In: *Spiegel* vom 05.05.2014.

40 Das jüngste Jahr, für das entsprechende Zahlen vorliegen.

41 Vgl. Eimer, Annick: »Managerausbildung. Ökonomie ist Gehirnwäsche«. In:
Spiegel online vom 05.04. 2011.

42 Ebd.

43 Ebd.

44 Greiner, Lena: »Lehrpläne von VWL-Studenten. Wir lernen Theorien, die nicht
stimmen«. In: *Spiegel online* vom 13.05 2014.

45 Ebd.

46 Alle Zitate von der Website der emcra-Akademie. Stand: 21.11.2013.

47 So der Untertitel eines kritischen Beitrags des *Economist* vom 17.05.2014 über
die Subventionierung von Venture-Capital-Unternehmen durch die EU und andere staatliche Quellen.

48 Professor Norbert Szyperski lehrte Entrepreneurship an der Universität Köln.
Er war aber auch beteiligt am Aufbau des Mobilfunknetzes von Mannesmann.
Der Aufstieg des Unternehmens vom Hersteller von Stahlröhren zum Pionier
des Mobilfunks ist eines der eindrucksvollsten Beispiele von Corporate Entrepreneurship in Deutschland.

49 Ich höre immer wieder, dass die Förderprogramme evaluiert werden und dass sie, die Förderprogramme (nicht die Evaluatoren), erfolgreich seien. Allein mir fehlt der Glaube in die Ergebnisse. Ein paar hinterhältige Fragen dazu: Wie unabhängig ist die Evaluation wirklich? Wie lange bleibt man Evaluator, wenn man zu einem negativen Ergebnis der Evaluation gelangt? Wenn, wie geschehen, die Evaluation darin besteht, die Gründer zu befragen, ob die finanzielle Förderung hilfreich gewesen sei –, welche Antwort würden Sie erwarten? Dass die Befragten sagen, es sei *nicht* hilfreich gewesen?

50 Kramer, Matthias; Schwarzinger, Dominik: *Narzissmus, Machtstreben und Co.* Münster 2011.

51 Vgl. *Economist* vom 18.01.2014, S. 7.

52 Ebd., S. 10.

53 Ebd., S. 11.

54 Ebd., S. 5. Case studies sind ein typischer Teil der Ausbildung in vielen amerikanischen Business Schools.

55 Ebd., S. 8.

56 Wright, Alex: »Dealing with labs as big as the Web«. In: *International Herald Tribune* vom 28.12.2010.

57 Der Begriff ist in Zusammenarbeit mit Fritz Fleischmann, Babson College, entstanden – zum einen, um die Idee des »Entrepreneurship für alle« zu internationalisieren, aber auch, um Entrepreneurship aus der Verengung auf private Gewinnmaximierung zu lösen.

58 Ich verdanke diese Zitate Detlef Reis von der Mahidol-Universität, Bangkok.

59 Vgl. Gigerenzer, Gerd: *Risiko. Wie man die richtigen Entscheidungen trifft.* München 2013.

60 Prahalad, C. K.; Mashelkar, R. A.: »Innovation's Holy Grail«. In: *Harvard Business Review*, July 2010.

61 Ebd.

62 Gaarder, Jostein: *Sofies Welt.* München 1993.

63 Sachs, Wolfgang: »Die vier E's: Merkposten für einen maßvollen Wirtschaftsstil«. In: *Politische Ökologie*, Nr. 33, 1993.

64 Vermeiden wir das Wort »Idee«, wo immer es geht. Es ist für unseren Zusammenhang zu schwammig. »Idee« kann alles und nichts bedeuten. Es ist besser, präziser zu sein. Die meisten Gründungsideen, die ich zu hören bekomme, sind bloße Einfälle. Zum Gründen aber brauchen wir durchdachte, ausgereifte Konzepte, und das ist etwas völlig anderes. Die Qualität der Gründungskonzepte lasse zu wünschen übrig, sagt auch der Deutsche Industrie- und Handelskammertag. Viele Gründer gingen schlecht vorbereitet an den Start. 36 Prozent der Gründer könnten weder Kunden noch Geschäfts- und Finanzierungspartnern ihre Gründungsidee klar beschreiben. Arbeitslose Gründer würden sich noch

deutlich schlechter auf die Selbständigkeit vorbereiten; solche Gründungen aus der Arbeitslosigkeit stellten jedoch die Mehrzahl der Gründer (59 Prozent). Vgl. *DIHK Gründerreport 2011*.

65 Nicht umsonst hat Gottlieb Duttweiler, ein Innovateur und Provokateur, das Kundenmagazin der Migros *Der Brückenbauer* genannt.

66 Cameron, Julia: *Der Weg des Künstlers*. München 2009.

67 Sprenger, Reinhard K.: *Mythos Motivation*. Frankfurt am Main 2004.

68 Huhn, Gerhard; Backerra, Hendrik: *Selbstmotivation. FLOW – Statt Stress oder Langeweile*. München 2008.

69 Blanc, Patrick: *Vertikale Gärten. Die Natur in der Stadt*. Stuttgart 2008.

70 Aus einem Sketch von Karl Valentin.

71 Sascha Lobo in einer Kolumne in *Spiegel online* vom 03.09.2014.

72 Vgl. *New York Times* vom 20.08.2014.

73 Nachzulesen im alten Gästebuch des Klosters Valldemossa auf Mallorca.

74 Rilke, Rainer Maria: *Das Stundenbuch*. Hamburg 2012.

75 https://www.entrepreneurship.de/artikel/keynote-von-heini-staudinger-entre preneurship-summit-2013-in-berlin/

76 Typische Elemente dafür sind Zeitpläne, Check- und Adressenlisten, »10 Schritte zum Erfolg« und ein Businessplan-Tool.

77 Dahrendorf, Ralf: »Theorie und Praxis«. In: Mäding, Heinrich; Dahrendorf, Ralf (Hg.): *Grenzen der Sozialwissenschaften*. Konstanz 1988, S. 162 ff.

78 Zitiert aus: Döhne, Katja: »Weltweiter Ameisenkönig. Ganz groß im Krabbelbu siness«. In: http://www.spiegel.de/karriere/berufsleben/0,1518,803376,00.html; Bodderas, Elke: »Der Mann, der mit Ameisen viel Geld verdient«. In: http://www. welt.de/vermischtes/article112900007/Der-Mann-der-mit-Ameisen-viel-Geld verdient.html.

79 Frei nach Zarah Leander. Im Original: »Nur nicht aus Liebe weinen, es gibt auf Erden nicht nur den einen.«

80 Wird Johann Wolfgang von Goethe zugeschrieben.

81 Enzenhofer, Sigrid: *Sagen und Legenden aus Hardegg*. Volksbildungsverein Hardegg 1968.

82 Der am MIT lehrende Systemtheoretiker Otto Scharmer beschreibt vier unter schiedliche Ebenen, auf denen Veränderungen stattfinden können:
Die erste Ebene ist ein schlichtes *Reagieren* und ein Wiederholen von gewohn ten und bekannten Strukturen und Prozessen, sprich ein Handeln nach Kon vention.
Die zweite Ebene ist ein *Redesignen* dieser Strukturen und Prozesse, das versucht, diese Strukturen und Prozessen so neu zu gestalten, dass sie bei der Befriedigung der Kundenbedürfnisse die gleiche Funktion erfüllen, aber der Konvention den noch überlegen sind.

Auf der dritten Ebene geht es um ein *Reframen* der Grundannahmen.

Auf der vierten Ebene geht es um die Frage, was Neues in die Welt kommen möchte. Dies ist die Ebene der Kreativität und der Vision. Je weiter man sich von der Konvention entfernt, umso innovativer sind die Ideen, zu denen man gelangt.

83 Vgl. Senge, Peter M.: *Die fünfte Disziplin. Kunst und Praxis der lernenden Organisation.* Stuttgart 2008.

84 Vgl. Fürstenberg, Jeannette zu: *Die Wechselwirkung zwischen Entrepreneurship und Kunst. Eine wissenschaftliche Untersuchung zu unternehmerischer und künstlerischer Innovation in der Renaissance und am Beispiel der Medici.* Berlin 2012

85 May, Matthew: *The Laws of Subtraction. 6 Simple Rules for Winning in the Age of Excess Everything.* New York 2012.

86 In leicht veränderter Fassung zitiert nach Vargas, Fred: *Fliehe weit und schnell.* Wien 2008.

87 Interview im Labor für Entrepreneurship am 02.07.2008. https://www.entrepreneurship.de/artikel/50-jahre-lichterfahrung-johannes-dinnebier/

88 Ich verdanke den Hinweis auf den Begriff Matthias Horx.

89 Sie werden bemerken, dass ein Teil der Punkte schon heute anzutreffen ist.

90 Taleb, Nassim Nicholas: *Der Schwarze Schwan. Die Macht höchst unwahrscheinlicher Ereignisse.* München 2008.

91 Im Englischen sagt man: »to make sense«; eine Vorstellung, die uns fremd ist. Sinn kann man nicht machen. Es sei denn, man konstruiert eine solche Maschine. Die Idee, Texte automatisch herzustellen, ist alt. Schon 1777 wurde in Göttingen eine »Poetische Handmühle« konstruiert, und im Jahre 2000 baute Hans Magnus Enzensberger einen »Poesieautomaten«, der Zufallssätze generiert, von erhabener Bedeutung wie »Brühwarme Andacht unter Zeitdruck. Dieser gelehrige Edelmut vor dem Sturm.«

92 Matussek, Paul: *Kreativität als Chance. Der schöpferische Mensch in psychodynamischer Sicht.* München 1988.

93 Hüther, Gerald: *Was wir sind und was wir sein könnten. Ein neurobiologischer Mutmacher.* Frankfurt am Main 2011.

94 Im Original: »Our deepest fear is not that we are inadequate. Our deepest fear is that we are powerful beyond measure. It is our light, not our darkness, that most frightens us.« Ich verdanke dieses Zitat Detlef Reis.

95 Wikipedia entnehmen wir, dass eine britische Übersetzungsfirma das Wort *serendipity* unter die zehn englischen Wörter gewählt hat, die am schwersten zu übersetzen sind.

96 Übrigens ein anschauliches Beispiel für eine Win-win-Situation: Bringen Sie Exhibitionisten mit Voyeuren zusammen. Sie brauchen nur die Bühne zu bie-

ten. Der Rest ergibt sich von selbst. Sie können auch sicher sein, dass sich die Sache schnell herumspricht und Sie so Kosten für Werbung sparen.

97 Namen und Orte sind vom Autor geändert.

98 Shekerjian, Denise: *Uncommon Genius – how great ideas are born. Tracing the Creative Impulse with Forty Winners of the MacArthur Award.* New York 1991.

99 Vgl. Ripsas, Sven; Schaper, Birte; Tröger, Steffen: »A Start-up Cockpit for the Proof of Concept«. Erscheint im *Handbuch Entrepreneurship*, Wiesbaden 2015.

100 Ripsas, Sven; Zumholz, Holger: »Die Bedeutung von Business Plänen in der Nachgründungsphase«. In: *Corporate finance,* Vol. 2/2011.

101 McGrath, R. G.; MacMillan, I.: *Discovery-Driven Planning.* Reprint *Harvard Business Review,* 2007.

102 Vgl. Ripsas, Schaper, Tröger 2015.

103 Sein bürgerlicher Name ist Ioan Cozacu.

104 Sarasvathy, S.: *Effectuation. Elements of Entrepreneurial Expertise.* Cheltenham 2008.

105 60 Prozent aller Frauen in den USA, lesen wir in den Statistiken, haben Gewichtsprobleme, sind übergewichtig. Ungefähr 30 Prozent sind sogar schwer übergewichtig.

106 Aber sie hat auch in den armen Ländern Fortschritte bewirkt. In ihrer Untersuchung errechneten Maxim Pinkovskiy vom MIT und Xavier Sala-i-Martín von der Columbia University, dass der Anteil der Menschen, die am Tag nicht mehr als einen Dollar zur Verfügung haben – inklusive der Nachkorrektur für Inflation –, zwischen 1970 und 2006 um 80 Prozent gesunken ist. Es sei der größte armutsbekämpfende Erfolg der Weltgeschichte, so die Autoren.

107 Vgl. Rifkin, Jeremy: *Die Null-Grenzkosten-Gesellschaft.* Frankfurt am Main, New York 2014.

108 Fromm, Erich: *Haben oder Sein.* München 2010.

109 BUND und Misereor (Hg.): *Zukunftsfähiges Deutschland. Ein Beitrag zu einer global nachhaltigen Entwicklung.* Basel, Boston, Berlin 1996.

110 Vgl. *Economist* vom 18.01.2014.

111 Renner, Tim: »Warum verkaufen Autobauer keine Fahrräder?«. In: *GDI Impuls,* 01.2009.

112 Aristoteles: *Politik,* 1259a

113 Noch eine weitere Analogie lässt sich anführen. Früher war es keineswegs selbstverständlich, dass Gewichte und Maße korrekt waren. Waagen wurden manipuliert, von den Gewichten wurde Metall abgeschliffen. Erst das Eichwesen und seine Kontrolleure setzten dem ein Ende. Was früher weitverbreitet war, würde heute Empörung hervorrufen. Am Stephansdom in Wien kann man noch die Elle in der Kirchenmauer sehen, mit der Käufer prüfen konnten, ob

der Tuchwarenhändler sie betrogen hat. Es ist also nicht so unrealistisch, auf Fairness und ihre Akzeptanz zu setzen.

114 Braungart leitet das Hamburger Umweltforschungsinstitut EPEA. Im Herbst 2013 erschien sein Buch *The Upcycle*. Zusammen mit seinem US-Kollegen William McDonough plädiert er darin für ein vollkommen neues Verständnis von Nachhaltigkeit. Vor Jahren prägten die beiden Vordenker den Begriff »Cradle to Cradle« (von der Wiege bis zur Wiege) für eine Welt ohne Abfall.

115 Uken, Marlies: »Die Welt ist unerträglich, wie sie ist«. In: http://www.zeit.de/wirtschaft/2013-05/interview-braungart.

116 Die Geschichte ist nicht von mir. Sie kursiert in unterschiedlichen Fassungen im Netz. Ich würde gerne den Autor nennen, konnte ihn aber nicht ausfindig machen.

117 Gegen den Online-Handel wird nicht selten eingewendet, dass durch hohe Rücksendungen ein ökologisch nicht zu vertretender Aufwand betrieben wird. Eine Berechnung sagt, dass dieser Aufwand 1400 Pkws entspräche, die täglich von Hamburg nach Moskau fahren. Eine beeindruckende Zahl. Aber die Schlussfolgerung ist falsch. Es ist nicht der Online-Handel generell schuld, sondern das Geschäftsmodell bestimmter Firmen. Wenn ich die Bedürfnisse meiner Kunden nur vage kenne, wird die Retourenquote sehr hoch. Wenn ich die Retouren dann noch kostenlos anbiete, aus Angst, sonst die Kunden zu verlieren, erst recht. Wer seinen Kunden so wenig bieten kann, dass er bei kostenpflichtigen Retouren diese Kunden verliert, hat offenbar unattraktive Produkte oder ein schlechtes Preis-Leistungs-Verhältnis. Wenn das Geschäftsmodell aus nicht mehr besteht, als Waren einfach nur online anzubieten, steht es auf schwachen Beinen. Die Überlebenstüchtigkeit solcher Unternehmen besteht zunächst darin, dass ihre Gründer Millionenbeträge an Kapital einsetzen, weil sie vom »Next Big Thing« à la Amazon träumen. Kapital statt Kopf, könnte man sagen. Die Teekampagne übrigens, mit ihren über 200000 Kunden, hat eine Retourenquote von unter 0,1 Prozent.

118 Eine Frau übrigens, die ihre Universitätsprofessur aufgab, weil sie die abstrakten, lebensfernen Sprachakrobatiken der Wissenschaftler nicht länger mitmachen wollte.

119 Hoffmann, Maren: »Teilen als Geschäftsidee. Deins, meins – egal!« In: *Spiegel online* vom 22.02.2013.

120 Die Statistik zeigt, dass kleine Selbständige im Durchschnitt deutlich niedrigere Einkommen haben als Angestellte.

121 »Citizen Entrepreneurship« könnte der internationale Begriff dafür sein.

Literaturverzeichnis

Abrahamson, Shaun; Ryder, Peter; Unterberg, Bastian: *Crowdstorm*. Hoboken 2013

Alt, Franz; Gollmann, Rosi; Neudeck, Rupert: *Eine bessere Welt ist möglich*. München 2007

Alt, Franz; Spiegel, Peter: *Gute Geschäfte*. Berlin 2009

Aristoteles: *Politik*. München 1998

Asghari, Reza (Hg.): *E-Government in der Praxis. Leitfaden für Politik und Verwaltung*. Frankfurt am Main 2005

Baums, Georg (Hg.): *Zu den Piraten statt zur Marine*. Frankfurt am Main 2011

Bergmann, Frithjof: *Neue Arbeit, neue Kultur*. Freiamt im Schwarzwald 2004

Birkenbach, Katja: *»Form follows Function« als ein Gestaltungsprinzip für das Geschäftsmodell eines Entrepreneurs*. Dissertation, Manuskript, Berlin 2007

Bertelsmann Stiftung: *Vom ehrbaren Handwerker zum innovativen Self-Entrepreneur. Modernisierung der Berufsbildung anhand idealtypischer Leitfiguren*. Gütersloh 2008

Blanc, Patrick: *Vertikale Gärten. Die Natur in der Stadt*. Stuttgart 2008

Bode, Thilo: *Abgespeist*. Frankfurt am Main 2007

Boorman, Neil: *Good bye, Logo*. Düsseldorf 2007

Bosshart, David: *The Age of Less*. Hamburg 2011

Branson, Richard: *Business ist wie Rock 'n' Roll. Die Autobiographie des Virgin-Gründers*. Frankfurt am Main 1999

Branson, Richard: *Screw Business As Usual*. London 2011

Braukmann, Ulrich: *»›Entrepreneurship Education‹ an Hochschulen – Der Wuppertaler Ansatz einer wirtschaftspädagogisch fundierten Förderung der Unternehmensgründung aus Hochschulen«*. In: Weber, Birgit (Hg.): *Kultur der Selbständigkeit in der Lehrerausbildung*. Bergisch Gladbach 2002

Cameron, Julia: *Der Weg des Künstlers*. München 1996

Cendon, Eva; Grassl, Roswitha; Pellert, Ada (Hg.): *Vom Lehren zum Lebenslangen Lernen*. Münster 2013

Conta Gromberg, Brigitte; Conta Gromberg, Ehrenfried: *Smart Business Concepts*. Jesteburg 2012

Cordes, Walter (Hg): Eugen Schmalenbach: *Der Mann – sein Werk – die Wirkung*. Stuttgart 1984

Csikszentmihalyi, Mihaly: *Flow. Das Geheimnis des Glücks*. Stuttgart 1991.

Dahrendorf, Ralf: *»Theorie und Praxis«*. In: Mäding, Heinrich; Dahrendorf, Ralf (Hg.): *Grenzen der Sozialwissenschaften*. Konstanz 1988

Dalai Lama; Cutler, Howard C.: *The Art of Happiness*. London 1998

Drucker, Peter F.: *Innovation and Entrepreneurship. Practice and Principles*. New York 1985

Drucker, Peter F.: *Next Management*. Göttingen 2010

Endres, Peter M.; Hüther, Gerald: *Lernlust. Worauf es im Leben wirklich ankommt*. Hamburg 2014

Enzenhofer, Sigrid: *Sagen und Legenden aus Hardegg*. Hardegg 1968

Faltin, Günter: »Competencies for Innovative Entrepreneurship«. In: *Adult Learning and the Future of Work*. UNESCO Institute for Education, Hamburg 1999

Faltin, Günter: »Creating a Culture of Innovative Entrepreneurship«. In: *Journal of International Business and Economy*. Vol. 2, No. 1, 2001, S. 123–140

Faltin, Günter: *Kopf schlägt Kapital*. München 2008 und 2012

Faltin, Günter; Fleischmann, Fritz: »Teekampagne. Citizen Entrepreneurship«. In: *Earth Capitalism. Creating a New Civilization through a Responsible Market Economy*. Tokio 2009

Faschingbauer, Michael: *Effectuation. Wie erfolgreiche Unternehmer denken, entscheiden und handeln*. Stuttgart 2013

Friebe, Holm: *Die Stein-Strategie. Von der Kunst, nicht zu handeln*. München 2013

Friebe, Holm; Ramge, Thomas: *Marke Eigenbau*. Frankfurt am Main 2008

Fried, Jason; Heinemeier Hansson, David: *Rework*. London 2010

Fromm, Erich: *Haben oder Sein*. München 2010

Fücks, Ralf: *Intelligent Wachsen. Die grüne Revolution*. München 2013

Fueglistaller, Urs et al.: *Entrepreneurship. Modelle – Umsetzung – Perspektiven*. Wiesbaden 2012

Fürstenberg, Jeannette zu: *Die Wechselwirkung zwischen Entrepreneurship und Kunst. Eine wissenschaftliche Untersuchung zu unternehmerischer und künstlerischer Innovation in der Renaissance und am Beispiel der Medici*. Berlin 2012

Gaarder, Jostein: *Sofies Welt*. München 1993.

Gassmann, Oliver; Frankenberger, Karolin; Csik, Michaela: *Geschäftsmodelle entwickeln*. München 2013

Gassmann, Oliver; Sutter, Philipp: *Praxiswissen Innovationsmanagement. Von der Idee zum Markterfolg*. München 2013

Gebhardt, Andreas: *Generative Fertigungsverfahren. Additive Manufacturing und 3D Drucken für Prototyping – Tooling – Produktion*. München 2013

Gelb, Michael J.: *Das Leonardo-Prinzip*. Berlin 2004

Giesa, Christoph; Schiller Clausen, Lena: *New Business Order*. München 2014

Gigerenzer, Gerd: *Risiko*. München 2013

Gladwell, Malcolm: *Outliers*. London 2008

Grichnik, Dietmar; Gassmann, Oliver: *Das unternehmerische Unternehmen. Revitalisieren und Gestalten der Zukunft mit Effectuation*. Wiesbaden 2013

Grichnik, Dietmar; Witt, Peter (Hg.): »Entrepreneurial Marketing«. In: *Zeitschrift für Betriebswirtschaft* 2011, Heft Nr. 6, Special Issue, S. 136

Grichnik, Dietmar et al.: *Entrepreneurship. Unternehmerisches Denken, Entscheiden und Handeln in innovativen und technologieorientierten Unternehmungen.* Stuttgart 2010

Gryskiewicz, Stanley: *Positive Turbulence. Developing Climates for Creativity, Innovation and Renewal.* Greensboro, N. C., 2006

Gürtler, Detlef: *Wir sind Elite. Das Bildungswunder.* Gütersloh 2009

Heinecke, A.: *Why not Doing Good and Earning Well. Social Entrepreneurs in a Moral Conflict.* SID Directors Conference, Singapore 2012

Hippel, Eric von: *Democratizing Innovation.* Cambridge 2006

Hofert, Svenja: *Das Slow-Grow-Prinzip.* Offenbach 2011

Horx, Matthias: *Das Buch des Wandels. Wie Menschen Zukunft gestalten.* München 2011

Horx, Matthias: *Wie wir leben werden.* Frankfurt am Main 2005

Huhn, Gerhard; Backerra, Hendrik: *Selbstmotivation. FLOW – Statt Stress oder Langeweile.* München 2008

Hüther, Gerald: »Potenzialentfaltung«. Erscheint im *Handbuch Entrepreneurship*, Wiesbaden 2015

Hüther, Gerald: *Was wir sind und was wir sein könnten. Ein neurobiologischer Mutmacher.* Frankfurt am Main 2011

Hüther, Gerald; Spannbauer, Christa: *Connectedness.* Bern 2012

Initiative für Teaching Entrepreneurship; Lindner, Johannes; Fröhlich, Gerald (Hg.): *Entrepreneur: Starte Dein Projekt.* Wien 2014

Jacobsen, Liv Kirsten: *Bestimmungsfaktoren für Erfolg im Entrepreneurship – Entwicklung eines umfassenden Modells.* Dissertation, Berlin 2003

Jánszky, Sven Gábor; Jenzowsky, Stefan A: *Rulebreaker. Wie Menschen denken, deren Ideen die Welt verändern.* Berlin 2010

Johansson, Frans: *The Medici-Effect. Breakthrough insights at the intersection of ideas, concepts and cultures.* Boston, 2004

Jungk, Robert: *Zukunft zwischen Angst und Hoffnung.* München 1990

Kaduk, Stefan et al.: *Musterbrecher. Die Kunst das Spiel zu drehen.* Hamburg 2013

Kawasaki, Guy: *The Art of the Start.* München 2014

Klandt, Heinz: *Gründungsmanagement: Der Integrierte Unternehmensplan. Business Plan als zentrales Instrument für die Gründungsplanung.* München 2005

Kollmann, Tobias: *E-Business. Grundlagen elektronischer Geschäftsprozesse in der Net Economy.* Wiesbaden 2013

Kramer, Matthias; Schwarzinger, Dominik: *Narzissmus, Machtstreben und Co.* Münster 2011

Lahn, Stefanie: *Der Businessplan in Theorie und Praxis.* Wiesbaden 2015

Langenscheidt, Florian: *Vom Glück des Gründens.* Stuttgart 2013

Lindner, Johannes; Fröhlich, Gerald; IFTE (Hg.): *Entrepreneur. Sustainability meets Entrepreneurship.* Wien 2009

Lindner, Johannes; Tötterström, Beate: *Case Studies: Wirtschaft verstehen – Zukunft gestalten*. Wien 2009

Löbler, Helge: *Diversifikation und Unternehmenserfolg. Diversifikationserfolge und -risiken bei unterschiedlichen Marktstrukturen und Wettbewerb*. Wiesbaden 1987

Matussek, Paul: *Kreativität als Chance*. München 1988

Maurya, Ash: *Running Lean*. Sewastopol 2012

May, Matthew E.: *The Laws of Subtraction*. New York 2012

McGrath, R. G.; MacMillan, I.: *Discovery-Driven Planning*. Reprint Harvard Business Review, 2007

Meibom, Barbara von: *Wertschätzung. Wege zum Frieden mit der inneren und äußeren Natur*. München 2006

Misner, Ivan: *Givers Gain*. Upland 2004

Morandi, Pietro; Liebig, Brigitte: *Freischaffen und Freelancen in der Schweiz. Handbuch für Medien, IT und Kunst/Kultur*. Zürich 2010

Nager, Marc; Nelsen, Clint; Nouyrigat, Franck: *Startup Weekend*. Hoboken 2012

Osterwalder, Alexander; Pigneur, Yves: *The Business Model Generation*. Frankfurt am Main 2011

Otte, Max: *Der Crash kommt*. Berlin 2006

Passig, Kathrin: *Standardsituationen der Technologiekritik*. Berlin 2013

Pauli, Gunter: *The Blue Economy*. Berlin 2012

Piketty, Thomas: *Das Kapital im 21. Jahrhundert*. München 2014

Pott, Oliver; Pott, André: *Entrepreneurship*. Berlin, Heidelberg 2012

Prahalad, C. K.: *Der Reichtum der Dritten Welt*. München 2006

Prahalad, C. K.; Mashelkar, R. A.: »Innovation's Holy Grail«. In: *Harvard Business Review*, July 2010

Rammler, Stephan: *Schubumkehr – Die Mobilität von morgen*. Frankfurt am Main 2014

Rasfeld, Margret; Breidenbach, Stephan: *Schule im Aufbruch. Eine Anstiftung*. München 2014

Rasfeld, Margret; Spiegel, Peter: *EduAction. Wir machen Schule*. Hamburg 2012

Reitmeyer, Dieter: *Unternimm Dein Leben*. München 2008

Ridderstråle, Jonas; Nordström, Kjell A.: *Funky Business. Wie kluge Köpfe das Kapital zum Tanzen bringen*. München 2000

Ries, Eric: *The Lean Startup*. New York 2011

Rifkin, Jeremy: *Die Null-Grenzkosten-Gesellschaft*. Frankfurt am Main, New York 2014

Ripsas, Sven: *Business Model Accounting in Startups*. Unveröffentlicht, 2014

Ripsas, Sven; Schaper, Birte; Tröger, Steffen: »A Start-up Cockpit for the Proof of Concept«. Erscheint im *Handbuch Entrepreneurship*, Wiesbaden 2015

Ripsas, Sven; Zumholz, Holger: »Die Bedeutung von Business-Plänen in der Nachgründungsphase«. In: *Corporate Finance biz* 7/2011

Rosa, Hartmut: »Beschleunigung und Entfremdung«. In *Spiegel online* vom 03.07.2013

Sachs, Wolfgang: »Die vier E's: Merkposten für einen maß-vollen Wirtschaftsstil«. In: *Politische Ökologie*, Nr. 33, 1993, S. 69–72

Sailer, Klaus; Gottwald, Klaus-Theo: *Fair Business. Wie Social Entrepreneurs die Zukunft gestalten.* Regensburg 2013

Sarasvathy, S.: *Effectuation. Elements of Entrepreneurial Expertise.* Cheltenham 2008

Scharmer, Otto C.; Käufer, Katrin: *Von der Zukunft her führen. Theorie U in der Praxis.* Heidelberg 2014

Scheidewind, Uwe; Santarius, Tilman; Humburg, Anja: *Economy of Sufficiency.* Wuppertal 2013

Schirmer, Heike: *Combined Forces for Social Impact.* Berlin 2013

Schreyögg, Georg: *Organisation. Grundlagen moderner Organisationsgestaltung.* Wiesbaden 2010

Schumpeter, Joseph: *Kapitalismus, Sozialismus und Demokratie.* Bern 1946

Sedláček, Tomáš: *Die Ökonomie von Gut und Böse.* München 2012

Senge, Peter M.: *The Fifth Discipline.* London 1999

Shekerjian, Denise: *Uncommon Genius.* New York 1991

Simon, Hermann: *Hidden Champions des 21. Jahrhunderts.* Frankfurt am Main 2007

Soto, Hernando de: *The Other Path. The Invisible Revolution in the Third World.* New York 1989

Stähler, Patrick: *Geschäftsmodelle in der digitalen Ökonomie.* Lohmar 2002

Sydow, Jörg: *Strategische Netzwerke. Evolution und Organisation.* Wiesbaden 2013

Szyperski, Norbert; Nathusius, Klaus: *Probleme der Unternehmungsgründung. Eine betriebswirtschaftliche Analyse unternehmerischer Startbedingungen.* Lohmar 1999

Taleb, Nassim Nicholas: *Der Schwarze Schwan. Die Macht höchst unwahrscheinlicher Ereignisse.* München 2008.

Thiel, Peter: *Zero to One. Notes on Start-ups or How To Build The Future.* New York 2014

Vargas, Fred: *Fliehe weit und schnell.* Wien 2008

Wagenhofer, Erwin: *Let's make money.* (Film), Österreich 2008

Wagner, Dieter; Scholz Christian: *Finanzierung technologieorientierter Unternehmensgründungen in Deutschland.* Lohmar 2011

Warmer, Christoph; Sören, Weber: *Mission: Startup.* Heidelberg 2014

Weber, Winfried W.: *Peter Drucker. Der Mann, der das Management geprägt hat.* Göttingen 2009

Wehler, Hans-Ulrich: *Die neue Umverteilung.* München 2013

Yang, Qiuning: *The Development of Entrepreneurship in China.* Saarbrücken 2012

Yunus, Muhammad: *Building Social Business. The New Kind of Capitalism that Serves Humanity's Most Pressing Needs.* New York 2011

Zimmer, Jürgen: *Das halb beherrschte Chaos.* Weimar, Berlin 2012

Dank

Wir alle bauen auf den Beiträgen unzähliger Denker und Meister ihres Fachs auf. Unsere eigenen Gedanken, eigenen originalen Zusätze verblassen vor diesem Hintergrund.

Der hier vorgelegte Text ist über Jahre entstanden – aus Beobachtungen und Erfahrungen im eigenen Gründungsumfeld und in vielen Gesprächen mit Gründern, aber auch im Kontakt mit Menschen, die mit ihren Einwürfen, eigenen Wahrnehmungen und kontrastierenden Sichtweisen wertvolle Sparringspartner waren.

Möge mir verzeihen, wen ich in der folgenden Aufzählung vergessen habe.

Mein besonderer Dank gilt den Kollegen, Wegbegleitern und Diskussionspartnern. Allen voran meinem langjährigen Kollegen und Freund Dietrich Winterhager für die Geduld und Nachsicht bei meiner Kritik an unserer geliebten Fachdisziplin Ökonomie; Fritz Fleischmann für die vielen Gespräche über die gesellschaftspolitische Bedeutung des Themas; Sven Ripsas für das gemeinsame Ringen um den Brückenschlag zwischen Betriebswirtschaftslehre und Entrepreneurship sowie um den Wert von Businessplänen und die Bedeutung des Proof of Concept; Otto Herz, fast lebenslanger Freund und kritische Instanz für die Fragen, ob unser Bildungssystem zu Entrepreneurship passt und wie es sich zusammenfügen ließe; Holger Johnson, dem Gründer von Ebuero und Serial Entrepreneur für kritische Begleitung und Einblicke in seine Hightech-Unternehmen; Frithjof Bergmann für die Diskussionen um New Work/New Culture und Entrepreneurship; Stephan Reimertz für wertvolle Hinweise aus der Welt der Kunstgeschichte und Literatur; Detlef Gürtler für die aufmerksame Begleitung und vorsichtige Kritik an manchen Thesen des Buchs; Klaus Heymann als geduldigem Sparringspartner; Felix Hoch für Hinweise zur Methodik des Entrepreneurial Design; Norbert Szyperski und Barbara von Meibom für Ermunterung und wertvolle Tipps; Kurt Hammer, Ullrich Boehm, Hartmut Frech und Hans Luther für die verständige, ausdauernde und freundschaftliche Unterstützung.

Für die Einordnung des Themas in den internationalen Zusammenhang fand ich Gesprächspartner in Muhammad Yunus, Hernando de Soto, Gunter Pauli, Allan Gibb, Maritta Koch-Weser, Alexander Osterwalder, Qiuning Yan aus China, Yoshiaki Takahashi, Hiro Saionji und Patrick Newell aus Japan, Seri Phongphit, Chakpitat Nopasit, Olarn Chaipravat aus Thailand, Tack-Whan Kim aus Südkorea, Shanti aus Indonesien, Fenny de Boer aus den Niederlanden, Eric von Hippel und Max Senges aus den USA, Revaz Gvelesiani aus Georgien, Jan Brinkmann aus Spanien, Jana Dreikhausen und Otto Ulrich aus Indien, Aigul Neven aus Kirgisien.

Viele meiner Kollegen und Freunde haben die Arbeit am Manuskript mit Verständnis, Sympathie und Kritik begleitet, allen voran Klaus Weidner, Eike Gebhardt, Eberhard Wagemann, Margret Rasfeld, Patrick Stähler, Andreas Heinecke, Norbert Kunz, Johannes Lindner, Helga Breuninger, Leo Pröstler.

Ich danke für wichtige Hinweise Götz Werner, Gerald Hüther, Florian Langenscheidt, Alexander Prinz von Sachsen, Bernd Kolb, Sebastian Turner, Peter Pühringer, Ralf Fücks, Matthias Horx, Helge Löbler, Fredmund Malik, Ann-Kristin Achleitner, Thomas Schildhauer, Nikolaus von Kaisenberg, Bernd Kirschner, Markus und Tobias Hipp, Peter Spiegel, Jürgen Zimmer, Markus Heinsdorff, Heinz Klandt, Ibrahim Evsan, Jeannette zu Fürstenberg, Stefanie Lahn, Katja Birkenbach, Friederike Hoffmann, Eric Lynn, Patrick Petit, Heini Staudinger, Johannes Gutmann, Romy Campe, Christoph Wulf, Emil Underberg, Farah Lenser, Heiner Benking, Winfried Kretschmer, Jürgen Grosse, Tobias Kollmann, Oliver Gassmann, Rolf Neijman, Gerhard Huhn, Steven Ney, Johanna Richter, Stephan Rammler, Ralf Bremer, Holger Zumholz, Pietro Morandi, Dietmar Grichnik, Ulrich Braukmann, Marie-Therese Albert, Andreas Gebhardt, Klaus Sailer und der Social Entrepreneurship Akademie München, Helmut Wittenzellner, Peter Witt, Jörg Sydow, Georg Schreyögg, Martin Gersch, Steffen Terberl und profund, die Gründungsförderung der Freien Universität Berlin, Dieter Wagner, Ulrich Weinberg, Urs Fueglistaller, Desirée Jäger, Philipp Gonon, Dieter Puchta, Sven Gábor Jánszky, Kai-Jürgen Lietz, Hans Emge, Günter Seliger, Max Otte, Nico Paech, Christian Schade, Maik Schluroff, George White, Holm Friebe, Sascha Lobo, Attila von Unruh, Wolfgang Weng, Ia Avaliani, Simone Lis, Anna Papadopoulos, Christine Scholz, Christoph Zinser, Franz Dullinger, Helmut Spanner, Karl Gamper, Wolfgang Sachs, Jörg Froharth und UNIKAT Kassel, den Kollegen vom Innovations Campus Wolfsburg, den Kollegen der Deutschen Universität für Weiterbildung, den Initiatoren des Network for Teaching Entrepreneurship Connie und Wolf-Dieter Hasenclever, Stephen und Bernward Brenninkmeijer, Kyra Prehn, Oliver Bücken stellvertretend für die Kollegen vom UnternehmerTUM der TU München, Miroslav Malek, Albert Schmitt, Jochen Sandig, Volker Donath, Dorothea Topf, Lisa Lang, Michel Aloui, David Diallo, Sabine Radtke-Hoffmann, Stefan la Barré, Patrick Varadinek, Kai-Henrik Barth, Udo Blum und der Berliner Innovationskreis, Oliver Beste, Rolf Friedrichsdorf, Carsten Hokema, Declan Kennedy, Ulrich Kissing, Anja Dilk, Axel Kufus, Judith Seng, Christine Scholz, Wolf Donner, Clara Mavellia, Stefan Merath, Thomas Promny, Katharina Wulf, Angelika Krüger, Johannes Theurer.

Die Gründer in meinem Umfeld trugen dazu bei, die Bodenhaftung zur Praxis beizubehalten, allen voran Conrad Bölicke, Thomas Fuhlrott, Rafael Kugel, Wolfgang Kunz, Michael Silberberger, Liv Kirsten Jacobsen, Viktoria Trosien, Martin Lipsdorf, Thomas Klamroth, Thomas Wachsmuth, Alexander Kordecki, Thomas Straßburg und Stefan Arndt, Caveh Zonooz, Hans-Christian Heinemeyer, Sven Mätzschker, Konstantin Kutzer, Bozena Schymankiewitz, Martin Fröhlich, Felix Hofmann und Stefan Beyerle mit ihren eigenen Unternehmen.

Dank an das Team des Entrepreneurship Campus: Simon Jochim, Florian Komm, Barbara Matter sowie Christian Fenner für die Lektüre des Manuskripts und wertvolle Anregungen, wie auch an Verena Bischoff, Patrycja Komm und Franziska Zander.

Mein besonderer Dank gilt meinen langjährigen Mitstreitern in der Teekampagne: dem Geschäftsführer Thomas Räuchle, Kathrin Gassert, Verena Heinrich, dem heutigen Kanzler der Freien Universität Berlin, Peter Lange, und den Freunden und Geschäftspartnern der Projektwerkstatt: Penelope Rosskopf, Simone und Natascha Hundertmark, Patrick Straßer, Ashok Lohia, Ajay Kichlu, Anshuman Kanoria, Ashok Sengupta und Sanjay Bansal.

Besonders nachdrücklich möchte ich meiner Assistentin Barbara Hoppe, organisatorische Leiterin des Entrepreneurship Summit, danken, die mit außergewöhnlichem Engagement und Einfühlungsvermögen bei der Entstehung des Manuskripts mitgewirkt hat. Dank an Peter Felixberger – er war es, der mir bei der Ausrichtung des Textes und seiner Pointierung entscheidende Anstöße gab. Dank auch an Martin Janik für seine beinahe unendliche Geduld während meiner Arbeit am Manuskript. Nipawan Mandalay und Gudrun Fabian haben mich bei der Entstehung des Manuskripts mit Verständnis begleitet.

Mögen diejenigen mir verzeihen, denen meine angeborene bayerische Boshaftigkeit bei manchen Formulierungen zum Nachteil gereichte. Ich bin ein Fan von Karl Valentin, das wird Ihnen nicht entgangen sein, und ich bin mir sicher, dass Du, Karl, schon immer eine Universität gründen wolltest.

Klar. Mögen täten hätten wir schon gewollt, aber dürfen haben wir uns nicht getraut. Trauen wir uns.

Und: Trauen wir uns zu, die besseren Entrepreneure zu sein.